U0954929

电阻炉操作与维护

王洪波　编著

北　京
冶 金 工 业 出 版 社
2011

内 容 简 介

本书针对电阻炉的操作及维护保养，围绕操作人员所应掌握的相关知识，介绍了电阻炉结构、加热工艺及热传递特点、电阻炉温度测量及控制、真空测量与检漏、真空装置、智能温度控制器、电阻炉操作基础、电阻炉维护和保养、岛电 FP21 和山武 DCP31 智能温度控制器的操作技巧。

本书内容系统全面，图文并茂，具有较强的实用性，可供电阻炉操作人员上岗培训及平时阅读，也可供大专院校有关专业师生参考。

图书在版编目(CIP)数据

电阻炉操作与维护/王洪波编著. —北京:冶金工业出版社,2011.1

ISBN 978-7-5024-5391-6

Ⅰ.①电… Ⅱ.①王 Ⅲ.①电阻炉—操作 ②电阻炉—维修 Ⅳ.①TM924.3

中国版本图书馆 CIP 数据核字(2010)第 196451 号

出 版 人　曹胜利

地　　址　北京北河沿大街嵩祝院北巷 39 号,邮编 100009

电　　话　(010)64027926　电子信箱　yjcbs@cnmip.com.cn

责任编辑　李　雪　美术编辑　李　新　版式设计　葛新霞

责任校对　侯　瑂　责任印制　牛晓波

ISBN 978-7-5024-5391-6

北京百善印刷厂印刷;冶金工业出版社发行;各地新华书店经销

2011 年 1 月第 1 版;2011 年 1 月第 1 次印刷

148mm×210mm;8.625 印张;254 千字;261 页

25.00 元

冶金工业出版社发行部　电话:(010)64044283　传真:(010)64027893

冶金书店　地址:北京东四西大街 46 号(100010)　电话:(010)65289081(兼传真)

(本书如有印装质量问题,本社发行部负责退换)

前　言

电阻炉是把电能转换为热能的设备，具有结构简单、加热速度快、温度均匀性好、控温精度高、操作方便、环境污染小等特点，在材料的热处理工业中有着广泛的应用，有数以万计的人员从事电阻炉的操作工作。针对电阻炉操作人员的上岗需要，本着“操作好设备”和“维护好设备”的思想，整理编写了这本电阻炉操作参考书。由于电阻炉种类很多，结构差异也较大，本书尽量抓住它们的共性，选择了具有代表性的箱式电阻炉、井式电阻炉和真空电阻炉，特别是对真空电阻炉的操作进行了较为详细的介绍。在选材上以实用性为主，仅涉及电阻炉操作工所用到的有关设备和仪表，介绍其操作、维护保养方法，力求通俗易懂，面向广大电阻炉操作人员。

本书共分10章，除第1章简要介绍了有关电阻炉热传递特点和加热工艺外，重点介绍了电阻炉结构、电热元件及其安装方式、电阻炉温度测量及控制、真空测量与检漏、真空装置、智能温度控制器、电阻炉操作基础、电阻炉维护与保养。最后还以岛电FP21和山武DCP31为例，介绍了智能温度控制器的操作方法。

本书是作者在多年从事电阻炉控制系统设计、操作及维护工作经验的基础上，参阅了有关方面的资料，编写而成的。其目的是为广大从事电阻炉操作人员提供参考，也可作为电阻炉操作人员上岗培训资料，希望能起到抛砖引玉的作用。本书在编写过程中，部分内容参考了相关书刊，在此向原作者表示感谢，同时也向对编写本书提供支持和帮助的人员表示感谢。

由于作者理论水平和工作经验有限，书中不妥之处恳请广大读者提出宝贵意见。

作　者

2010年5月

目　录

1 绪 论

学习目的：

了解电阻炉及其加热原理，掌握箱式电阻炉、井式电阻炉和真空电阻炉结构组成及特点，了解电阻炉的热传递方式，熟悉电热元件的安装方式及电阻炉加热工艺所包含的内容。

电阻炉用电做能源，把电能转化为热能，具有升温快、温度均匀性好、控温精度高、操作方便等特点，广泛应用于材料热处理行业中。电阻炉种类繁多，结构差异也较大，本章选择了具有代表性的箱式电阻炉、井式电阻炉和真空电阻炉，简要介绍了有关炉子结构、热传递及加热工艺等方面的知识。

1.1 概述

工业加热炉种类繁多，用途各异，按炉子发热方式的不同，可把加热炉总体分为两大类，一类是燃烧型加热炉，以固体、液体或气体为燃料，如固体燃料煤、液体燃料石油、气体燃料天然气等，把化学能转化为热能。另一类是电加热炉，用电作能源，把电能转化为热能。电加热炉包括电熔炼炉和电热处理炉，电熔炼炉用于金属的冶炼，如电炉炼钢、电炉炼铝等；电热处理炉用于材料的热处理，如材料的成型烧结、淬火、钎焊、退火等，本书所指的电阻炉均为电热处理炉。

电流通过导体要产生热量，产生热量的多少与通过导体的电流和导体的电阻有关，遵循焦耳楞次定律。通电产生热量的导体称为电热元件，运用这一原理加热的电加热炉称为电阻炉。按电热元件加热方式的不同，可把电阻炉划分为直接加热型和间接加热型。

(1) 直接加热型。直接加热型的电热元件就是工件自身，通过给工件通电或自身感应产生热量，使其温度升高。最典型的应用是感应电阻炉，利用感应电流通过工件所产生的热效应，使自身表层或局部加热。感应加热如图1-1所示，把金属工件置于感应线圈中，给感应线圈接上某一固定频率的交流电，其内部就会产生交变磁场，由电磁感应原理可知，会在工件表层产生与感应线圈中电流相反的感应电流。这种感应电流沿工件表面形成闭合回路，通常称之为涡流。在涡流及工件本身电阻的作用下，电能便在工件表层转化为热能，使表面温度迅速升高，因此感应电阻炉可用于工件表面热处理。

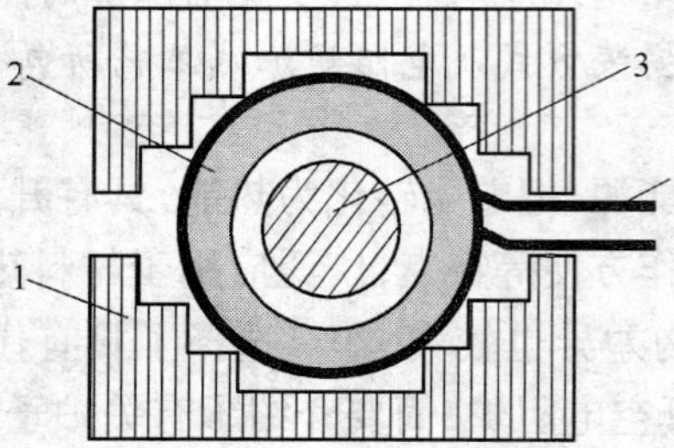

图1-1 感应加热

1—导磁体；2—耐火绝缘套；3—被加热工件；4—感应线圈

根据感应频率的不同，可把感应电阻炉分为工频感应炉，感应频率0.05kHz；中频感应炉，频率范围1～8kHz；高频感应炉，频率范围100～500kHz；超音频感应炉，频率范围20～60kHz。感应加热的优点是加热速度快，热效率高，加热层的深度容易控制，可实现金属工件的局部加热，但不足是加热温度不易测定和控制，加热速度也很难控制，设备较为复杂昂贵，对操作人员的文化素质要求较高。

（2）间接加热型。由电热元件产生的热量，经过热传递使工件温度升高的加热方式，称为间接加热型，间接加热的特点是加热均匀，加热温度、加热速度和炉内气氛容易控制，但加热效率低，工件加热层的深度也不能控制。尽管如此，间接加热型无论是在用途上，还是在品种上都比直接加热型应用更广，除特殊热处理需要采用直接加热型外，一般常见的电阻炉多为间接加热型，本书仅讨论间接加热型电阻炉。

间接加热型电阻炉按结构不同，划分为箱式电阻炉、井式电阻炉、坩埚式电阻炉、盐浴电阻炉、真空电阻炉及实验电阻炉等,如果按用途再细化划分,有几十种之多。按炉子加热工作方式的不同,分为外加热式和内加热式两类。

外加热式是指电热元件在炉腔的外部,如图 1-2a 所示,炉腔是一个密封体,工件放在密封体内;内加热式是指电热元件在炉腔内,如图 1-2b 所示,工件也直接放在炉腔内。内加热式的特点是热传递速度快,工件与电热元件同处在一个气氛环境中,便于温度测控,而热区部件也容易维护。外加热式容易使炉子在保护气氛下工作,工件与电热元件可以处在不同气氛环境中,便于隔离保护,但传热速度相对较慢,温度滞后较大,不利于对工件的温度控制,对热区部件的维护没有内加热式方便。

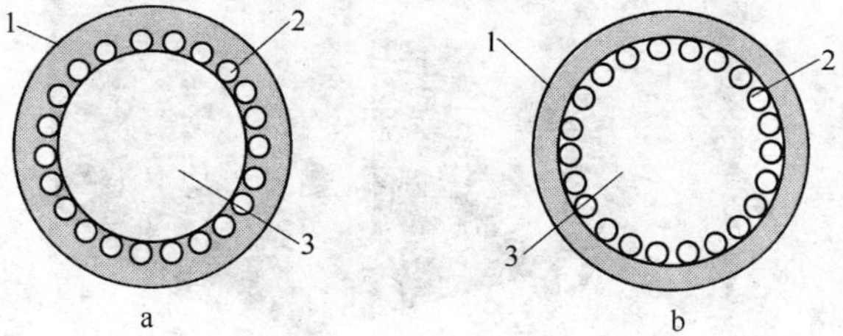

图 1-2　间接加热型

a—外加热式;b—内加热式

1—炉衬;2—电热元件;3—炉腔

各种电阻炉区别在于炉子的用途、电热元件、炉子的结构、炉衬的材料、炉腔内的气氛不同,比如内加热式箱式电阻炉和井式电阻炉的炉衬,若内部气氛为空气状态,不考虑密封性,多采用耐火材料和保温材料构成。如果是真空或其他气氛条件下内加热方式,要求有较好的气密性,则必须采用金属材料做炉衬。

1.2　箱式和井式电阻炉

箱式电阻炉和井式电阻炉有一些共同特点,内加热式大都是采用耐火材料和保温材料做炉衬,内部气氛多为常压下的空气,但也有外加热式的井式炉在氩气、氮气或真空状态下工作,使用温度一般在

1200℃以下。

1.2.1 箱式电阻炉

顾名思义,箱式电阻炉的形状好像一个矩形箱体,如图1-3所示,主要由炉体和控制箱两大部分组成。箱式电阻炉一般工作在自然气氛条件下,多为内加热工作方式,采用耐火材料和保温材料做炉衬。用于对工件进行正火、退火、淬火等热处理及其他加热用途。按照加热温度的不同一般分为三种类型,温度高于1000℃称为高温箱式电阻炉,温度在600～1000℃之间称为中温箱式电阻炉,温度低于600℃称为低温箱式电阻炉,以满足不同热处理温度的需要。

图1-3 箱式电阻炉

1—炉门;2—电热元件;3—炉壳;4—控制箱;5—炉衬

1.2.1.1 箱式电阻炉的结构

图1-4给出了炉体结构示意图,由炉架、炉壳、炉衬、炉门装置、电热元件及辅助装置构成。炉架的作用是承受炉衬和工件的负载,通常由型钢焊接成一框架,外包钢板。炉壳的作用是保护炉衬,加固电炉结构和保持电炉的密封性,常用钢板复贴在钢架上焊接而成,设计合理的炉架和炉壳应具有足够强度。小型箱式电阻炉也可不设炉架,用厚钢板焊接成炉壳,也可起到炉架的作用。

炉衬的作用是保持炉膛温度、减少热量损失。良好的炉衬材料不仅要有一定的耐火度、抗急冷急热性,而且蓄热量还要少。炉衬由耐火材料和保温材料组成,靠近电热元件是耐火材料,紧靠外壳的是保温材料。为了减少热量损失，一般高温箱式电阻炉的炉衬采用三层隔热设计，内层采用耐火材料，如高铝砖砌的耐火层；中间层和外层采用保温材料，如用轻质黏土砖、硅藻土粉、蛭石粉或纤维制品等。中温箱式电阻炉炉衬由轻质耐火砖和硅酸铝耐火纤维等轻质耐火、保温材料砌成，在靠近炉壳的一层填充有蛭石粉。由于低温箱式电阻炉的温度较低，耐火层、保温层的材料要求不高，采用一般的耐火砖和纤维都可满足要求。

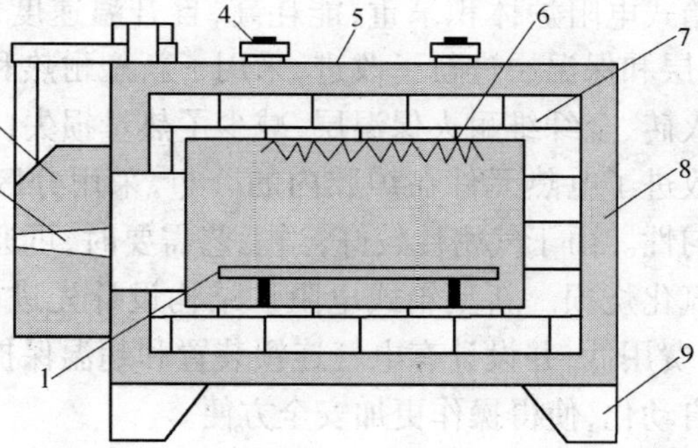

图 1-4 箱式电阻炉结构简图

1—底座；2—观察孔；3—炉门；4—热电偶；5—炉壳；
6—电热元件；7—耐火材料；8—保温材料；9—炉架

炉门装置包括炉门及锁定保护装置，要求炉门装置应该密封良好，减少热损。炉门一般用铸铁或钢板制成，在炉门开启装置上安装有安全限位开关，并与加热控制电源关联，炉门开启时切断控制电源，以便保护操作者的安全。为了便于观察炉腔内的加热情况，在炉门中央通常设计有观察孔。

箱式电阻炉的电热元件常采用碳化硅棒、二硅化钼或金属合金。碳化硅棒加热温度可达 1350℃，垂直或水平安装在炉腔的两侧，有的炉子安装在炉腔的顶部和底部。二硅化钼最高可达 1600℃，但经加热后变得很脆，故通常嵌在耐火材料的凹槽内，以防止在装取工件时碰坏。二硅化钼高温工作后存在蠕变伸长的问题，安装长度应小于凹槽的长度，两端留有一定的空间。相比之下金属合金电热元件在加工、安装和使用方面较为方便，合理布置也能得到较好的温度均匀性。目前温度小于1000℃的箱式电阻炉大都采用金属或金属合金电热元件。有关电热元件的知识在后面章节中陆续讲到。

箱式电阻炉采用热电偶测量温度，小型箱式电阻炉用一只热电偶，大中型箱式电阻炉用多只热电偶，直接插入炉腔，以便监测炉腔内不同点的温度。通常情况下，温度小于1000℃时使用镍铬-镍硅（分度号 K）的热电偶，大于1000℃使用铂铑 10-铂（分度号 S）的热电偶。

1.2.1.2 新型箱式电阻炉

早期的箱式电阻炉体积笨重，能耗高，且升温速度慢。后来对电热元件、耐火层和保温层进行了改进，采用了新型耐热和保温材料，例如超轻质耐火砖、全纤维耐火保温层，减少了热量损失，极大地提高了升温速度。改进了电热元件在炉腔内的分布，采用分区加热方式，改善了炉温均匀性。由于气密性较好，当工艺需要时，可通入保护气氛，减少工件的氧化烧损。新型箱式电阻炉结构设计先进，节能效果好，重量轻，维护费用低，并设计有电气连锁装置和超温保护功能，也可实现温度控制自动化，使得操作更加安全方便。

箱式电阻炉已经形成系列化，其型号用 RX△-□□-◇表示，其中 R 表示电阻炉，X 表示箱式，△表示设计序列号，□□表示加热功率，◇表示最高工作温度，如 RX3-60-9 表示加热功率 60kW、工作温度 950℃的箱式电阻炉。

1.2.2 井式电阻炉

井式电阻炉有很多种类，用途也较为广泛，主要工作在自然气氛或保护气氛中，对较长金属工件（杆类、长轴类）进行热处理或烧结。

井式电阻炉以圆柱形居多，如图 1-5 所示，因炉体较长，为了装出工件操作方便，大中型井式电阻炉通常安装在地坑中，只有部分露在地面之上。图 1-6 是外加热井式电阻炉的结构示意图，炉外壳由钢板加工而成，炉衬结构与箱式电阻炉相似，由隔热耐火层和保温层组成。根据工作温度的不同，分为高温、中温和低温井式电阻炉，各采用不同的炉衬材料。有的井式电阻炉为了减小体积，炉体和炉盖均采用水冷方式，这种炉子没有耐火层和保温层，采用金属材料做隔热屏，其能量消耗要比采用保温材料做成的炉衬大得多。

图 1-5 井式电阻炉

1—冷却风机;2—炉盖升降;3—搅拌风机;4—操作杆;5—炉盖;6—炉体

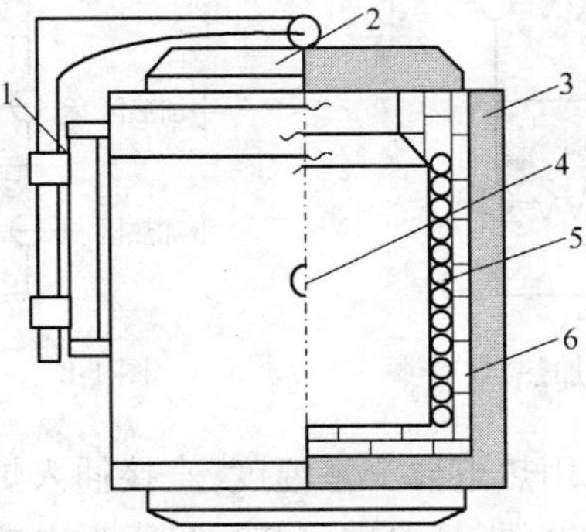

图 1-6 井式电阻炉结构简图

1—炉盖机构;2—炉盖;3—保温材料;4—热电偶孔;

5—电热元件;6—耐火材料

井式电阻炉的炉盖采用顶部开启式,不仅有利于炉盖开闭,而且便于利用吊车装出工件。大中型井式电阻炉的炉盖多采用电动、机械、液压或气动装置为主,组成炉盖自动开关机构,只有小型采用人工开启和关闭。炉盖的开启动作是先上升提起炉盖,再水平移动离开炉口。在炉盖开启装置上安装联动开关,与控制柜加热电源互锁,使炉盖开启时不能给炉子送电加热，保护操作者的安全，而且一旦炉盖开启便立即自动切断加热电源。

目前井式电阻炉一般采用金属合金作电热元件，嵌在耐火材料炉衬内。无炉衬的井式电阻炉，电热元件则通过绝缘子固定在金属隔热屏上。大中型井式电阻炉的炉腔较大，为保证其温度均匀性，减少炉腔内上下的温度差，通常把炉腔分成几个加热区，每个区安装一组电热元件，由温度控制装置对每区的温度单独控制。中型井式电阻炉分成上下两个加热区，如图 1-7 所示。大型电阻炉分成上、中、下三个加热区，如图 1-8 所示，如有必要，还可在炉底和炉盖上安装电热元件。有的炉子在炉盖上安装气体搅拌风机，在加热过程中使炉内气体流动，这对于以对流传热为主的低温井式电阻炉，气体流动可以大大改善炉内温度均匀性。

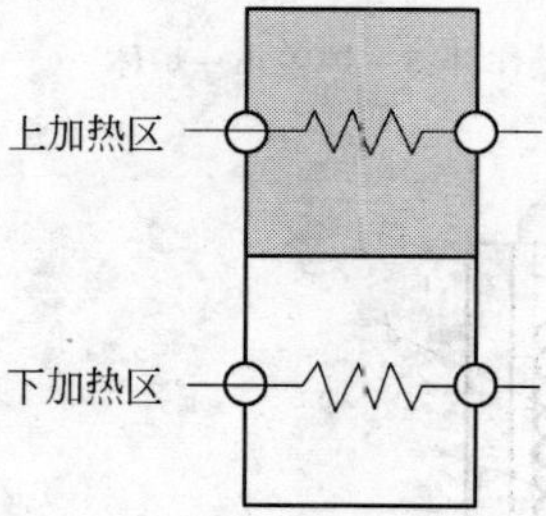

图 1-7　两区加热

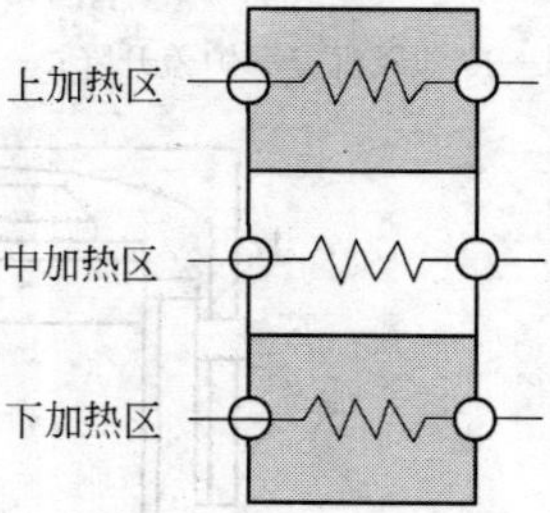

图 1-8　三区加热

井式电阻炉采用热电偶测量温度，直接插入炉腔，每个加热区至少需要一只控制热电偶，且要求安装尽量靠近电热元件，以便得到较好的控制效果。由于电热元件附近的温度与工件区域的温度之间有一定的差别，有的井式电阻炉备有工件热电偶，放在靠近工件的地方，检测工件表面温度。中低温井式电阻炉采用镍铬-镍硅（分度号 K）的热电偶，高温井式电阻炉采用铂铑 10-铂（分度号 S）的热电偶。

井式电阻炉已经形成系列化，其型号用 RJ△-□□-◇表示，其中 R 表示电阻炉，J 表示井式，数字△表示设计序列号，□□表示额定加热功率，◇表示最高工作温度，如 RJ-50-10 表示加热功率 50kW、工作温度 1000℃的井式电阻炉。

1.2.3 耐火及保温材料

箱式电阻炉和井式电阻炉的炉衬是由耐火材料和保温材料构成的,靠近加热元件的是耐火材料,外层是保温材料。正确选择耐火材料和保温材料,能够保证炉子性能稳定,降低热能损失,延长炉子的使用寿命。

1.2.3.1 耐火材料

耐火材料是指在高温条件下不软化不熔融,耐火温度高于1580℃的材料。耐火材料应具有以下性能:

(1)较高的耐火温度,在高温状态下不易熔化和软化。

(2)较好的结构强度,在高温下承受压力和抵抗变形的能力要大。

(3)体积变形小,能在高温下保持体积的稳定性,即体积膨胀和收缩小。

(4)抗热震性好,能抵抗温度急剧变化而不致破裂和剥落。

(5)化学稳定性好,即在高温下具有较高的抵抗其他物质侵蚀的能力。

除上述性能之外,还要有较好的耐磨性和抗震性,而且外形整齐、尺寸精确等。

常用的有定形耐火材料(黏土砖、高铝砖、硅砖、镁砖等)和不定形耐火材料(耐火浇注料、耐火可塑料、耐火泥等),图1-9所示的就是高铝耐火砖。表1-1给出了常用耐火材料的性能。

表1-1 常用耐火材料的性能

材料名称	基本化学成分	耐火温度/℃
黏土砖	Al_2O_3、SiO_2	1580～1750
高铝砖	含$Al_2O_3$48%以上	1750～1790
硅　砖	含SiO_2 93%以上	1690～1730
镁　砖	含MgO 80%～85%以上	≥2000

1.2.3.2 保温材料

保温材料安装在炉衬的外层,在炉外壳与耐火材料之间。保温材料与耐火材料不同,主要作用是防止热量损失,提高炉子的热效率,节约能源，而且还能防止由于炉子外部温度高对人身造成的伤害。保温材料具有比热容小、热导率低的特点。保温材料种类很多，常用的有轻质耐火砖、保温纤维和其他保温材料，如硅藻土、石棉、蛭石等，图1-10所示的就是某种保温纤维材料。表1-2给出了常用保温材料的性能。

图1-9 高铝耐火砖

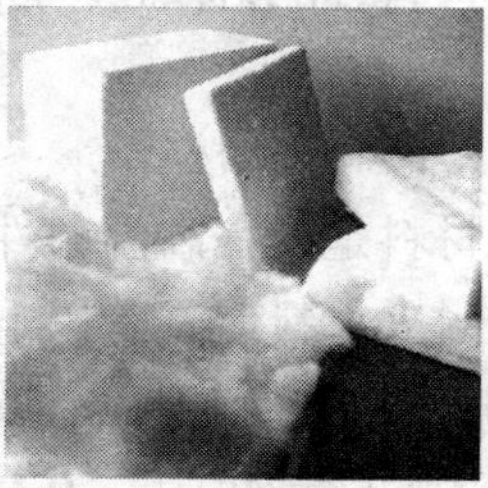

图1-10 保温纤维

表1-2 常用保温材料的性能

材料名称	基本化学成分	最高使用温度/℃
轻质黏土砖	Al_2O_3、SiO_2	1300
轻质高铝砖	含 Al_2O_3 48%以上	1350
轻质硅砖	含 SiO_2 93%以上	1600
石 棉	$3MgO \cdot 2SiO_2 \cdot 2H_2O$	900
蛭石（黑云母或金云母）	SiO_2，MgO，Fe_2O_3，Al_2O_3，CaO	1100
保温纤维		1500

1.3 真空电阻炉

真空电阻炉用于小型金属零件的淬火及真空钎焊、烧结、除气、退火等热处理。真空电阻炉热效率高，可实现快速升温和降温，可实现无氧化、无脱碳、无渗碳，可去掉工件表面的鳞屑，并有脱脂除气等作用，从而达到表面光亮净化的效果。工件在炉内加热缓慢，内部温差较小，热应力小，因而变形小。工作环境好，操作安全，没有污染和公害。真空热处理工艺的稳定性和重复性也比较好。由于真空电阻炉存在一系列的优点，因而在工件烧结和热处理方面有着广泛应用。

1.3.1 真空电阻炉的组成

真空电阻炉分为卧式和立式两种，卧式采用工件水平装出炉方式；立式采用工件上装或下装出炉方式，也就是上装料或下装料方式。通常小型立式真空烧结炉从顶部装出工件，即采用上装料方式，大中型立式真空烧结炉从底部装出工件，即采用下装料方式，图 1-11 就是一台下装料立式真空电阻炉。下面以立式高真空电阻炉为例，说明其结构。

图 1-11 下装料立式高真空电阻炉

1—装出炉小车；2—炉盖锁紧环；3—炉体；4—高真空系统

(1)炉盖。炉盖分为上炉盖和下炉盖，两者结构基本相同。由内壁、外壳、法兰盘焊成中空结构的壳体，并与隔热屏一起组成炉盖。外壳和内壁一般采用不锈钢板制造，外壳与内壁之间焊有螺旋形隔水板，内通冷却水。法兰也采用不锈钢板制造，中空结构，内通冷却水。隔热屏分别由钼板和不锈钢板组成，多层设计，内几层为钼板，以隔离高温辐射，外几层为不锈钢板。如果是下装料式，在下炉盖上还安装有工件支架，如图 1-12 所示。在上炉盖中心安装有工件热电偶，用于监测工件温度。

(2)炉体。炉体由圆柱形壳体、电热元件、隔热屏和电极组成。壳

图 1-12 炉盖结构

1—密封圈;2—隔热屏;3—工件支架;4—炉盖

体和隔热屏的结构与炉盖相同。从图 1-13 或图 1-15 中可以看出炉体中的电热元件、隔热屏的层次结构。电热元件采用金属或金属合金材料,并有多种类型和安装方式,比如有丝状、网状、带状等类型,有搁置、悬挂和嵌入等安装方式。如果炉腔较大,电热元件采用非均匀分布形式或使用分区加热方式,以便得到较好的温度均匀性。通常把电热元件、隔热屏、绝缘子、内部支架总称为热区部件,电热元件通过绝缘子固定在内部支架上,并通过电极与外部加热电源连接。

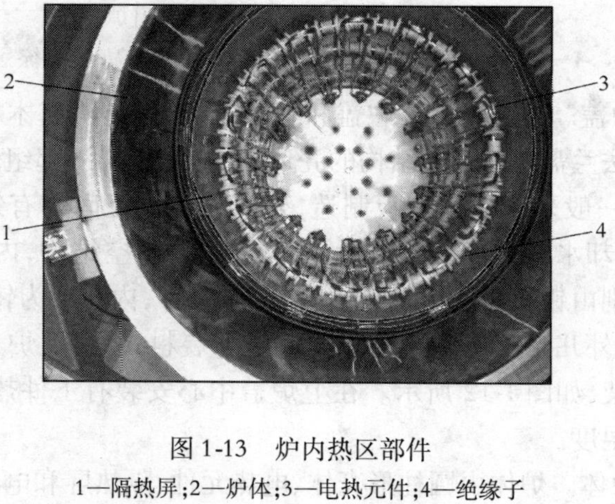

图 1-13 炉内热区部件

1—隔热屏;2—炉体;3—电热元件;4—绝缘子

(3)装出炉小车。装出炉小车的作用是工件的装炉和出炉,由主机架、减速器、丝杠、导向杆、电机和托架与下炉盖一起组成装出炉小车。炉盖焊接在主机架上,电机通过减速器带动丝杠转动,再由丝杠通过托架带动炉盖沿导向杆运动,电机的正反转,决定了炉盖的升或降。在托架上有 4 个定位锥孔,用来定位炉盖位置,以便准确关闭炉盖。当炉盖下降到地面时,可与托架脱离,移出炉盖装卸工件。图 1-14 给出了装出炉小车的两个侧面方向的结构图。

图 1-14　装出炉小车

1—导向杆;2—驱动丝杠;3—炉盖;4—定位孔;5—托架

(4)真空系统。图 1-15 给出了立式高真空电阻炉真空系统的组成示意图,由真空机组、真空阀门、真空管道及真空测量系统构成。真空电阻炉按真空度的高低分为低真空电阻炉和高真空电阻炉,低真空电阻炉的真空机组只有一级机械泵,而高真空电阻炉至少有两级真空机组,低真空机组和高真空机组,低真空机组由机械泵和罗茨泵组成,高真空机组由扩散泵和相应的真空附件组成。有关真空系统的内容将在后面章节中介绍。

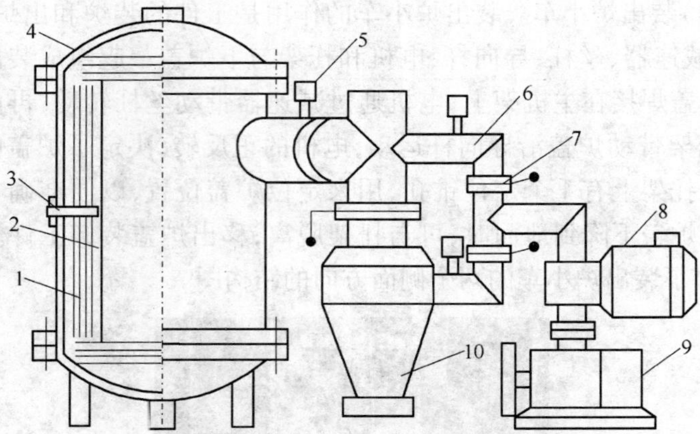

图 1-15 高真空电阻炉组成

1—隔热层;2—电热元件;3—热电偶孔;4—炉盖;5—真空规管;6—真空管道;7—真空阀门;8—罗茨泵;9—机械泵;10—扩散泵

(5)控制系统。真空电阻炉的控制系统实现对温度和真空过程控制,要求操作方便,工作稳定可靠,控温精度高。控制系统采用 PLC、计算机或智能温度控制器,能达到较高的自动化程度。多数采用低电压大电流加热方式,执行器为电炉变压器、磁性调压器或晶闸管调功器等。设计有完备的安全连锁装置和超温保护装置,能确保真空电阻炉安全使用。

(6)水冷系统。高温真空烧结炉一般采用水冷方式,水压应不小于 2×10^5 Pa,从水压表上可以观察到水压的大小。在每组冷却水管路上,一般都安装有流量继电器,当流量不能满足要求时,发出报警信息或直接切断加热电源,起到保护设备的作用。有的还安装有水温检测继电器或探头,检测出水口的温度,进一步保证冷却水符合要求。图 1-16 给出了高真空电阻炉需要水冷的部件。

1.3.2 真空电阻炉的特点

真空电阻炉与箱式或井式电阻炉相比,具有以下特点:

(1)需要清洁、干燥的气氛环境。一般真空电阻炉安装在环境比较干净,空气比较干燥的地方。特别是高真空电阻炉,对于干燥的气

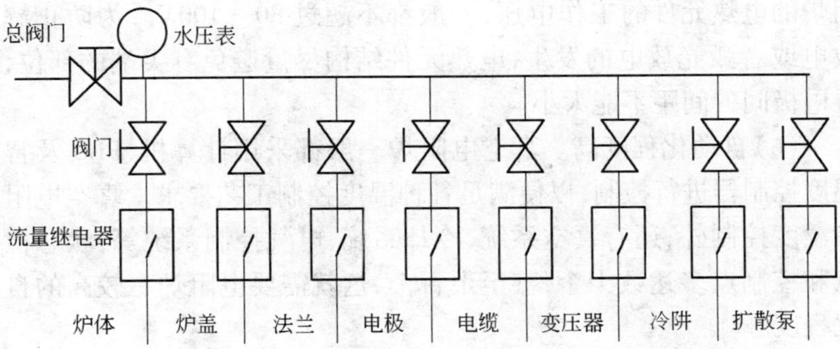

图 1-16 高真空电阻炉水冷部件

氛更要有严格的要求,否则会因潮湿使炉内材料吸附水分,导致真空度降低或抽气时间增长,达不到工作真空度要求。

(2)严格的真空密封结构。真空电阻炉的一个关键问题,就是为了保证真空电阻炉的真空性能,要有可靠的真空密封结构。真空密封设计注意以下几点:一是炉体要采用气密焊接;二是在真空系统上尽量少开孔;三是少采用或者避免采用动密封结构,减少真空泄漏的机会。另外,安装在真空炉体上的部件或附件,如水冷电极、热电偶伸缩装置也都必须设计密封结构。

(3)热区部件只能在真空状态下使用。真空电阻炉广泛采用了钽、钨、钼等作电热元件或隔热材料,这些材料抗氧化性能较差,在高温状态下极易氧化,因此真空电阻炉的电热元件与隔热材料只能在真空状态下使用。

(4)水冷装置。高温真空电阻炉的炉壳、炉盖、连接法兰、电极等部件,均在高温受热状态下工作,为保证各部件的结构不变形损坏,真空密封圈不因过热烧毁,对各部件应该根据不同的情况设计水冷装置。对于通有大电流的电缆和变压器,由于自身发热可能被烧坏,也需要进行水冷,以保证真空电阻炉能够正常运行。

(5)采用低电压大电流加热。真空电阻炉真空度低于 13.3Pa 时,通电元件在较高的电压下,会产生辉光放电现象,如果炉内被污染,严重的会产生弧光放电,烧毁电热元件、隔热屏,绝缘子被击穿等,造成重大事故和损失,因此大都采用低电压大电流加热工作方式。真空电阻炉的电热元件的工作电压，一般都不超过 80～100V。为防止辉光放电或者弧光放电的发生，电热元件结构尽量避免有尖端的部位，而且电极间的间距不能太小。

(6) 自动化程度高。真空电阻炉一般都采用计算机、PLC 及智能温度控制器进行控制，以便满足各种温度控制工艺要求。真空电阻炉除温度控制外，还有真空系统、冷却系统、电气控制系统等，状态检测点和控制点多达数十个，甚至上百个，这就需要电阻炉有较高的自动化程度。

1.4　电热元件

电热元件是电阻炉的重要部件，是电阻炉热量的来源。了解电热元件材料性能、结构及其特点，对于正确使用电阻炉是非常重要的。

1.4.1　电热元件的表面负荷及形状

1.4.1.1　电热元件的表面负荷

当电流通过电热元件时，由于电热元件本身电阻的作用，把电能转化为热能，能量转换的规律符合焦耳定律。电热元件把电能转化的热能，通过热传导、热对流和热辐射向炉内散发，其散发的能力一般用表面负荷表示。电热元件的表面负荷定义为元件表面上单位面积所能散发的功率，单位是 W/cm^2。电热元件的表面负荷越大，散发出来的热量就越多，则电热元件本身的温度也就越高。从电阻炉加热功率方面考虑，增大元件的表面负荷可相应减小电热元件的表面积，减少电热元件的用量，但不利于元件的使用寿命。反之，减小元件的表面负荷可相应增加元件的表面积，有利于元件的使用寿命，但增加了电热元件的用量。除表面负荷对电热元件的散热影响外，它的形状也有一定的影响，一般说来，带状的元件比线状的散热条件好，其表面负荷也较大。

1.4.1.2　电热元件的常见形状

电热元件的形状取决于它的材料和安装方式，有线状、螺旋状、网状、带状和棒状等结构形式，其中金属电热元件一般为线状、螺旋状、网状或带状，而非金属电热元件一般为棒状。线状电热元件由金属丝在炉腔内按一定的要求绕制而成；螺旋状电热元件是由金属丝先绕制成螺旋形再安装到炉腔内;网状电热元件由金属丝编织而成;带状电热元件是由金属直接加工成的,图 1-17 给出了常见电热元件的类型。

图 1-17　常见电热元件类型
a—棒状;b—网状;c—螺旋状;d—带状

1.4.2　常用电热材料及特点

1.4.2.1　常用电热材料

电热元件是用电热材料制成的,分为金属和非金属两大类,其中金属又分为合金和纯金属。每类电热材料都有它的最高使用温度、推荐使用温度以及应用环境条件,常用电热材料见表 1-3。电热元件原则上都不允许超过推荐的使用温度,否则会缩短使用寿命,严重时导致很快损坏。电热元件都应在合适的温度情况下使用,其表面温度与炉内工作温度之间有一个温差,这个温差取决于电热材料特性及炉内加热工艺的要求。一般可参照下列数值:在 650℃ 的电阻炉中,电热元件温度为 750 ~ 900℃;在 800℃ 的电阻炉中,电热元件温度为 850 ~ 1000℃;在 1000℃ 的电阻炉中,电热元件温度为 1050 ~ 1100℃;在 1200℃ 的电阻炉中,电热元件温度为 1250 ~ 1300℃。

表 1-3　常用电热材料

材料			使用温度/℃		形状	使用范围
			推荐	最高		
金属	铁铬铝合金	Cr13Al4	850 ~ 900	950	线、带、板	适用于氧化及可控气氛的高、中、低温电阻炉
		Cr23Al6Mo2	950 ~ 1100	1250		
		Cr25Al5	1000 ~ 1150	1250		
		Cr21Al6Nb	1000 ~ 1150	1250		
		Cr27Al7Mo2	1200 ~ 1300	1400		

续表 1-3

材料			使用温度/℃		形状	使用范围
			推荐	最高		
金属	镍铬合金	Cr20Ni80Ti3	1000 ~ 1050	1150	线、带	适用于含氮及氧化气氛的中、低温电阻炉
		Cr15Ni60	850 ~ 900	1150		
		Cr20Ni80	950 ~ 1000	1200		
		Cr30Ni70	1000 ~ 1150	1250		
	纯金属	钼(Mo)	1350 ~ 1600	1600	线、带、网	适用于真空、氢气及惰性气体的高温电阻炉
		铂(Pt)	1350 ~ 1600	1700		
		钽(Ta)	1350 ~ 1600	2200		
		钨(W)	1600 ~ 2200	2400		
非金属	硅碳棒(SiC)		1250 ~ 1400	1450	棒、管	高温电阻炉
	硅钼棒(MoSi2)		1500 ~ 1600	1700	棒	
	碳质(C)		1700 ~ 2500	3000	棒	真空、氢气及惰性气体的高温电阻炉

1.4.2.2 电热材料的特点

电热元件作为把电能转化为热能的热源，除要求电热元件能达到所需要的温度外，还要求制成电热元件的材料具备以下性能：

(1)较高的电阻率。当通过电热元件电流一定时，电阻越大，获得的功率越大，电能转化为热能也就越多，炉子温度上升得越快。使用高电阻率的材料，加工成长度短、截面大的电热元件，既节约了材料又能延长电热元件的使用寿命。

(2)较小的电阻温度系数。电阻温度系数是指电热材料的电阻随温度变化的数值。正电阻温度系数的电热元件，随着温度的升高电阻逐渐增大。温度系数太大不利于加热功率的稳定性，容易引起温度的波动。

(3)高温下耐热性好、强度高。电热元件本身的温度比炉子正常工作温度高，一般相差 50 ~ 100℃，为了使它不发生严重的变形、熔化和断裂，采用的电热材料应具有良好的耐热性和高温强度。

(4)线膨胀系数要小。线膨胀系数大的电热元件，温度升高会变粗变长,可能使固定元件损坏而导致电热元件脱落或短路,因而,应选择线膨胀系数小的电热材料。

(5)良好的加工性能。选择电热元件材料时,要考虑到它的易加工性,也就是便于加工成型,便于绕制和安装等。

1.4.3 常见电热元件的安装方式

电热元件的安装方式,取决于电热元件的形状、炉子的结构、炉温分布和工艺要求。比如硅钼棒的安装,在使用温度超过 1250℃时,硅钼棒会发生弯曲变形,必须采用垂直安装。在使用温度低于 1250℃时,方可选用水平安装,一般推荐采用垂直悬挂安装。电热元件的安装方式,可归结为三类:搁置式、悬挂式和嵌入式。

搁置式是把电热元件放在绝缘支体上,再做适当的捆绑或用其他材料隔挡,适用于螺旋丝状、棒状和带状电热元件,如图 1-18 所示。悬挂式是指把电热元件悬挂在绝缘体上(如陶瓷柱),中下部用卡子压住,并做适当的捆绑,适用于带状、丝状和棒状电热元件,如图 1-19 所示。嵌入式是指把电热元件嵌入异型绝缘体上,嵌入式安装不需要捆绑,适用于丝状和棒状电热元件,如图 1-20 所示。注意捆绑用的材料,其线膨胀系数要不小于电热元件和绝缘子的线膨胀系数,防止电热元件和绝缘子受热膨胀后,导致捆绑材料断裂,造成电热元件的变形和脱落。

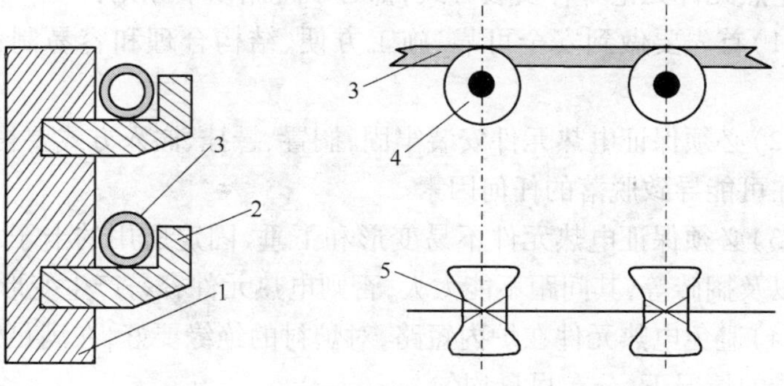

图 1-18 搁置安装

1—砌砖;2—搁砖;3—电热元件;4—支撑瓷柱;5—捆绑丝

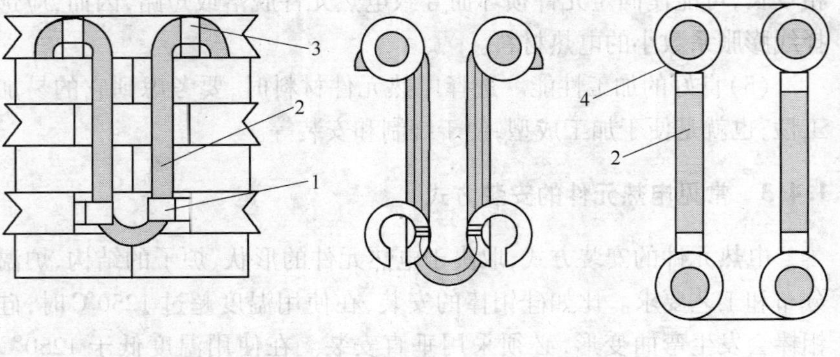

图 1-19 悬挂安装的三种形式

1—压卡;2—电热元件;3—炉钩;4—瓷柱

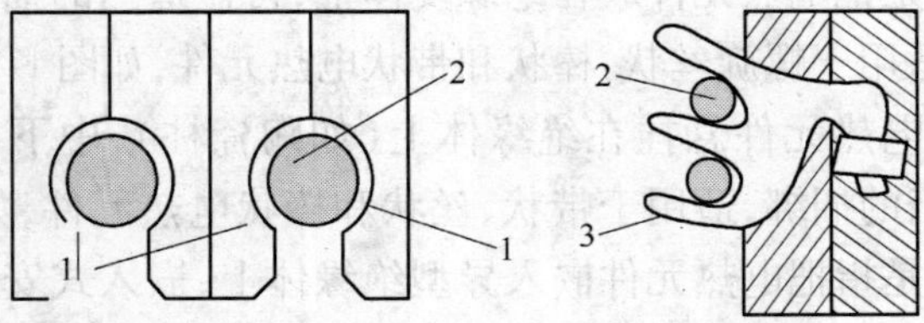

图 1-20 两种嵌入安装方法

1—嵌槽;2—电热元件;3—支撑瓷柱

电热元件无论哪种安装方式,都必须遵循以下原则:

(1)首先要做到安全可靠、施工方便、结构合理和容易制作的原则。

(2)必须保证电热元件安装牢固,搁置、悬挂、嵌入方式要得当,不能存在可能导致脱落的任何因素。

(3)必须保证电热元件不易变形和下垂,固定所用的卡子、炉钩、瓷柱以及搁砖等,其间距不能太大,否则电热元件容易产生变形。

(4)避免电热元件在炉内短路,对炉衬的绝缘要好,在满足炉内温度性能的情况下,分布尽量均匀。

为了使读者有直观感觉,图 1-21 和图 1-22 分别是真空电阻炉丝状和带状电热元件的实际安装图。

图 1-21　丝状电热元件的安装方式

1—隔热屏;2—绝缘子;3—电热元件

图 1-22　带状电热元件的安装方式

1—电热元件;2—绝缘支架;3—绝缘子;4—电极

1.5　电阻炉的热传递方式

电阻炉把电能转化为热能传给被处理的工件,这就涉及到热量的传递问题。传热是自然界中的普遍现象,热量总是从温度高的地方向温度低的地方传递。在电阻炉工作中,热传导、热对流和热辐射三种基本热传递方式,伴随着电阻炉整个加热工作过程。

1.5.1　热传递方式简述

1.5.1.1　热传导

热传导是物体分子或原子的微观运动引起的一种热量传递方式。

无论是在物体内部，还是在不同物体接触之间，只要各部分温度不同，都可通过分子或原子的微观运动将热量由高温部分传给低温部分。图 1-23 说明了两个物体间及物体内部的热传导情况，物体 A 的温度高于物体 B 的温度，且物体 B 两侧内部的温度 $T_2 > T_3$，箭头方向就是热传导方向。电阻炉的电热元件把热量传递给被处理工件后，热量由工件表面向内部的传热过程，或者是与电热元件接触部件的传热过程，都属于热传导。

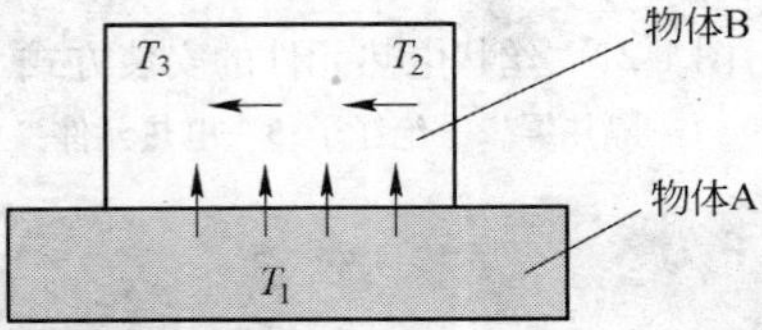

图 1-23　热传导

热传导不仅发生在固体中，也可在液体和气体中发生，只是固体、液体和气体的热传导能力不同，固体最强，液体次之，气体最弱。体现物体热传导能力大小的物理量称为导热系数，又称为热导率，常用单位 kJ/(m · h · ℃)，即千焦耳/(米 · 小时 · ℃)。气体的导热系数最小，如空气导热系数在 20℃ 时仅为 0. 0925kJ/(m · h · ℃)；液体的热导率比气体大，如水的热导率在 20℃ 时为 215. 62kJ/(m · h · ℃)；固体的热导率较大，其中金属的导热系数最大，如铝的导热系数为 782. 9kJ/(m · h · ℃)。

1. 5. 1. 2　热对流

流动的流体通过固体表面时，如果流体与固体的温度不同，将导致流体各部分发生扰动和混合，这种热量交换方式称为热对流，如图 1-24 所示。热对流的特点是：热对流总是发生在流体与固体表面之间，且对流传热过程中总是伴随着热传导的发生。热对流与热传导的综合作用称为对流换热，电阻炉外壁对周围空气的传热，冷却水对炉子各部件的冷却就是对流换热作用的例子。流体本身的特性、换热方式、流动速度，是影响对流换热的主要因素。

导热系数和密度大的流体，有利于对流换热，而黏度大的流体内

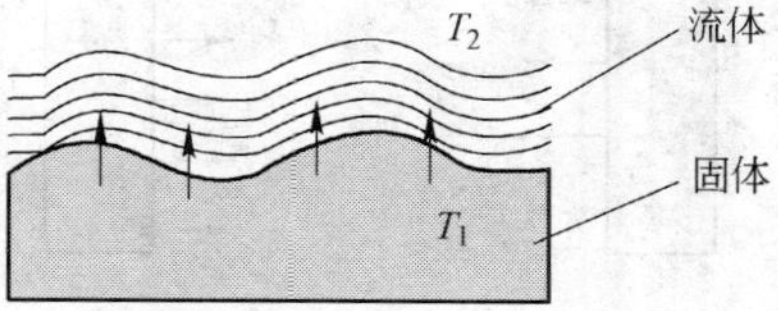

图 1-24　热对流

部的扰动和混合运动较困难,不利于对流换热。流体的换热方式分为自然对流换热和强制对流换热。自然对流换热是由流体内部温度不同造成的密度不同而引起的,如炉壁外部周围空气的流动换热,传热的多少主要取决于物体各部分的温差、流体的种类及流体的空间形状和大小等,流速影响较小。强制对流换热是流体在外力作用下引起的,流体的流速、温度差越大,流体内部的扰动与混合就越强烈、传热效果也就越好,如有的电阻炉利用风机使炉内气体流动,增强对流换热效果,不仅加快传热,而且能改善炉内温度均匀性。

形状复杂的表面不利于自然对流换热;但对强制对流换热有利,特别是粗糙的表面。空间大有利于自然对流换热,但对强制对流换热不利。换热面向上比换热面向下对流换热效果好,有时感觉到下炉盖的温度比上炉盖低,就是其中原因之一。通常情况下,强制对流换热比自然对流换热传热效果好。

反映对流传热效果的是流体的对流放热系数,单位是 $kJ/(m^2 \cdot h \cdot ℃)$。对流放热系数越大,对流传热效果也就越好。水的自然对流放热系数在 837.36～2093.4$kJ/(m^2 \cdot h \cdot ℃)$之间,水强制对流放热系数在 12560.4～33494.4$kJ/(m^2 \cdot h \cdot ℃)$之间。空气自然对流放热系数在 12.56～25.12$kJ/(m^2 \cdot h \cdot ℃)$之间,空气强制对流放热系数在 83.74～418.68$kJ/(m^2 \cdot h \cdot ℃)$之间。显然水比空气对流换热效果好。

1.5.1.3　热辐射

物体的热能以电磁波的形式向外辐射,称为辐射能。一个物体的辐射能落到另一个物体上,被物体吸收后转化为热能,就使热量从一个物体传到另一个物体,这种传热方式称为热辐射,如图 1-25 所示。

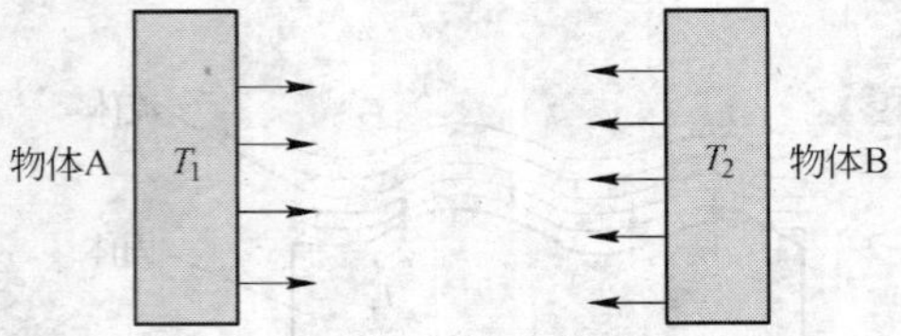

图 1-25　热辐射

实际上辐射能落到物体上，一部分被吸收转化为热能，一部分被物体表面反射出去，如果物体是透明体，那么还有一部分透过物体。热辐射具有以下特点：

（1）热辐射是一切物体的固有属性，物体的温度只要高于绝对零度，都要向外辐射热量，说明高、低温物体之间都可以相互辐射热量，即高温物体可以把热量辐射给低温物体，而且低温物体同样也可以把热量辐射给高温物体。

（2）辐射传热不需要中间介质，辐射传热是真空中主要的热传递方式。

（3）辐射传热过程伴随着能量的多次转换，先由热能转化为辐射能，再把辐射能转化为热能的过程。

（4）物体辐射热量的大小与辐射体的温度有重要关系，温度越高，热辐射效果就越好。

（5）气体的热辐射与固体相比有其自身的特点，不同的气体，其辐射和吸收辐射能的能力不同，而且对波长具有选择性，能量的吸收和辐射是在整个体积内进行的。

1.5.2　电阻炉热传递特点

电阻炉在加热和冷却过程中，热量的传递是一个非常复杂的过程，炉腔内部的温度场随时间变化，并不是稳定不变，物体内部的传热是在不稳定状态下进行的，这种传热过程称为电阻炉不稳定态传热。研究电阻炉内各点的温度及传递热量随时间变化的规律，掌握在加热或冷却过程中，炉内或工件断面上的温度分布情况以及工件的加热时间，有利于制定加热工艺。在电阻炉内部热量的交换，主要包括电热元件与工件热交换，电热元件与炉内部件的热交换，工件与炉内部件的热交换,炉内气体与工件、电热元件、炉内部件的热交换等。工件在热处理过程中,工件表面通过热辐射和热对流的方式从电热元件获取热量,同时又以热传导的方式将热量由工件表面向内部传递,使其整个工件温度升高。

真空电阻炉由于炉腔内基本没有或仅有少量的热传递介质,工件和电热元件之间传热方式主要是热辐射,热对流和热传导的作用很弱,可以忽略不计。电热元件作为热源,以热辐射的方式把热量传给工件,同时也传给炉内各个部件。辐射的热能一部分被工件和炉内部件吸收,而使其温度升高,另一部分热量又被反射回来。这样,在炉子内部存在热量的辐射、吸收、反射等多个热交换过程。

充气电阻炉内部充有气体或本身处在大气压下,如果炉内气体是静态的,工件和电热元件之间三种传热方式并存,但热对流和热辐射仍起着主要作用,热对流是自然对流换热。对于中大型井式炉,有时为了改善炉内温度均匀性,加快热传递过程,安装有机械转动装置,如气体搅拌风机,变静态气体为动态气体,这时工件和电热元件之间传热方式,虽然仍是三种并存,但热对流是强制对流换热,而且占有重要的地位。高温箱式电阻炉也主要靠热对流和热辐射传递热量。

炉子电热元件与外部的热交换是通过炉内壁耐火层、保温层和金属外壳完成的,主要是以热传导、热辐射的方式传递热量。对于高温真空电阻炉,由于在炉体各部分通有冷却水,带走了大部分通过炉内壁传递的热量,因此,电热元件与外部热传递方式除热传导、热辐射外,强制热对流起着重要作用。

在电阻炉实际工作过程中,有时需要增强传热过程,使工件快速达到热平衡状态,以便改善对工件的处理效果。有时需要减弱传热过程,如采取各种保温措施,减小热量损失,节约能源,防止因炉体外表面温度过高而对操作者造成伤害。

1.6 电阻炉加热工艺

电阻炉应用最广的是对工件进行热处理或材料的成型烧结,加热工艺对材料的性能影响较大,特别是材料的物理和力学性能。本节介绍电阻炉加热工艺所包含的内容,并以金属工件为例,简要说明加热工艺对金属工件的塑性及温度应力的影响,更详细的内容涉及到材料的热处理知识,请参考有关资料。

1.6.1　电阻炉加热工艺特点

电阻炉加热工艺是指工件的热处理和材料的烧结工艺过程,主要包括加热温度、加热速度、加热时间、加热制度以及炉内气氛及压力等项内容。对同种材料的工件而言,不同的加热工艺,对工件特性影响不同,而且差异很大,反之相同的加热工艺,对不同材料的工件特性其影响也是不同的。加热工艺是根据工件材料的性质和热处理的目的制定的,具有很强的科学性和针对性,一般由技术人员完成。操作人员要明确加热工艺中的各项内容,了解它们对工件的影响,有助于对加热工艺的理解和正确实施。

加热工艺中电阻炉的加热温度是指对工件进行处理的最高温度,也是炉子升温过程结束时的温度,在一个加热工艺中,只有一个加热温度点,如图 1-26 中的 700℃。

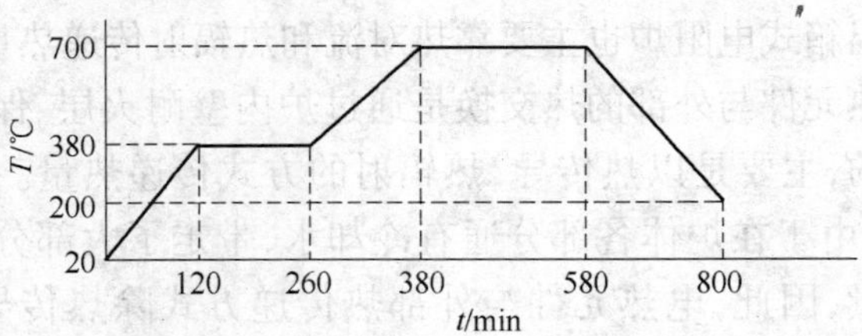

图 1-26　加热制度

加热制度又称加热温度工艺曲线,是指在加热工艺中所包含的升温、保温及降温的过程。图 1-26 就是某电阻炉的加热制度,包含加热温度、各阶段的加热速度以及与之对应的温度、时间等,其中温度和时间是加热制度的两个重要参数。

加热速度规定了对工件进行加热的快慢,在加热制度中称为升(降)温速率,一般用℃/h 或℃/min 表示,例如图 1-26 中第 1 温度段从 20℃升到 380℃的加热速度是 3℃/min。

加热时间是指从炉子开始加热到结束加热之间的整个加热持续

时间,也就是加热制度中所规定的时间,例如图1-26加热制度中的加热时间是800min。

炉内气氛是指炉内是处于充气状态还是真空状态。充气状态下加热时,工艺中要明确气体的种类、性质及压力大小。充气电阻炉大多数采用氢气、氮气、氩气或空气作为工作介质,并在正压下工作。真空状态下加热时,要规定所要达到的真空度。

1.6.2 加热温度

在热处理电阻炉中,给工件加热是为了保证材料组织的转变和化学作用的完成,使材料的技术性能最终达到使用要求。加热温度是改变材料组织结构和加快化学作用的重要因素,例如加热温度高于材料的熔点时,材料就被熔化。合适的加热温度,能使金属得到最好的塑性和最小的变形抗力。塑性是指金属材料在载荷作用下,产生塑性变形(永久变形)而不破坏的能力。通常把金属塑性变形时,抵抗塑性变形的力称为变形抗力。

加热温度不仅影响着工件的组织结构,而且也影响着工件材料的物理性能,如热导率、热容、密度等。比如,在加热温度较高时(大于900℃),碳钢及合金钢的热导率、比热容随着温度的升高而增大,有色金属的热导率、比热容则随着温度的升高而减小。金属的密度随着温度升高因体积膨胀而减小。通常在一个加热制度中,通过制定多个升温、保温、降温过程,最终达到加热温度。

1.6.3 加热速度

加热速度也可以理解为电阻炉工作过程中,工件表面的升温速度。最大加热速度主要取决于电阻炉的加热功率和炉体结构。在工件的某些性能中,就其强度、塑性和温度应力而言,加热速度的快慢主要影响工件的温度应力。温度应力亦称热应力,是由于温度变化引起工件内部结构或构件的伸胀或收缩,当伸缩受到限制或工件内各部分的温度不同时产生的应力。强度是指工件在静荷作用下抵抗破坏(过量塑性变形或断裂)的性能,由于载荷的作用方式有拉伸、压缩、弯曲、剪切等形式,所以强度也分为抗拉强度、抗压强度、抗弯强度、抗剪强度等。

工件内部和表面的温度差是产生温度应力的主要原因,其大小也随温度差变化,内外温差愈大,温度应力也就愈大。加快电阻炉的升温速度,就有可能增大工件表面与内部的温差,使产生的温度应力增大。当温度应力在工件的弹性极限内,对工件不会造成什么影响。如果温度应力超过工件的弹性极限,则工件就会产生塑性变形,这时即使温差消除,所产生的应力也不会完全消失,即生成所谓的残存应力。温度应力如果再进一步增大,超过了工件的强度极限,就导致加热过程中工件的破裂,形成裂纹缺陷。

在加热工艺中,通过制定科学的加热制度,优化加热过程的升(降)温速度,使工件内外温差达到最小,或者达到热平衡状态而消除,温度应力自然也会随之减小或消失。为达到这一目的,通常加热制度至少要包含加热升温(降温)和保温两个阶段。在升温阶段,炉内工件表面温度上升快,而中心温度上升慢,造成工件断面上的温度差增大。为了使断面上的温度趋于均匀,就要经过保温阶段,这时工件表面温度不再上升,根据热传递原理可知,中心温度继续上升,使工件表面与中心的温度差逐步减小而趋于均匀,最终达到热平衡状态,此时的温度应力达到最小或消失,不至于造成工件的裂纹缺陷。

加热速度的选择要依据工件材料的特性,比如热导率高的材料,可提高加热速度,反之可减小加热速度。实际制定中还要考虑材料的其他性质和特点,如材料的物理、化学特性,力学性能,工件的形状、结构、体积和质量等。

1.6.4 加热时间

工件在电阻炉内进行加热,不仅要考虑加热速度、加热温度和加热的均匀性,而且还要考虑加热时间,目的是利用加热时间保证工件组织的转变和化学作用的完成。加热时间的延长有利于改善工件加热的温度均匀性,减小温度应力对工件的影响,但过度地延长加热时间,不仅浪费能源,而且也会对工件的性能产生负面影响,引起工件的某些缺陷,如过热、过度氧化等。加热时间过短则会造成加热不均匀,使得变形抗力增大,塑性降低。实际应用中,应根据工件材料的特性,合理科学地制定加热时间。

一般来讲，对于导热性差、塑性差的工件，要求延长加热时间，否则会因加热速度过快导致温度应力过大，使工件产生加热缺陷。反之，对于导热性好、塑性好的工件，需要的加热时间就短。如果工件的加热界面较厚或体积过大，就需要较长的加热时间，特别是其中的保温时间，能使工件表面与中心的温度趋于均匀，减小所产生的温度应力。

除工件的性质和体积外，加热方式和加热温度也影响着加热时间。加热方式分为单面加热、双面加热和多面加热，单面加热需要较长的加热时间，相比之下双面加热需要的加热时间就短。总之，被加热的面越多，加热就越快，所需时间就短。较高的加热温度，能够缩短加热时间，因为温度越高，电热元件与工件表面的温度差越大，热量传递就越多，加热速度也就越快。

1.6.5　加热裂纹的产生

工件加热最常见的缺陷是出现裂纹，包括表面裂纹和内部裂纹，图1-27所示的就是工件产生的表面裂纹。加热过程中产生的表面裂纹有两个原因，一是工件表面本身存在皮下气泡、夹有杂质以及原始裂纹造成的；二是表面缺陷在加热时受温度应力的作用发展而成的。此外，表面过热也会产生表面裂纹。

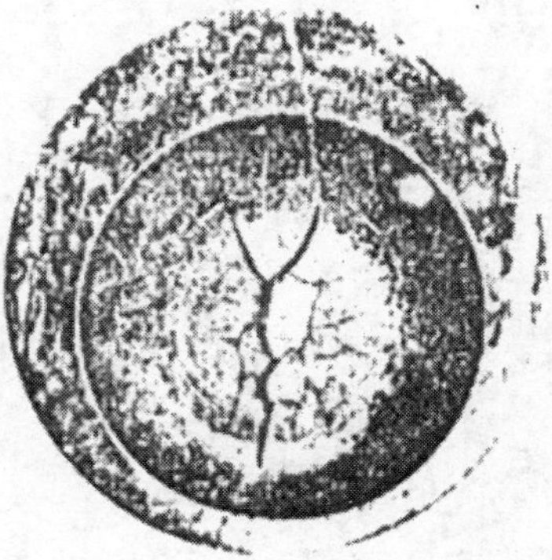

图1-27　烧结裂纹

内部裂纹是由于加热速度太快或者是炉温过高造成的。在升(降)温速度过快或炉温过高的条件下,可能引起工件表面和中心的温差较大,造成温度应力过大,导致内部不均匀膨胀或收缩而产生内部裂纹。

复习思考题

1. 电阻炉的加热原理是什么?
2. 电阻炉的加热方式分为哪两种?
3. 箱式电阻炉的炉体由哪几部分组成?
4. 井式电阻炉的主要特点是什么,为什么要分区加热?
5. 炉衬中的耐火材料和保温材料的作用是什么?
6. 简述箱式电阻炉和井式电阻炉的结构。
7. 箱式电阻炉和井式电阻炉的炉衬的特点是什么?
8. 真空电阻炉主要由哪几部分组成?
9. 真空电阻炉有哪些特点?
10. 电热元件常用材料有哪些,安装方式有几种?
11. 热传递分为几种形式?
12. 电阻炉的热传递有何特点?
13. 电阻炉加热工艺包括哪些内容?
14. 什么是电阻炉的加热制度?

2 电阻炉温度测量

学习目的：

了解接触式和非接触式温度测量的特点，熟悉热电偶的测温原理以及热电偶的种类、测量范围和使用环境条件，理解热电偶补偿导线的作用，掌握铠装热电偶的结构、安装使用、常见故障处理以及参考端补偿计算方法。了解常用的铂热电阻和铜热电阻温度传感器。熟悉光电高温计、辐射高温计和比色高温计的测量原理及使用方法。

温度是电阻炉过程控制中最重要的物理量，也是过程控制的核心参数。温度测量是温度控制的前提，只有精确地测量温度才能准确地控制温度，从而保证热处理产品质量。温度测量手段很多，本章主要介绍电阻炉常用的热电偶和光学高温计及其测量方法，而对热电阻仅作一般介绍。

2.1 温度测量方法

2.1.1 温度与温标

温度是表征物体冷热程度的物理量。物体冷热程度本身并不能直接测量，需要把代表它的温度转化为其他物理量才能进行测量，比如把温度的变化转化为体积的变化、压力的变化、电阻的变化、热电势的变化等。把感知温度高低并能转化为其他物理量的元件称为温度传感器。

用来度量温度高低而规定的标尺称为温度标尺，简称为温标。国际单位制中热力学温度的单位是开尔文，用符号 K 表示。实际应用中常用摄氏温度作为温度单位，用符号℃表示。热力学温度 273.15K 对应摄氏温度 0℃，两者的关系为：

$$t(℃)=T(\mathrm{K})-273.15(\mathrm{K})$$

2.1.2　接触测量法

温度测量方法通常分为接触测量法与非接触测量法。两个温度不同物体相互接触或者是处在同一个温度场中，由热平衡原理可知，热量就会从温度高的物体向温度低的物体传递，最终它们的温度相等，达到热平衡状态。根据这一原理，用其中一个物体作为温度传感器，就可以对另一个物体实现温度测量，这种温度测量方法称为接触测量法，如图 2-1 所示。接触测量法的特点是：

(1) 温度传感器与被测物体接触，或处在同一个温度环境下，两者达到热平衡，真实反映被测物体的温度，测量精度高。

(2) 温度传感器的热容量一定要远远小于被测物体的热容量，接触测量时不会改变被测量物体的温度，否则将会造成较大的测量误差，因此不宜测量热容量较小的物体。

(3) 温度传感器与被测物体处在相同环境条件下，如果环境中存在腐蚀、氧化、污染、还原甚至振动等不利因素，那么对传感器的结构、性能都要有较为苛刻的要求。

(4) 一般不能测量移动物体的温度。

(5) 测量灵活方便，原则上可以测量物体任何部位的温度。

(6) 便于多点集中测量和实现温度自动控制。

(7) 测量精度高，通常为 0.5% ~1%，某些测量条件下最高可达 0.01%。

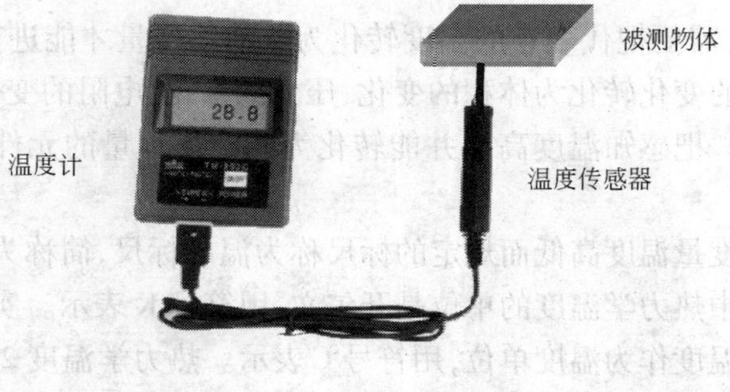

图 2-1　接触式温度测量

（8）响应速度较慢，有的温度传感器可达 1 ~3min。

2.1.3　非接触测量法

接触测量法有一定的局限性，一是无法测量移动物体的温度，二是某些温度测量环境限制了它的应用，三是温度测量的范围有限，超过 2300℃就难以测量。这就需要探索新的测量方法，既不需要与被测物体接触，也不需要与被测物体处在同一环境中的非接触测量方法就油然而生。非接触测量法基于热辐射原理，即利用物体的热辐射能随温度变化来测量物体温度，如图 2-2 所示。非接触测量法从诞生那天起就得到了广泛应用，而且发展很快，测量精度也不断提高，其特点是：

（1）不与被测物体接触，不会影响被测物体的温度，也不会影响被测物体的环境，而且热惯性小。

（2）与接触测量法比较，测量温度范围比较宽，测量温度高，从原理上看，这种温度测量方法无上限。

（3）一般用于电阻炉的高温测量，1000℃以上测量较准确，而 1000℃以下测量误差较大。

（4）对移动物体的温度可以进行连续测量。

（5）测量出的是工件或电热元件的表面温度。

（6）非接触测量法检测到的是被测物体发出的热辐射能，由于不同的物体在相同温度下其热辐射能力不同，因而必须准确知道与被测物体热辐射有关的参数，才能进行准确测量。

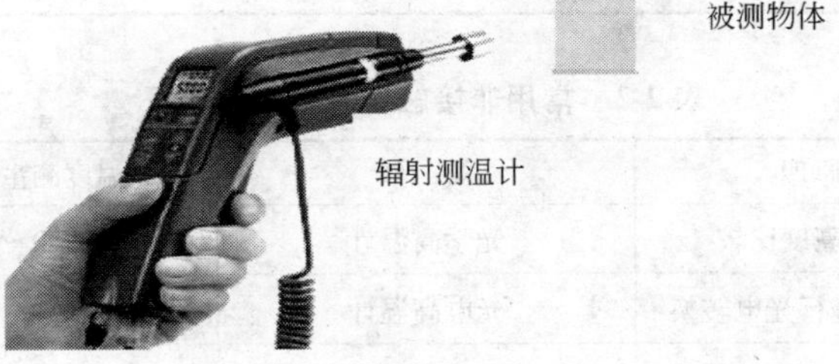

图 2-2　非接触式温度测量

(7)测量精度没有接触测量法高,一般测量精度在5～20℃。

(8)与接触测量法相比,反应速度快,约2～3s,最慢也在10s内。

2.1.4　温度传感器的类型

按照温度测量原理可以把温度传感器分为热膨胀型、热电阻型、热电势型和热辐射型四类。前三类一般用作接触式测量,详见表2-1,后一类用作非接触式测量,详见表2-2。热膨胀型是利用物体的热胀冷缩原理测量温度的,包括液体膨胀式温度计、固体膨胀式温度计和压力式温度计。热电阻型是利用物体的电阻随温度变化的特点来测量温度,常见的有铂电阻和热敏电阻温度传感器。热电偶属于热电势型温度传感器,它是把温度的变化转换为热电势的变化。热辐射型是利用物体的辐射能随温度变化的原理测量温度,光电高温计、辐射高温计、比色高温计就属于热辐射型温度测量仪器。

表2-1　常用接触式测量温度计与传感器

测量原理	类　型	举　例
物体的热胀冷缩原理	液体膨胀式	水银温度计,有机液体温度计
	固体膨胀式	双金属温度计
	压力式	液体压力温度计,气体压力温度计
物体的电阻随温度变化原理	金属电阻	铂电阻温度计,铜热电阻温度计
	半导体	热敏电阻温度计
温度变化转换为电势变化	金属热电偶	铂铑30-铂铑6,铂铑10-铂,镍铬-镍硅,镍硅-铜镍,铜-铜镍
	非金属热电偶	碳化硼-石墨

表2-2　常用非接触型温度测量仪表

测量原理	类　型	温度测量范围/℃
肉眼进行亮度比较	光学高温计	700～3000
利用传感器进行光电转换	光电高温计	200～3000
依据辐射能与温度的关系	辐射高温计	约100～3000
比较两波长光谱辐射亮度	比色高温计	180～3500

2.2 热电偶

2.2.1 测量原理

将两种不同的金属导体的一端焊接在一起，构成闭合回路，如图 2-3 所示，给焊接端加热，使导体两端产生温差，则在回路中就会产生热电势，其热电势的大小与温度有关。这种以测量热电势的方法来测量温度的元件称为热电偶，两根导体 A、B 称为电极。焊接端与被测物体接触，称为热电偶的测量端或热端，图 2-3 中的 T 端，另一端在温度恒定的外部环境中，称为热电偶的参考端或冷端，图 2-3 中的 T_0 端。

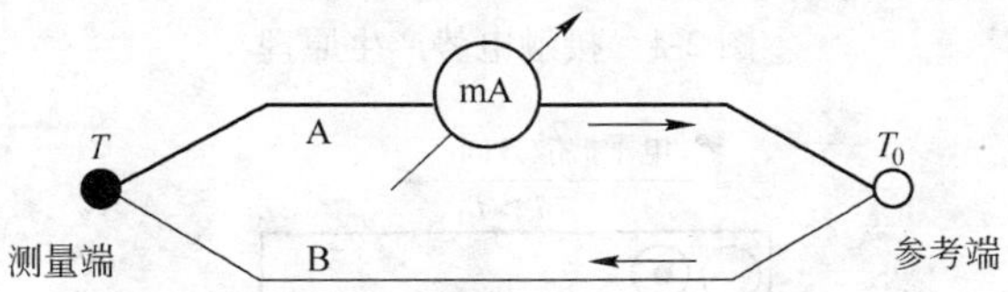

图 2-3 热电偶测温原理

热电势是由接触电势和温差电势组成。接触电势是由相互接触的两个导体内部的电子密度不同产生的，如图 2-4 所示，自由电子从密度大的导体 A 向密度小的导体 B 扩散，导体 A 因失去电子带正电，导体 B 因获得电子带负电，在导体 A 与 B 之间就形成了电势差。温度愈高，两种导体的密度差越大，接触电势也就越大。温差电势是由导体两端温度不同产生的，如果测量端的温度大于参考端的温度，测量端的电子能量就会大于参考端的电子能量，从测量端的扩散到参考端的电子数多于从参考端扩散到测量端的电子数，如图 2-5 所示，结果测量端带正电，参考端带负电，在同一导体两端产生电势差。在一定温度下导体两端的电势差形成的静电场，会阻碍电子继续扩散，最终达到动平衡状态。

从上面分析可以看出，热电偶的总电势的大小，与两导体的电子密度、测量端温度 T、参考端温度 T_0 有关，其中导体的电子密度主要取决于材料的特性。所以，当热电偶材料一定时，热电偶的总电势就仅与测量端温度 T 和参考端温度 T_0 有关。如果参考端的温度 T_0 一定，那么热电偶的总电势就是测量端温度 T 的单值函数，热电偶的总电势与测量端温度 T 存在唯一对应关系，测量出热电势的大小就知道测量端的温度了，这就是热电偶测量温度的原理。

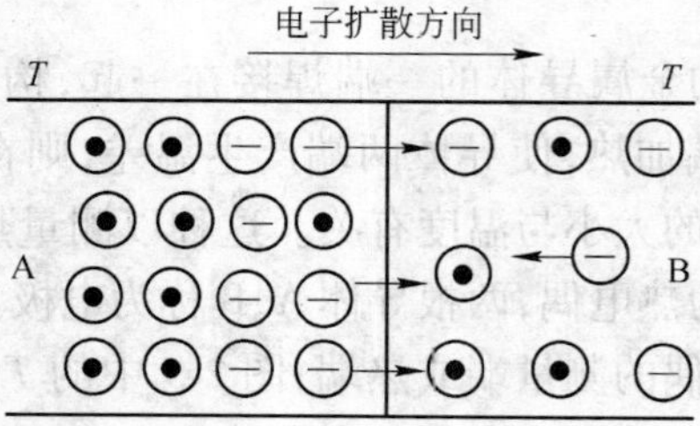

图 2-4　接触电势产生原理

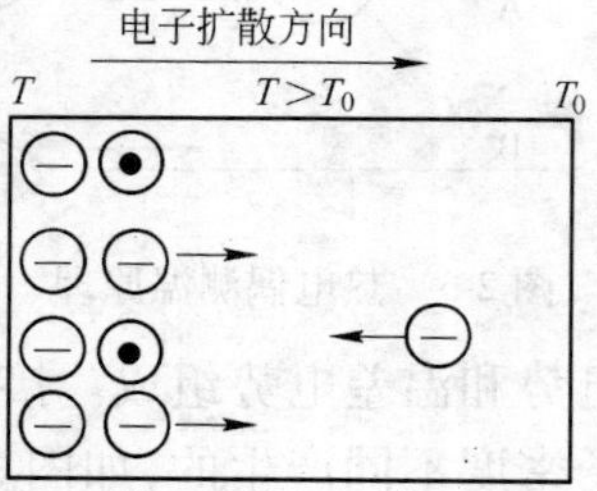

图 2-5　温差电势产生原理

任何两种不同性质的导体材料接触在一起都可以制成热电偶，而且在热电偶材料一定的情况下，热电偶的总电势就仅与温度 T 和 T_0 有关，与热电偶的粗细和长短无关。要得到总电势与测量温度唯一对应关系，就必须使热电偶参考端的温度保持恒定。常用热电偶分度表中的热电势数据就是在参考端温度为 0℃时给出的。

2.2.2　热电偶种类

根据热电偶电极材料的不同，形成不同的热电偶，温度测量范围和使用环境也各不相同，表 2-3 给出了电阻炉常见的热电偶种类及使用环境，而表 2-4 给出了这些热电偶的测量范围，供在选择热电偶时参考。

表 2-3 常用热电偶的特点及使用环境

名 称	分度号	特点及使用环境
铂铑30-铂铑6	B	适于测量1000℃以上的高温,常温下热电动势极小,可不用补偿导线,抗氧化、耐化学腐蚀能力强。缺点是在中低温领域热电动势小,600℃以下测量误差较大,灵敏度较低,而且热电动势的线性不好
铂铑10-铂	S	精度高、稳定性好,不易劣化,抗氧化、耐化学腐蚀,可作标准热电偶使用。缺点是灵敏度低,不适用于还原性气氛(尤其是 H_2、金属蒸气),热电动势的线性不好,而且价格较高
铂铑13-铂	R	
镍铬-镍硅	K	热电动势线性好,1000℃下抗氧化性能良好,在廉价金属热电偶中稳定性最好。缺点是不适用于还原性气氛,同贵金属热电偶相比时效变化大
镍硅-铜镍	E	在现有的热电偶中,灵敏度最高,同J型相比耐热性能较好,两极非磁性。缺点是不适用于还原性气氛,热导率低,具有微滞后现象
铁-铜镍	J	可用于还原性气氛,热电动势较K型高20%左右。缺点是铁正极易生锈,热电特性漂移较大
铜-铜镍	T	热电动势线性好,低温特性好,产品质量稳定性好,可用于还原性气氛。缺点是使用温度低,铜正极易氧化,热传导误差大
镍铬硅-镍硅镁	N	热电动势线性好,1300℃以下抗氧化性能强,热电动势的长期稳定性及短期热循环的复现性好;耐核辐射能力强,耐低温性能也好。缺点是不适用于还原性气氛,同贵金属热电偶相比,时效变化大
钨铼系 Wre5-Wre26 Wre3-Wre25		测量温度高,适用于还原性、H_2 及惰性气体,但质脆,易断

表 2-4 常用热电偶的测量范围 (℃)

名 称	分度号	长期使用温度	短期最高温度
铂铑30-铂铑6	B	200~1700	1820
铂铑10-铂	S	0~1600	1750
铂铑13-铂	R	0~1600	1700

续表 2-4

名 称	分度号	长期使用温度	短期最高温度
镍铬-镍硅	K	0～1100	1300
镍硅-铜镍	E	0～800	900
铁-铜镍	J	0～700	800
铜-铜镍	T	0～300	400
镍铬硅-镍硅镁	N	0～1100	1300

2.3 电阻炉常用热电偶

热电偶根据其结构不同分为铠装热电偶、快速热电偶和表面热电偶等。快速热电偶使用两根热偶丝焊接而成，用在测量熔融金属的温度，例如钢水的温度，每次使用后都要更换，因而又把它称为消耗热电偶。表面热电偶测量固体表面的温度，可根据固体表面不同形状加工成不同的结构形式和安装方式。工业炉窑温度控制中，快速热电偶和表面热电偶几乎不采用，最常用的是铠装热电偶。

2.3.1 铠装热电偶

2.3.1.1 铠装热电偶的结构

20 世纪 60 年代铠装热电偶的出现，使热电偶的应用变得更加灵活方便。铠装热电偶由热电偶丝、绝缘材料和套管经过整体拉伸加工而成的坚实组合体，其结构如图 2-6 所示，热偶丝周围是极致密的耐高温氧化物绝缘材料（如氧化镁材料），或者是穿在陶瓷绝缘套管中。外套管起保护热电偶的作用，分为金属和非金属材料。金属材料套管可弯曲，便于安装和使用。金属合金或陶瓷套管能承受较高温度，在高温电阻炉中使用较广。铠装热电偶可以加工得很细，直径 12～0.25mm，长度也可以加工得很长，可达几十米。品种也较多，可制成单偶式、双偶式或多偶式等。规格齐全，测量范围宽，使用十分方便，能满足各种测量环境的要求。

铠装热电偶的测量端常见有四种形式，如图 2-7 所示。图 2-7a 称为不碰底型，是最常用的一种热电偶，热电极与外套管之间相互是绝

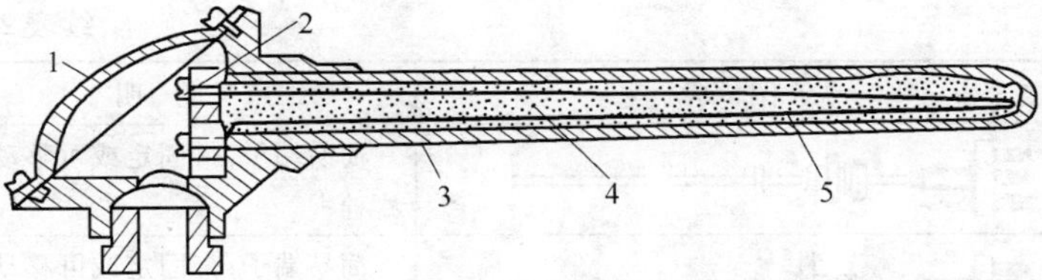

图 2-6 铠装热电偶的结构

1—接线盒;2—接线端子;3—外套管;4—绝缘材料;5—热电偶丝

缘的,外套管可以是金属也可以是非金属陶瓷管。图 2-7b 称为碰底型,热电极与套管焊接在一起,反应速度比不碰底型快,这种类型的外套管只能是非金属陶瓷管。图 2-7c 称为露头型,热电极焊接点暴露在套管的外部,其反应速度是所有热电偶中最快的。图 2-7d 称为帽型,给露头型焊接点套上一个保护帽,并进行焊接密封。

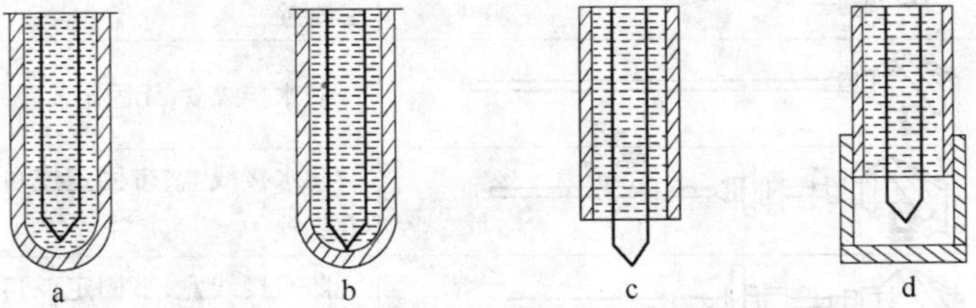

图 2-7 铠装热电偶测量端的形式

a—不碰底型;b—碰底型;c—露头型;d—帽型

2.3.1.2 铠装热电偶的类型

表 2-5 给出了直插式铠装热电偶的类型,供在选择时参考。无固定装置的铠装热电偶,安装和拆卸方便,适用于需要移动的或临时性的温度测量场所。带固定或可移动法兰装置的铠装热电偶,安装比较牢固可靠,若是可移动法兰,根据插入长度先调整法兰位置,并固定在金属加固管上,再安装到炉子上。带固定或可移动螺栓的铠装热电偶,安装和调整与法兰相同。

表 2-5 常见直插式铠装热电偶类型

序号	图 示	说 明
1	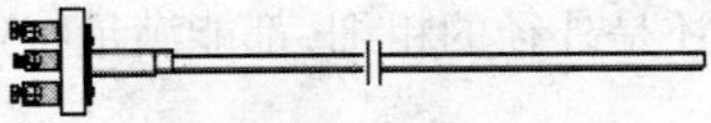	简易端子,无固定装置

续表 2-5

序号	图示	说明
2	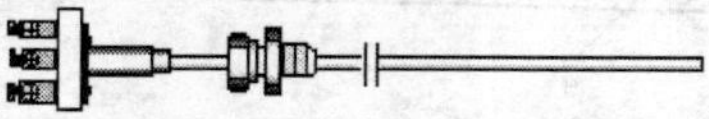	简易端子,带固定或可移动卡套螺栓
3	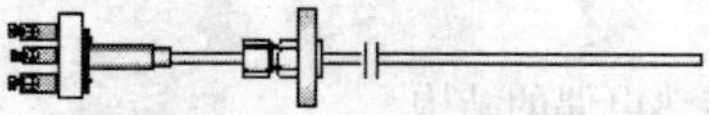	简易端子,带固定或可移动卡套法兰
4	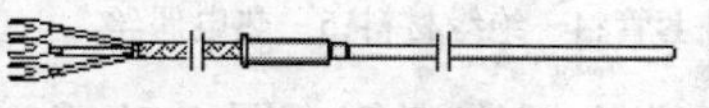	带延长导线,无固定装置
5		带延长导线,有固定或可移动卡套螺栓
6	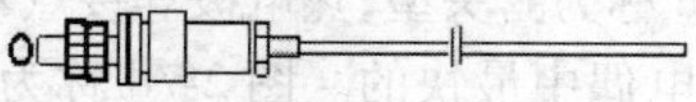	插座式端子,无固定装置
7	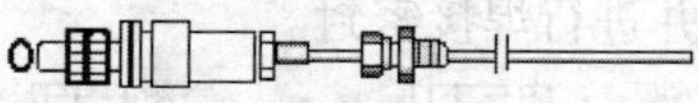	插座式端子,带固定或可移动卡套螺栓
8	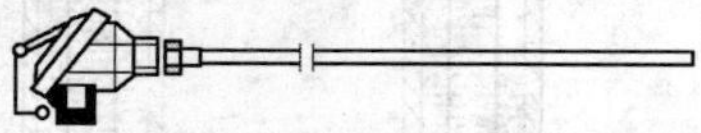	防水接线盒,无固定装置
9	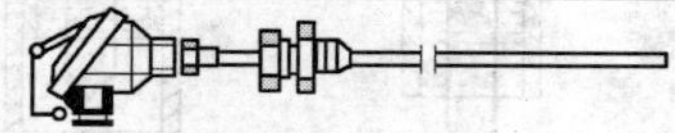	防水接线盒,带固定或可移动卡套螺栓
10	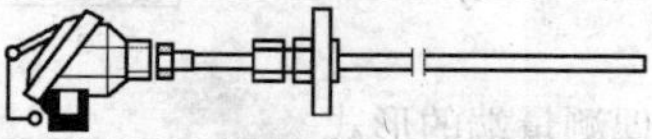	防水接线盒,带固定或可移动卡套法兰

2.3.1.3　铠装热电偶的主要特点

铠装热电偶的主要特点有以下几方面:

(1)铠装热电偶可以做得很小很细,因此具有较小的热惯性和热容量,即使被测物体热容量非常小,也能测量得很准确。

(2)金属外部套管经过完全退火处理,具有很好的可挠性,可任意弯曲,安装使用方便。

(3)由于热电偶丝、绝缘材料和金属套管的组合体结构坚实,耐振动和冲击,也耐高压,因而有较强的环境适应性。

(4)热电偶丝有套管的气密性保护,并用化学稳定好的材料进行绝缘覆盖,铠装热电偶具有较长的使用寿命。

(5)无论是铠装热电偶长度,还是外径的粗细,都能满足特殊用途的需要。

(6)可以加工成一支多偶的形式,即在一支铠装热电偶中,集成两个或两个以上的热电偶,用于不同的温度测量与控制。

2.3.2 热电偶的选择

在选择热电偶时,根据电阻炉的温度测控特点,主要考虑安装方法、温度测量范围和使用环境条件,除此之外再考虑热电偶的测量精度、稳定性以及灵敏度等。

2.3.2.1 类型选择

电阻炉大都采用由炉壁插入测温方式,铠装热电偶应是首选,具体选择什么样的铠装热电偶,根据插入的位置和连线方式,正确选择具体类型。

(1)接线方式有简易型、插座型、延长导线型和防水型四种,详见表2-5。在电阻炉测温中,如果没有防水和端子绝缘要求,建议选择简易型接线端子,因为检查和安装都很方便。

(2)根据测量位置选择热电偶的形状,常用铠装热电偶有三种形状,直插形、拐角形和可绕形,如图2-8所示。在电阻炉温度测控中,固定测温多采用直插形、拐角形,但以直插形最多;工件温度测量,因测温点变动性大,一般采用可绕形。

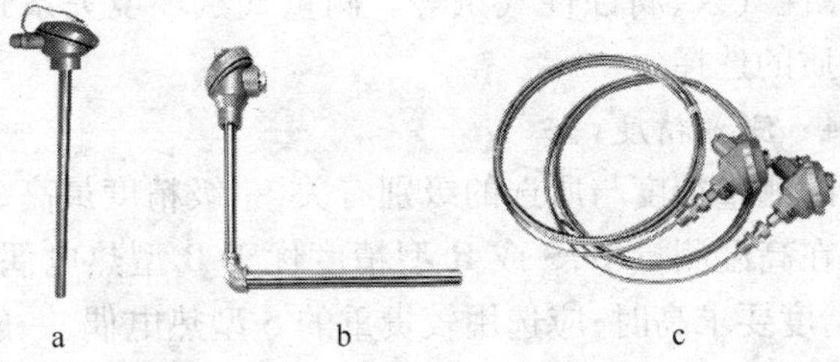

图2-8 铠装热电偶的形状
a—直插形;b—拐角形;c—可绕形

(3)根据热电偶插入的深度,正确选择热电偶的长度,不能过长,也不能太短,不插入部分留有6~10cm为宜。有的热电偶外套管由两部分组成,如图2-9所示,插入部分采用非金属保护管,外露部分采用金属加固管,以提高热电偶的强度。

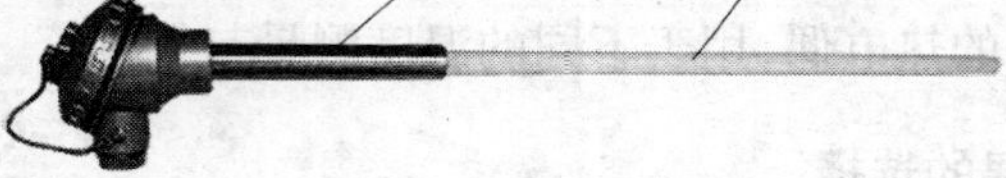

图 2-9　两段式铠装热电偶

（4）在安装允许的情况下，尽可能采用外套管较粗的热电偶。虽然外径粗，热惯性大，但可使热电偶的强度、耐热、耐腐蚀性增强。

（5）根据安装方式，从无固定装置、带固定或可移动法兰装置及带固定或可移动螺栓装置中选择。

2.3.2.2　测量范围

测量范围关系到热电偶分度号的选择，例如最高测量温度在1000℃以下，可选择镍铬-镍硅。最高测量温度在1600℃以下，可选择铂铑30-铂铑6。每种热电偶都有短期允许温度和长期使用温度，比如铂铑13-铂热电偶，短期最高允许温度为1700℃，长期使用温度为1600℃，电阻炉的最高工作温度应在热电偶长期使用温度范围内。

2.3.2.3　使用环境

使用环境是指热电偶的测量气氛环境，是在真空状态下使用还是在充气状态下使用。在某种气氛下使用时，还要考虑内部气氛的性质，比如还原性气氛、腐蚀性气氛等。测量气氛环境关系到铠装热电偶外套管材质的选择。

2.3.2.4　测量精度

热电偶的测量精度与所选的级别有关，一级精度最高，二级次之，三级最低。在高温测量中，S 或 R 型精度优于 B 型热电偶，价格也较昂贵，测量精度要求高时，应选用较贵重的 S 型热电偶，一般情况下选用 B 型热电偶。中低温测量，推荐采用经济实用的 K 型或 E 型热电偶。表 2-6 给出了常用热电偶的测量精度。

表 2-6　常用热电偶的测量精度

热电偶名称	等级	温度范围/℃	精度/℃
铂铑 30-铂铑 6	Ⅰ	600～1700	无
	Ⅱ	600～1700	±1.5 或 ±0.25% t

续表 2-6

热电偶名称	等级	温度范围/℃	精度/℃
铂铑 10-铂或铂铑 13-铂	Ⅰ	0～1100	±1
		1100～1600	±[1+0.003(t-1100)]
	Ⅱ	0～600	±1.5
		600～1600	±0.25%t
镍铬-镍硅	Ⅰ	-40～1100	±1.5 或 ±0.4%t
	Ⅱ	-40～1300	±2.5 或 ±0.75%t
镍硅-铜镍	Ⅰ	-40～800	±1.5 或 ±0.4%t
	Ⅱ	-40～900	±2.5 或 ±0.75%t
铁-铜镍	Ⅰ	-40～750	±1.5 或 ±0.4%t
	Ⅱ	-40～750	±2.5 或 ±0.75%t
铜-铜镍	Ⅰ	-40～350	±0.5 或 ±0.4%t
	Ⅱ	-40～350	±1.0 或 ±0.75%t
镍铬硅-镍硅镁	Ⅰ	-40～1100	±1.5 或 ±0.4%t
	Ⅱ	-40～1300	±2.5 或 ±0.75%t

2.3.2.5　稳定性

热电偶的稳定性也反映了它的测量精度，稳定性越好，测量精度也就越高。在工作 200h 的条件下，B 型热电偶的热电势变化不大于 ±47 μV(约 4℃)，S 型和 R 型热电偶热电势变化不大于 ±12 μV(约 1℃)，K、E、J、N 型热电偶的温度变化 ±0.75%t，T 型热电偶的温度变化 ±0.40%t，显然 S 型和 R 型热电偶的稳定性最好。

在选择热电偶时，除考虑上述因素外，还要考虑使用寿命、连接方式和电极绝缘等情况。

2.4　热电偶参考端补偿与测量误差

2.4.1　补偿导线

热电偶作为温度传感器，必须与测量仪表结合才能组成温度测控仪表，如图 2-10 所示。热电偶一般制造得比较短，而电阻炉的测温点往往距测量仪表比较远，再者较短的热电偶其参考端距热源较近，可能导致参考端温度不稳定，容易引起测量误差，这都需要加长传输导线。对于廉价金属制作的热电偶，延长其电极长度还可以，但对于贵金属热电偶，势必显得太昂贵。一般采用与热电偶热电特性相同的廉价金属导线做延长线，这种廉价金属导线称为补偿导线，如图 2-10 所示。显然补偿导线的作用有两个，一是作为延长线使用，接到测控仪表的输入端；二是转移热电偶的参考端，便于参考端补偿或增强参考端温度的稳定性。补偿导线分为延长型和补偿型两种，延长型补偿导线可在较宽的温度范围内与热电偶的电特性相同，误差曲线符合线性，无接点干扰，但价格较贵。补偿型补偿导线只能在较窄范围内与热电偶的电特性保持一致，误差随温度变化较大，接点易引入干扰，但价格便宜。

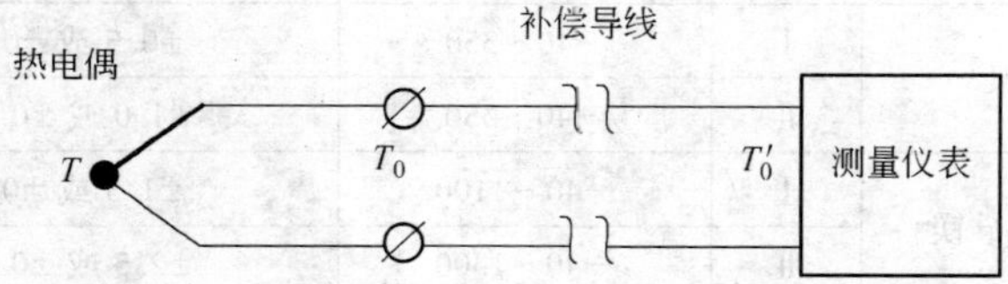

图 2-10　补偿导线的作用

补偿导线要求与热电偶的电特性相同，说明不同热电偶的补偿导线是不同的，补偿导线与热电偶有着对应关系。同类补偿导线又分为一般型和耐热型，一般型使用温度范围 0 ~ 100℃，耐热型使用温度范围 0 ~ 200℃。表 2-7 给出了常用热电偶的一般型补偿导线，型号栏中分度号后边的字母 X 表示延长型，字母 C 表示补偿型。连接补偿导线时，注意导线的正负极，绝对不能接错，否则会引起较大的测量误差。

表 2-7　常用热电偶的补偿导线

补偿导线型号	热电偶分度号	绝缘层颜色		一般型允差/℃	
		正极	负极	普通	精密
SC	S	红	绿	±5	±3
KC	K	红	蓝	±2.5	±1.5
KX	K	红	黑	±2.5	±1.5

续表 2-7

补偿导线型号	热电偶分度号	绝缘层颜色		一般型允差/℃	
		正极	负极	普通	精密
EX	E	红	棕	±2.5	±1.5
JX	J	红	紫	±2.5	±1.5
TX	T	红	白	±1.0	±0.5

2.4.2　参考端温度补偿

由热电偶测温原理可知，在导体材料一定的情况下，只有在参考端温度保持恒定时，热电偶的输出电势才是测量端温度的单值函数。按照热电偶分度的规定，只有热电偶参考端的温度为 0℃时，测量到的温度才是实际温度。若参考端不在 0℃环境中，就必须进行补偿与修正。实际应用中，由于受工业现场环境温度变化的影响，参考端温度很难保持恒定，结果将导致热电偶输出的电势产生误差，因此对热电偶参考端温度进行补偿是必要的。常见的参考端温度补偿方法有三种，即计算修正法、参考端恒温法和补偿电桥法。智能式温度测量仪表多采用计算修正法。热电偶测量较为集中或进行热电偶校验时，采用参考端恒温法。一般温度测量仪表采用补偿电桥法。

2.4.2.1　计算修正法

采用补偿导线把热电偶参考端延长某一点，如果该点的温度不是 0℃，就需要对参考端温度进行修正。假如被测物体的温度为 T，热电偶参考端的温度为 T_0，从参考端实际测得的热电势为 $E(T,T_0)$，由分度表中查得参考端温度 T_0对应的热电势为 $E(T_0,0)$作为修正值，则实际温度对应的热电势 $E(T,0)$为：

$$E(T,0)=E(T,T_0)+E(T_0,0)$$

例：分度号 S 的热电偶，参考端温度为 20℃时，利用电位差计或电压表测得的热电势为 5.700mV，试计算热电偶测量端的实际温度值。

查表可得到 20℃时对应的热电势 $E(T_0,0)=0.113\text{mV}$，实际测得 $E(T,T_0)=5.700\text{mV}$，则：

$$E(T,0)=E(T,T_0)+E(T_0,0)=5.700+0.113=5.813\text{mV}$$

再查 S 分度表可知，5.813mV 对应的实际温度是 646℃。

计算法在计算机或智能仪表温度测控中有着广泛应用，在其内部安装有热敏电阻或半导体热敏器件作为温度传感器，检测参考端温度的变化，以便不断地实时修正热电偶的测量温度，使温度测量更为准确。

2.4.2.2　参考端恒温法

参考端恒温法是把热电偶的参考端由补偿导线引至恒温装置内，保持参考端为某一恒定温度，如图 2-11 所示。这种方法常用在多支热电偶校验，或工业现场使用多支热电偶时，只需对这一特定温度 T'_0 进行补偿，以得到较高的测量精度。在校验热电偶时，通常把参考端引至冰水混合的槽中，并维持参考端始终为 0℃。

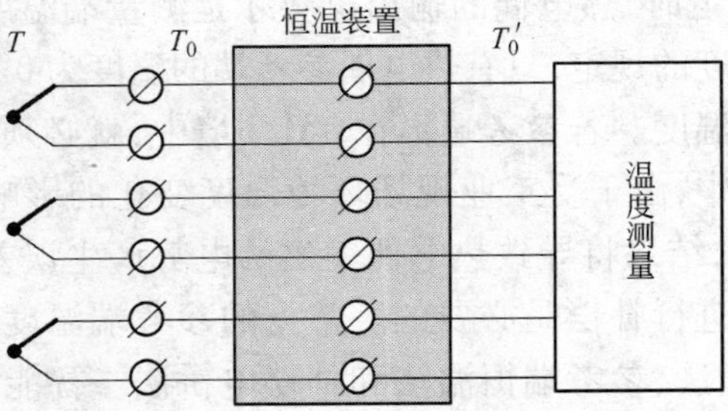

图 2-11　恒温法参考端补偿

2.4.2.3　电桥补偿法

在测温仪表输入电路的前端串联了一个电桥，其作用是在热电偶输入电路上叠加了一个补偿电压，其大小随参考端环境温度的变化。图 2-12 是由电阻 R_1、R_2、R_3 与 R_T 组成的补偿电桥，其中一个桥臂的电阻 R_T 为热敏电阻，它的阻值随温度变化。为电桥设计一个平衡温度点，比如平衡温度为 20℃，在此温度下电桥处于平衡状态，电桥输出端无电压输出。当温度不为 20℃时，由于热敏电阻 R_T 的阻值随温度变化，就破坏了电桥的平衡状态，输出端就有补偿电压输出，从而修正热电偶参考端温度波动引入的误差。

2.4.3　热电偶测温误差

热电偶的测量误差来自多个方面，如热电偶自身的分度误差，传

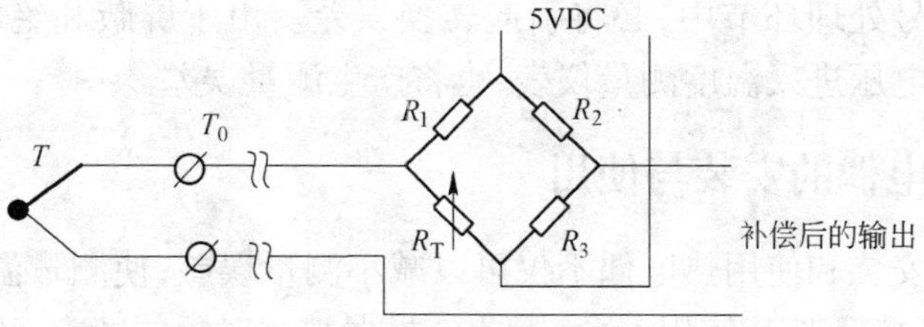

图 2-12　电桥补偿法

输过程中补偿导线引起的误差，参考端温度补偿误差，安装引起的热交换误差以及二次仪表的测量误差等。

（1）热电性能发生变化引起的误差。热电偶本身存在的分度误差，理论上应在热电偶误差允许范围之内，否则不允许出厂。热电偶在使用过程中，由于使用时间过长或受环境的影响，如电极受到了腐蚀、污染、损耗等，不仅使用寿命缩短，而且热电性能也要发生变化，造成一定的温度测量误差。热电性能发生变化引起的误差要比热电偶分度误差大得多。因此，在使用过程中经常对热电偶进行校验。

（2）参考端温度补偿引起的误差。热电偶温度测量仪表多采用铜补偿电阻或补偿电桥来补偿参考端的温度变化，补偿的温度精度和范围有限，引起补偿误差较大。现代智能仪表多采用热敏元件来补偿参考端的温度变化，如热敏电阻、热敏半导体器件，虽然温度补偿精度得到了提高，但由于热敏元件本身和测量电路的误差，也将导致参考端温度补偿误差。

（3）补偿导线的误差。补偿导线误差是由于所采用补偿导线的电特性与热电偶不完全匹配引起的，这就要求选择的补偿导线尽量与热电偶的电特性匹配。另外，如果测量温度超出了补偿导线所允许的温度值，测量误差将显著增加。

（4）热交换引起的误差。实际应用中，一方面热电偶很少与被测对象接触，相隔一定距离，与被测对象难以达到完全热平衡状态，产生一定的测量误差；另一方面带保护管的热电偶，若密封不好，热量将沿热电极和保护管向周围传递，造成热电偶与被测对象的温度误差。

（5）二次仪表引起的误差。二次仪表将热电偶信号转化为温度值显示出来，在转化过程中要经过放大、滤波、数据处理等环节，特别是在模拟信号处理环节中，必将引起转换误差。由于屏蔽和绝缘不良，导致干扰电压进入温度测量仪表，也将产生测量误差。

2.5 热电偶的安装与使用

正确安装和使用热电偶不仅可以减小测量误差，使测量温度更准确，而且还能延长其使用寿命，因此应根据被测对象的特点，正确安装和合理使用热电偶是非常重要的。

2.5.1 热电偶的安装

热电偶的安装方式分为垂直安装和水平安装，水平安装的热电偶要求比垂直安装有更高的强度。如果电阻炉上热电偶安装方式可以选择，那么尽可能采用垂直安装方式，以防高温下外套管弯曲变形。

2.5.1.1 直接安装

(1)在炉体上的安装。利用铠装热电偶自带的法兰或其他密封装置，把热电偶直接安装在炉体上，一般在炉盖上采用垂直安装方式，而在炉壁上采用水平安装方式。图2-13给出了热电偶在电阻炉上三种不同的安装位置，直接利用铠装热电偶法兰固定在炉体上。靠近电热元件的热电偶用于炉子的温度控制，以便得到较好的温度控制效果。另外两个位置用于工件温度的监测，一般不作为温度控制热电偶，特别是温度滞后较大的炉子，把工件热电偶作为控制热电偶，采用一般温度控制器，将会造成温度不稳定，超调和波动都比较大。

通常情况下，炉子设计制造完成，安装位置就已确定，所能调整的只是热电偶的插入深度。水平安装的热电偶，插入深度不应大于500mm，露出部分若太长应用架子支撑，使用一段时间后，应将其旋转180°。插入的深度或位置尽量在能反映炉子温度的地方，或者是能得到较好温度控制性能的位置。插入的深度还必须保证装卸工件时不损坏热电偶。

热电偶的测量端应尽量靠近工件或电热元件，以便能真实反映被测对象的温度。对于金属外套的铠装热电偶，安装时不要接触电热元件，除非有特殊要求，也不能离电热元件太近，以免电热元件或热电偶由于变形而使两者发生接触,损坏测温仪表。对于测量端不碰底型热电偶,有时为减小测量误差,在不影响测量的情况下,要求热电偶与工件或炉内介质充分接触,以便快速达到热平衡状态。热电偶的接线盒不应紧靠炉壁,一般距炉壁 150 ~200mm 左右,否则会因炉外壁温度过高,导致冷端温度变化而影响测量精度。

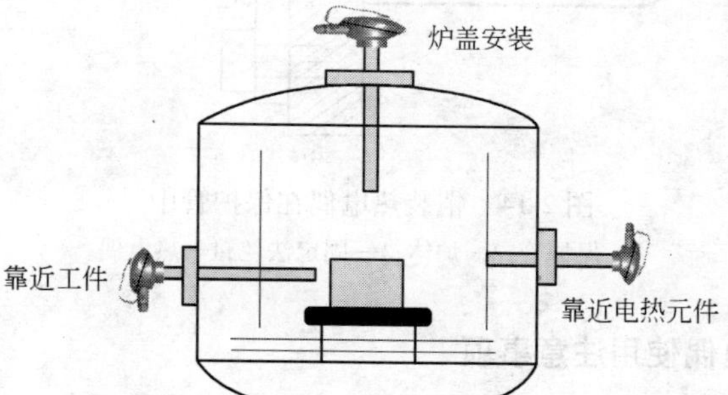

图 2-13 热电偶安装位置

(2)在管道中的安装。在有介质流动的管道中安装热电偶,应使热电偶与被测介质形成逆流,即对着介质的流向插入。若对着插入困难,至少也要与介质流向正交。

2.5.1.2 利用保护管安装

在电阻炉温度测量中经常用到热电偶保护管,使用时先把保护管固定在炉体上,再把热电偶直接插入保护管中,如图 2-14 所示。对于真空电阻炉或充气电阻炉,安装保护管还有密封性要求。利用保护管安装有很多优点,一是抗机械损伤,延长热电偶的使用寿命;其次是免受炉内气氛的影响,比如被测介质化学腐蚀的影响;再者有利于热电偶的更换或密封。目前大部分真空电阻炉都采用这种安装方式。热电偶保护管材质一般分为金属、非金属、金属陶瓷三类,高温状态下使用陶瓷或金属陶瓷较多,如高铝和刚玉保护管等。

利用保护管安装热电偶时,热电偶与保护管之间的间隙,应用绝热材料堵塞,防止外部冷空气沿热电偶进入保护管内,使测量值低于实际值,引起较大的测量误差。

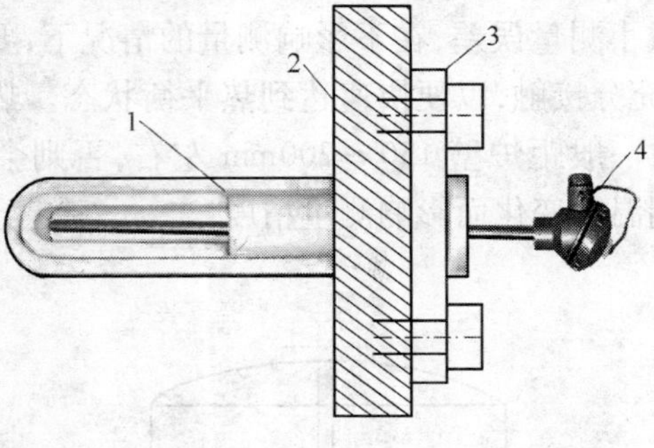

图 2-14　铠装热电偶在保护管中
1—保护管;2—炉体;3—固定法兰;4—热电偶

2.5.2　热电偶使用注意事项

在使用热电偶过程中,应重点注意以下问题:

(1)热电偶的分度号必须与所采用温度测控仪表所要求的热电偶一致。

(2)安装热电偶的位置应尽可能离开强电磁场,避开大功率电源线,以免测温仪表引入附加干扰信号。

(3)合理选择热电偶外套管的材质、外径大小,确保有足够的强度,并且要适应被测环境气氛。外套管表面应保持清洁,表面污渍会使热阻增加,测量温度将低于实际温度。

(4)热电偶不能长时间在最高允许温度下工作,否则将造成热电偶材质变化,导致测量误差增大。在测量低温时,为减小热电偶的热惰性,可采用图 2-7 中的 b 或 c 所示的碰底型或露头型热电偶。

(5)应经常检查电极和外套管是否完好,如果发现局部直径变细或外套管表面腐蚀严重等现象,应停止使用,并更换新热电偶。热电偶损坏后,可将损坏的一端去掉,或者是把测量端与参考端对调,重新焊接,经过校验后还可继续使用。

(6)热电偶不要与炉体接触,否则会因炉体带电,产生电压干扰信号,造成测量误差。针对这种情况可采取的措施有:在热电偶陶瓷外套管外部再套上一层金属管,并把金属管接地,使干扰信号流向大地,或采用三线制接线方式的热电偶,其中一根引线接地,在热电偶信号进入仪表之前滤掉干扰信号。

(7)在插入或取出热电偶时,应避免急冷急热,以防外套管断裂。水平安装的热电偶,为防止向下弯曲变形,应定期转动位置。

(8)为保证测量精度,热电偶应定期校验。

(9)经常检查保护管与热电偶之间的密封,防止冷空气进入保护管内,影响测量精度。

2.6 热电偶常见故障

热电偶测量温度过程中,在确认二次测量仪表无故障的情况下,表2-8给出了热电偶使用过程中可能发生的故障及解决方法。

表2-8 热电偶常见故障及解决方法

故障	原因	解决方法
测量温度达到极限	1. 热电偶断路; 2. 连线脱落	1. 更换热电偶; 2. 重新连接热电偶或仪表
测量温度最低	1. 热电偶内部短路; 2. 补偿导线短路; 3. 接线盒内短路	1. 维修或更换热电偶; 2. 检查短路点或者更换补偿导线; 3. 打开接线盒,查找接线短路原因
测量温度比实际低	1. 内部电极漏电; 2. 电极变质或测量端霉坏; 3. 补偿导线与热电偶不匹配; 4. 补偿导线极性接错; 5. 安装位置不当; 6. 与二次仪表不匹配	1. 取出热电极,检查漏电原因,若绝缘下降,则必须更换; 2. 去掉变质部分,重新焊接测量端或更换新偶丝; 3. 更换补偿导线或热电偶; 4. 按正确极性连接补偿导线; 5. 选择能反映真实温度的安装位置; 6. 更换二次仪表或热电偶
测量温度比实际高	1. 热电偶与二次仪表分度号不匹配; 2. 补偿导线与热电偶不匹配; 3. 安装位置不当	1. 更换二次仪表或热电偶; 2. 更换补偿导线或热电偶; 3. 选择能反映真实温度的安装位置

续表 2-8

故障	原因	解决方法
仪表显示不稳定	1. 与补偿导线接触不良； 2. 电极间有断续短路； 3. 电极与地有断续短路； 4. 电极似断非断； 5. 安装不牢固； 6. 补偿导线有接地、断续短路或断路现象； 7. 补偿导线与仪表接触不良	1. 检查补偿导线连接，重新连接并紧固； 2. 更换热电偶； 3. 找出与地断续短路部位，加以排除； 4. 更换电极； 5. 将热电偶重新牢固安装； 6. 找出补偿导线接地、短路或断路部位，加以修复，或更换补偿导线； 7. 重新连接补偿导线

热电偶损坏程度一般分为轻度、中度、较严重、严重等 4 种情况，通过颜色鉴别热电偶损坏程度，见表 2-9。

表 2-9 热电偶损坏程度鉴别

损坏程度	铂铑 10-铂	镍铬-镍硅（镍铝）、镍铬-考铜
轻　度	呈灰白色，有少量光泽	有白色泡沫
中　度	呈乳白色，无光泽	有黄色泡沫
较严重	呈黄色、硬化	有绿色泡沫
严　重	呈黄色、脆、有麻面	碳化、成糟渣

2.7 热电阻

热电阻分为金属热电阻和半导体热敏电阻，是利用电阻值随温度变化的原理测量温度的，测量范围一般 −200 ~850℃之间，其特点是稳定性好，测量精度高，灵敏度高、输出信号大，便于远距离传输，不需要补偿导线，也不需要参考端（冷端）补偿，在工业温度测控中也有较广的应用。缺点是不能测量太高的温度，而且结构复杂，热惯性大，体积较大，抗机械冲击性和振动性较差，正是由于这些缺点，金属热电阻在电阻炉温度测量中很少采用，因此这里仅对金属热电阻作简单介绍。

金属热电阻是用电阻温度系数高和电阻率大的纯金属丝制成的，

它的最大特点是性能稳定。工业上常用的金属热电阻有铂热电阻和铜热电阻,有时也用到镍热电阻。这些金属热电阻都具有正的电阻温度系数,即随着温度的升高,电阻值逐渐增大。

2.7.1 铂热电阻

铂热电阻是用纯铂丝单层绕制在绝缘骨架上制成的,常用云母、石英、陶瓷、玻璃等材料做骨架。由于性能稳定、测量精度高,因而应用最为广泛。常见的铂热电阻有 Pt10 和 Pt100 两种,Pt10 是指在 0℃时的电阻值为 10Ω,Pt100 是指在 0℃时的电阻值为 100Ω,两者的使用温度在 −200 ~850℃之间。图 2-15 是 WZPK2-103 型 B 级铂热电阻,直径 6mm,长度 515mm,温度测量范围 0 ~300℃。

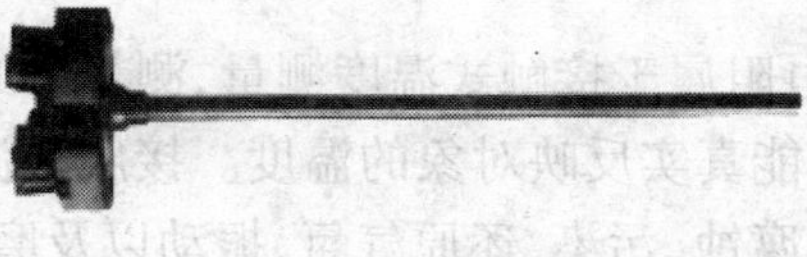

图 2-15 WZPK2-103 型 B 级铂热电阻

2.7.2 铜热电阻

铜热电阻是用漆包铜线分层绕制在绝缘骨架上,再经过涂绝缘漆制成的,常见的铜热电阻有 Cu50 和 Cu100 两种,测温范围为 −50 ~150℃。铜电阻具有较高的电阻温度系数,电阻与温度的线性关系好,而且价格便宜,便于加工,缺点是容易氧化,体积大,热惯性大,只能在无水分及无污染的环境中。图 2-16 是 WZC-111 型 Cu50 铜热电阻,直径 12mm,长度 1000mm。

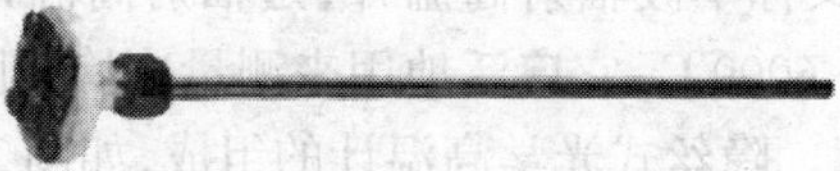

图 2-16 WZC-111 型 Cu50 铜热电阻

2.7.3 金属热电阻的连接方式

热电阻有三种接线方式:两线制、三线制和四线制,如图 2-17 所示。两线制结构简单，成本低，但容易产生引线误差。三线制可以消除引线误差，测量精度高于两线制，是广泛应用的一种接线方式。四线制不仅能消除引线电阻的影响，而且在连接导线电阻值相等时，还可以消除连接导线电阻的影响，用于高精度测量。

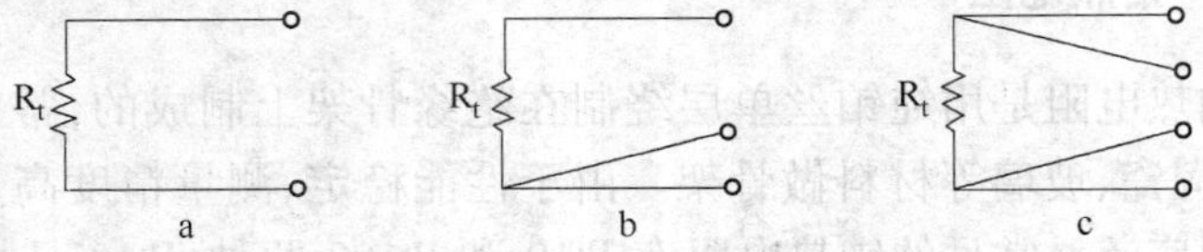

图 2-17　热电阻的接线方式

a—二线制；b—三线制；c—四线制

2.8　非接触式温度测量

热电偶和热电阻属于接触式温度测量，测量时必须与被测对象达到热平衡状态，才能真实反映对象的温度。接触式测量方法有时受测量环境的影响，如腐蚀、污染、还原气氛、振动以及磨损等因素，使测量变得困难。由于热电偶测量范围有限，对于温度超过 2300℃ 高温电阻炉，接触式测量温度比较困难。基于热辐射原理的非接触式测量方法可以克服上述困难，因为非接触测量不需要与被测对象处在同一环境中，更不需要与被测对象接触，而且测量温度较高，在高温电阻炉温度测控中得到了广泛应用。非接触测量仪器常见的有光学高温计、光电高温计、全辐射高温计和光电比色高温计。

2.8.1　光学高温计

2.8.1.1　光学高温计

光学高温计又称单波辐射高温计，是辐射高温计的一种，可测量的温度范围 800 ~6000℃，它广泛地用来测量冶炼、轧钢、玻璃熔窑、锻打、热处理等温度。隐丝式光学高温计的组成，如图 2-18 所示，由物镜 1、目镜 4 构成的光学装置，用于对比标准光源的亮度温度。吸收玻璃 2 用来提高测量范围。标准光源是一个可调节亮度的灯丝 3。由电阻盘 R 和电源 E 组成的亮度调节装置，通过调节灯丝电流，来改变灯丝的亮度。指示电表的显示与炉子温度相对应。

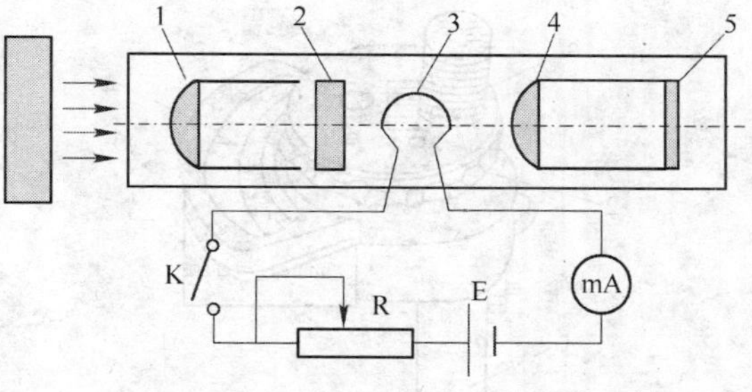

图 2-18 光学高温计原理示意

1—物镜;2—玻璃;3—灯丝;4—目镜;5—滤色片

光学高温计是利用受热物体的单色辐射强度随温度升高而增长的原理来进行高温测量的,具体是利用了亮度均衡法。被测物体成像于高温计的灯丝平面上,调节滑线电阻盘,使灯丝的亮度与被测物体的亮度相均衡,灯丝轮廓就隐灭于被测物体的影像中,就可由仪表直接读取被测物体的亮度温度。指示电表是按绝对黑体(黑体是指能全部吸辐射能的物体)来进行温度刻度的,但被测物体往往是非黑体,由光学高温计所测得的亮度温度,必须用该物体的单色辐射系数,经查表修正后,才能求得该被测物体的实际温度。由于单色辐射系数总小于 1,物体的亮度温度低于实际温度。

WGG2 型光学高温计如图 2-19 所示,瞄准被测物体,前后调节物镜内筒,使被测物体的像清晰可见,再前后调节目镜直至看到清晰灯丝。人眼观察对比情况如图 2-20 所示,旋转滑线电阻盘,使流经灯丝的电流均匀地增大,如果灯丝亮度比被测物体的亮度低,会在背景上显示灯丝暗线,如图 2-20a 所示;如果灯丝亮度比被测物体的亮度高,会在背景上显示灯丝暗亮线,如图 2-20b 所示;只有灯丝在背景上的亮度隐去,如图 2-20c 所示,灯丝与被测物体的亮度才相同,此时电表的指示就是被测对象的亮度温度,再计算或查表就可获得被测对象的温度。

虽然光学高温计结构简单,使用方便,量程较宽,但因靠人眼来进行比较和判断仍容易产生观测误差,测量精度不理想,一般在 ±22 ~ ±33℃之间,而且仪表只有指示功能而不能自动记录,在自动化领域限制了光学高温计的应用。

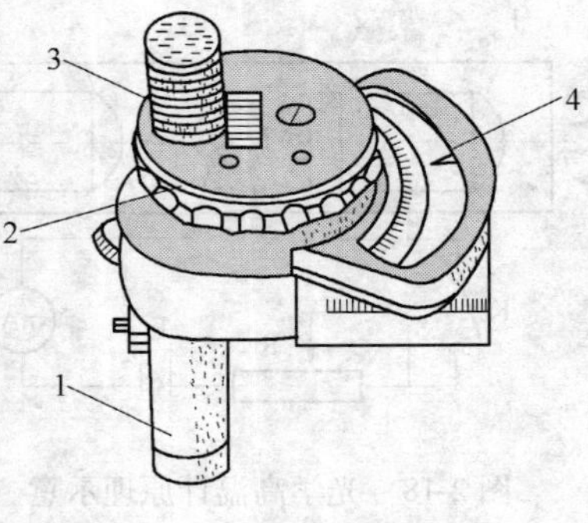

图 2-19　WGG2 型光学高温计

1—物镜组;2—电阻盘;3—目镜组;4—刻度盘

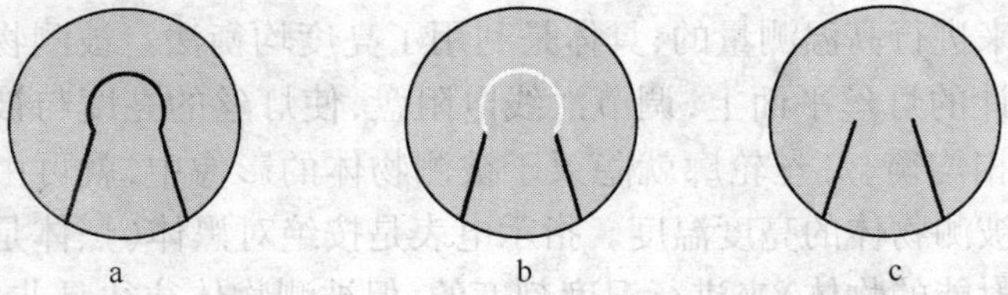

图 2-20　灯丝隐灭情况示意图

a—过暗;b—过亮;c—正确

2.8.1.2　光电高温计

为了克服隐丝式光学高温计的缺点,又在这种仪器的基础上发展了光电式高温计,其工作原理和工作过程与光学高温计完全相同,只是它用光电敏感元件代替人眼判断辐射源和灯丝亮度的变化,并自动平衡亮度,可进行自动的连续测量、记录,便于系统的自动化控制。

2.8.1.3　光学高温计使用注意事项

(1)在通过炉体上的透射孔测量温度时,要清楚对准测量的是工件温度、电热元件温度还是其他炉内部件的温度,因为材料不同,单色辐射系数也不同,测量的实际温度也有较大的差异。测量时还要注意避免日光或强烈灯光直接照射被测物体,以免造成测量误差。

(2)光学高温计应经常保存在特制的箱子中避免灰尘侵入和机械损伤,不要随意将仪表拆开,在清洁透镜时应先用软毛刷把灰尘拂去,再用软布或脱脂棉花略蘸些纯酒精或乙醚揩拭,注意勿使棉花纤维留在透镜上。

(3)观察者与被测物应保持一定的距离,以免损坏仪表或造成人身事故,但不能离得太远,以免受中间介质(灰尘、烟雾、水蒸气等)的影响,一般不超过2m。

(4)光学温度计长期存放不用时,应将电池取出,防止损害仪表。

(5)仪表应定期在专用的校验设备上进行读数核对,并根据检定结果来确定仪表的修正值。

(6)当滑线电阻盘向右旋转到尽头而仪表的指针达不到满刻度值,说明电池的容量不足,应予以更换,注意电池的极性不可接反。

(7)若使用时间太长,转动滑线电阻盘时,可能仪表指针有跳动现象时,说明滑线电阻接触不良,可拆下转盘用棉花蘸些汽油将内部揩拭清洁。

(8)光学高温计不宜测量强反光物体的温度,也不能测量透明火焰的温度。

(9)人的主观因素对测量结果的影响较大,对同一温度不同的人去测量可能有不同的结果,最好指定专人进行测量。

(10)在使用某光学高温计前,一定要详细阅读使用说明书。

2.8.2　辐射式高温计

2.8.2.1　工作原理

辐射高温计分为安装式和手持式,如图2-21所示,安装式是把辐射计安装在炉体透射孔上,通过专用电缆连接至控制柜温度测量仪表输入端。而手持式由操作人员手持辐射计,对准透射孔,直接测量炉子温度。辐射高温计是基于被测物体的辐射热效应进行工作的。在整个波长范围内,依据辐射能量与温度的关系,并用辐射系数修正后,来确定物体的实际温度。全辐射式高温计测量原理如图2-22所示,被测物体发出的辐射能量通过物镜1和补偿光栅2聚焦投射到热电堆3上,把温度信号转化为电信号,输入到测温仪表转化为温度显示出来。热电堆是由多支微型热电偶串联而成的,以得到较大的热电势。热电偶的参考端补偿采用双金属片控制的补偿光栅,改变补偿光栅的孔径大小,就可以增加或减小射入的辐射能量,达到消除外部环境温度的变化引起的测量误差。

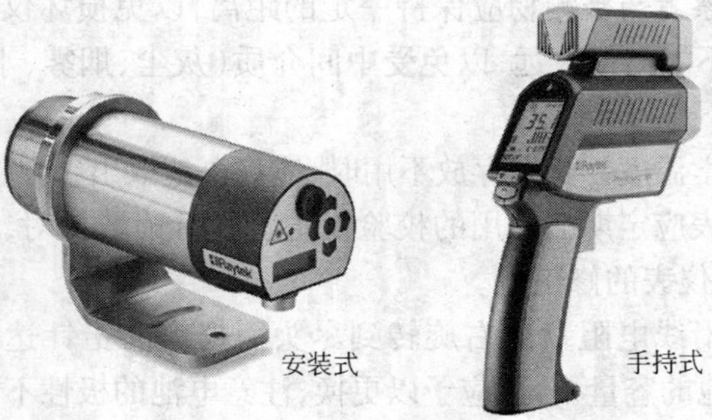

图 2-21　辐射高温计

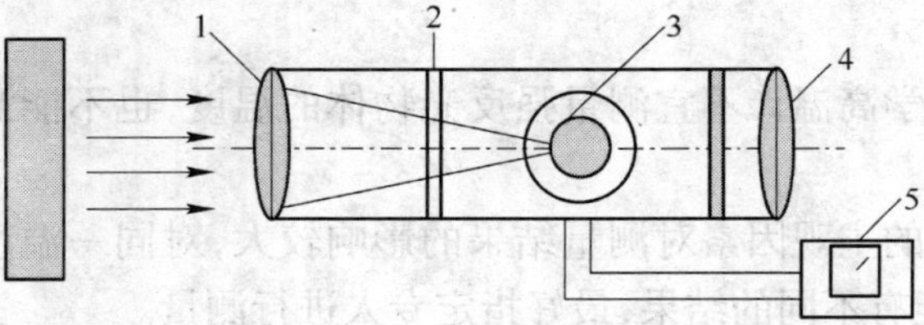

图 2-22　全辐射高温计示意图

1—物镜；2—补偿光栅；3—热电堆；4—目镜；5—测量仪表

辐射高温计与光学高温计一样是按绝对黑体进行温度分度的，因此用它测量非绝对黑体的物体温度时，仪表上的温度指示值将不是该物体的真实温度，称该温度为此被测物体的辐射温度。由于全辐射的辐射率总小于1，物体的辐射温度低于实际温度。在准确知道物体的辐射率 ε 后，依据测到的辐射温度 T_p，利用下式便可计算出物体的实际温度 T。

$$T = T_p \sqrt[4]{1/\varepsilon}$$

智能式数字仪表已不需要人工计算实际温度，只需把材料的全辐射率 ε 或材料的代码输入仪表，显示出来的就是物体的实际温度。

辐射式高温计测量精度受环境的影响较大，比如周围环境的辐射、测试距离、介质吸收、发射及透过率等的变化都会严重影响精度，同时辐射率也很难预知，但因接收辐射能量大，测量灵敏度较高，而且结构简单，操作方便，测温范围宽，易自动测量，故在电阻炉温度测控中有着广泛的应用。

2.8.2.2 使用注意事项

使用辐射高温计应注意以下问题:

(1)在通过炉体上的透射孔测量温度时,要清楚对准测量的是工件温度、电热元件温度还是其他炉内部件的温度,因为材料不同,全辐射率也不同,测量的实际温度也有较大的差异。

(2)如果被测物体接近于黑体性质,辐射温度就近似等于实际温度,可不进行修正。

(3)辐射传感器与被测物体之间不能存在灰尘、烟雾、水蒸气等介质,以免影响测量精度。

(4)物体的全辐射率 ε 受物体性质、表面状态、温度和辐射条件的影响,为得到较为精确的测量温度,应尽量准确地知道物体的全辐射率 ε。

(5)使用环境温度不要太高,避免热电偶参考端温度过高而引起测量误差。

(6)由于辐射感温器中热电堆具有一定的热惰性,一般要求稳定 4~12s,所以在测温时观察时间应超过 10s 后再读数。

(7)连接电缆从辐射传感器中引出,导线应放在金属软管中,保持有良好的电气屏蔽和可靠的机械保护。

(8)从目镜中所看到的被测对象的影像必须将热电堆完全盖上,以保证热电堆充分接受被测对象辐射的能量。注意影像不能太大,否则热电堆附近零件受热,热电偶参考端温度升高,可能造成测量温度偏低。

(9)在安装后要定期清洗镜头灰尘,留意周围环境有无机械振动,探头有无偏离,以保证正确反映电阻炉温度。

(10)在使用某辐射高温计前,一定要详细阅读使用说明书。

2.8.3 比色高温计

通过测量热辐射体在两个波长光谱辐射亮度之比来测量温度的仪表,称为比色高温计,如图 2-23 所示。图 2-24 为双通道光电高温比色计的工作原理。被测物体经物镜 1 成像,经导光棒 4 投射到分光镜 6 上,它使红外线透过,而使可见光部分反射。透过分光镜的辐射线再经滤光片被红外硅光电池 5 接收，转换成电量输出；另一路短波辐射线经滤波片也被可见光硅光电池 8 接收，转换成与波长亮度成函数关系的电量输出。将这两个电信号输入到高温计电子电路进行放大、比值运算等一系列信号处理，获得两路光电信号比，即可读出被测对象的温度值。操作者通过观察系统 7 看到被测对象的状态，以便校准仪器的位置。图中 R_1、R_2 为负载电阻。

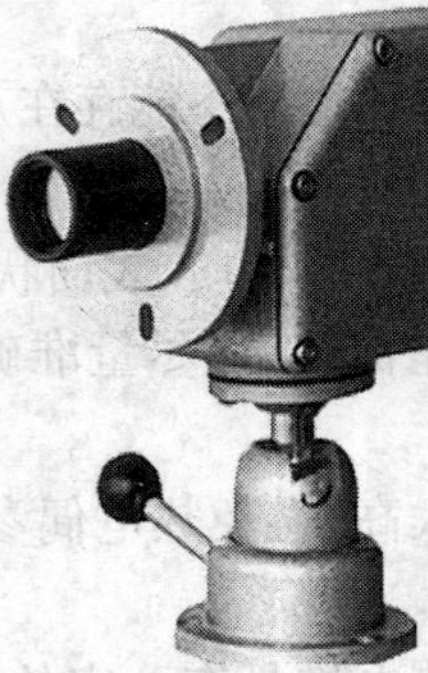

图 2-23　比色高温计

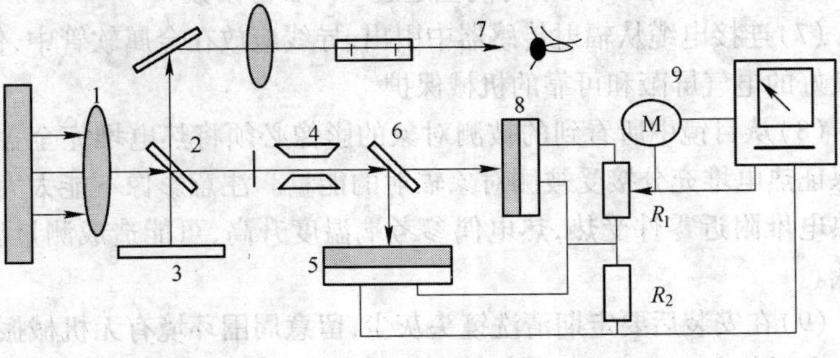

图 2-24　光电高温比色计原理示意图

1—物镜；2—平行玻璃；3—瞄准镜；4—导光棒；5—硅光电池；
6—分光镜；7—观察系统；8—硅光电池；9—调节测量机构

比色高温计的优点是测温精度高，反应速度快，测量范围宽，可测目标小，测量温度更接近真实温度。在环境条件不好的情况下，尽管中间介质对单色光均有吸收，而且吸收率不一定相同，但对辐射亮度之比影响较小，因此适用于带有灰尘、水蒸气、二氧化碳等中间介质的环境中。具体比色高温计的使用与注意事项，详见各型号的使用说明书。

复习思考题

1. 温度的物理意义是什么?
2. 温度测量方法分哪两类,各有什么特点?
3. 热电偶温度测量原理是什么?
4. 电阻炉常用热电偶有哪几种?
5. 铠装热电偶的结构有什么特点?
6. 热电偶补偿导线有何作用?
7. 为什么要对热电偶进行冷端补偿?
8. 选择热电偶时应注意哪些问题?
9. 如果热电偶或补偿导线接触不良对温度测量有什么影响?
10. 怎样利用热电偶参考端温度和测得电势值计算出实际温度值?
11. 热电偶保护套管有何作用?
12. 简述热电偶的安装使用注意事项。
13. 怎样使用光学高温计测量温度?
14. 全辐射高温计测量工件表面温度与工件材料有关吗?
15. 若测量环境存在灰尘、水蒸气等中间介质,应选择哪种高温计?

3 电阻炉温度控制

学习目的：

熟悉电阻炉温度控制的几种方式，特别是晶闸管和变压器温度控制方式，了解计算机和 PLC 在电阻炉控制系统中的作用，熟悉 PID 参数对电阻炉温度控制的影响和参数的整定方法。

本章主要介绍电阻炉温度过程控制中，常用的位控、晶闸管调节器及变压器等几种控制方法，并对计算机和可编程控制器在电阻炉控制系统中的应用、PID 控制原理也作了简单介绍。

3.1 概述

电阻炉的温度控制，就是根据实际温度与设定温度的偏差，改变炉子的加热功率，使炉子温度在设定温度范围之内，满足加热工艺要求。加热功率的大小决定了炉子温度的高低和升温速度的快慢，加热功率的稳定性决定了电阻炉温度的稳定性。改变加热功率的方法很多，常见的有位式、晶闸管调节器和电炉变压器控制方式等，采用何种加热方式由炉子的结构、用途和温度的高低决定。

电阻炉的温度控制无论采用哪种控制方式，其控制过程基本是相同的，总是包括温度测量、温度控制器、加热驱动部件、电热元件以及辅助电路等，如图 3-1 所示。

(1)温度测量。电阻炉的温度测量通常采用热电偶温度传感器和光电高温计，一般情况下采用热电偶进行接触式测量，当温度较高时则必须选用辐射型光电测温计进行非接触时测量。

(2)温度控制器。温度控制器也就是常说的温度控制仪表，其作用是一方面显示温度传感器或变送器送来的温度信号；另一方面把测量的温度值与设定值进行比较，输出温度控制信号。在电阻炉温度控制中,如果控制精度要求不高,可采用模拟位控温度控制器,否则采用数字式智能温度控制仪表,目前后者应用较多。

(3)加热驱动部件。加热驱动部件起着功率放大的作用,把温度控制信号的变化转换为加热功率的变化,给电热元件加热,达到改变炉子温度的目的。加热驱动部件是影响温度控制方式的主要因素之一,常用的有接触器、固态继电器、晶闸管调节器以及变压器等。

(4)电热元件。电热元件是把电能转化为热能的部件,主要有非金属、金属合金及纯金属三种类型。

(5)辅助电路。辅助电路是指除加热主电路以外的电路,包括辅助装置的动作、工作状态的指示以及安全互锁保护等。

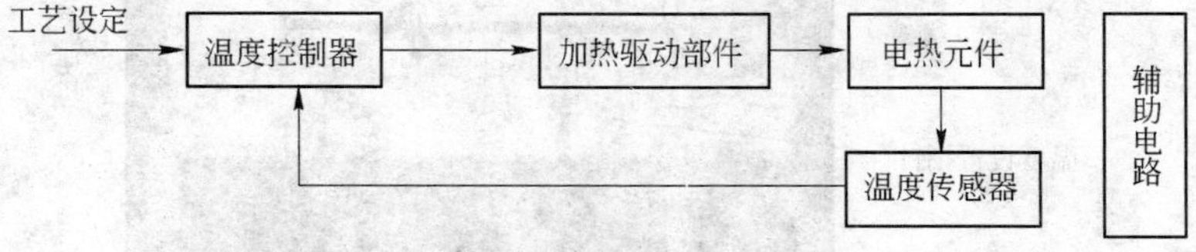

图 3-1　电阻炉温度控制过程

3.2　通断加热控制

电阻炉通断加热控制方式,只有加热电源的接通和断开两种状态,通过间歇的电源接通、断开,改变加热电源功率,达到改变炉子温度的目的。常用的通断控制方式有位式控制方式和时间比例控制方式两种。

3.2.1　位式控制方式

位式控制方式是最为简单的温度控制方式,是二位控制仪表与接触器结合,适用于只有定值控制的电阻炉中。控制仪表一般采用动圈式温度控制器,接触器作为加热驱动部件。动圈式温度控制器上有一个红色的温度设定指针,如图 3-2 所示,指针的位置与设定温度相对应,用控制器下方的旋钮调节指针的位置。位式控制方式的控制原理可用图 3-3 说明,加热接触器 KM 是否接通,取决于位式温度控制器内的继电器触点 K 是否接通，而继电器触点 K 的通与断，又取决于测量指针是否到达了设置指针的位置。为避免接触器在设定值（设置指针的位置）附近频繁动作，可利用仪表回差 e 所规定的实际温度上下限，上限为 T_p+e，下限为 T_p-e。在炉子升温过程中，当实际温度 T_n 小于上限时，继电器触点 K 总是接通的，加热接触器 KM 常开触点闭合，电阻炉加热，一旦实际温度达到或超过上限，继电器触点 K 断开，控制接触器断开加热电源，炉子温度下降。当炉子温度降到低于下限时，继电器触点 K 闭合，控制接触器接通加热电源，炉子又通电升温，这样周而复始，就可以将炉子温度控制在给定的范围内。

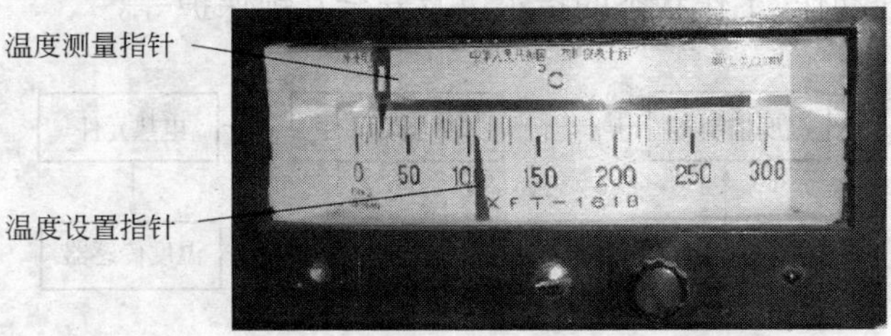

图 3-2　XCT-102 动圈温度控制仪

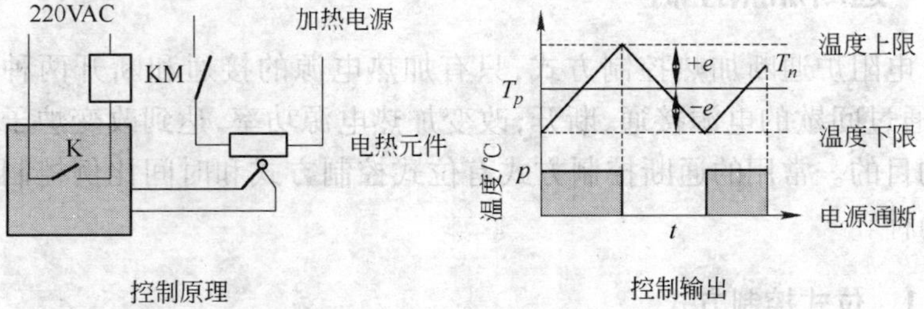

图 3-3　位式温度控制方式

位式控制方式输入的加热功率，不是“零”就是“最大”，因而温度波动性较大，控制精度也较低，一般都在 ±10℃ 以上。为了减小温度波动，提高控制精度，对于大功率电阻炉，可采用三位控制方式。此种控制方式除利用了位式控制仪的上、下限设定值外，还把加热电路设计为三角形与星形转换。当温度低于设定值下限时，采用三角形接法，以较大的功率升温；当温度在设定的上、下限之间时，采用星形接法，减小加热功率，保持温度的稳定性；当温度高于设定值上限时，切断加热电源。

位式控制方式特点是加热功率大、温度波动大、控制精度也不高，但由于控制线路简单、使用设备较少，成本低，在加热工艺没有严格要求，负荷变化小的场合仍然被广泛采用。

3.2.2 时间比例控制方式

时间比例控制方式常采用固态继电器(SSR)作为加热驱动部件，在小功率电阻炉中替代继电器，能获得较好的控制效果。固态继电器是一种新型的电子开关器件，如图3-4所示，一端与电热元件相连，另一端与控制信号连接，把弱电控制信号转化为强电信号。图3-5是固态继电器控制方式，智能温度控制器输出设置为SSR方式，根据测量值与设定值的偏差，在选定的固定控制周期内，产生一个占空比可调的方波，控制固态继电器接通的时间，来控制加热功率，达到控制电阻炉温度的目的。这种控制方式不仅适用于定值控制，而且也可用于程

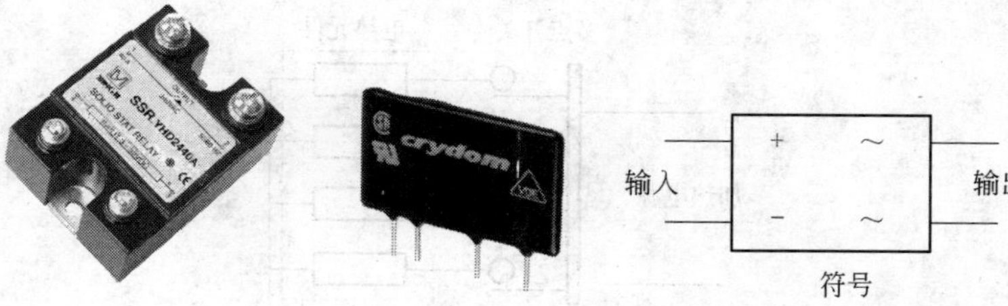

图3-4 固态继电器

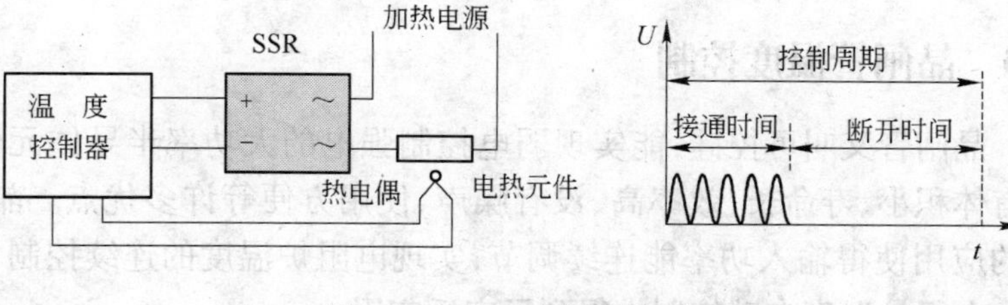

图3-5 时间比例控制方式

序控制，具有成本低、电源污染小的优点。固态继电器一般采用双向晶闸管或者是采用大功率晶体管作电子开关，比起接触器的机械触点，有更好的可靠性，更高频率的通断响应，且使用寿命长，也能获得较好的温度控制精度，在小功率电阻炉的温度控制中得到了广泛应用。

控制周期的选择主要取决于炉子系统的热惯性。时间比例周期短，控制输出分辨率高，适合热惯性小的系统，而对于热惯性大的系统，应选择较长的时间比例周期。一般时间比例周期在 4～20s 之间选择。

3.2.3　开关切换控制方式

开关切换控制方式是把电热元件分成几组，利用刀开关或接触器，改变电热元件的通电组数，达到改变炉子温度的目的，如图 3-6 所示。通电组数越多，温度也就越高。这种控制方式的缺点是不能连续调节温度，而且也很难保证炉内温度均匀性，因此仅适用于加热工艺不变、工件固定、温度控制精度要求不高的地方。

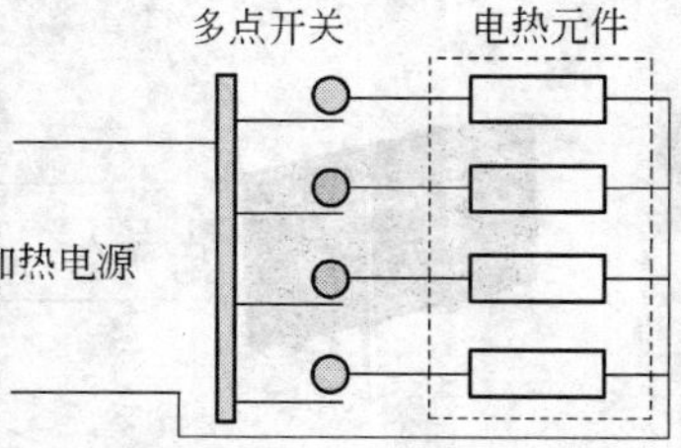

图 3-6　开关切换控制方式

3.3　晶闸管温度控制

晶闸管又叫可控硅，能实现弱电控制强电的大功率半导体元件，且有体积小、寿命长、效率高、没有噪声、使用方便等许多优点。晶闸管的应用使得输入功率能连续调节，实现电阻炉温度的连续控制，目前在电阻炉温度自动控制中得到了广泛应用。

3.3.1 晶闸管及其触发方式

晶闸管如图 3-7 所示，有三个控制电极，分别是阳极 A、阴极 K 和控制极 G。在晶闸管控制电路中，阳极 A 和阴极 K 分别与加热电源和电热元件连接，组成晶闸管的主电路，控制极 G 和阴极 K 分别与晶闸管触发电路连接，如图 3-8 所示。

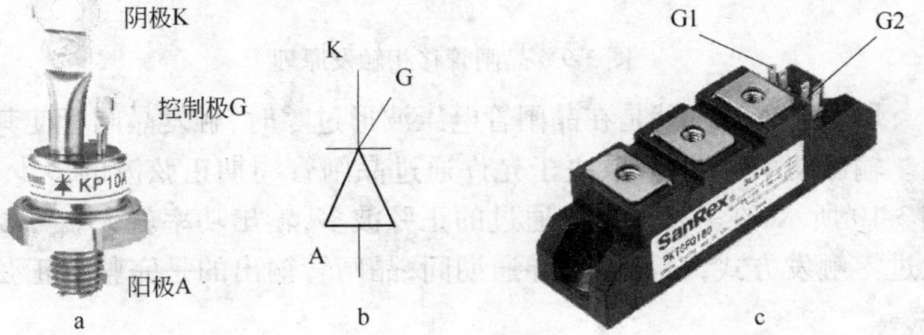

图 3-7 单向晶闸管

a—晶闸管；b—符号；c—两个并联的晶闸管

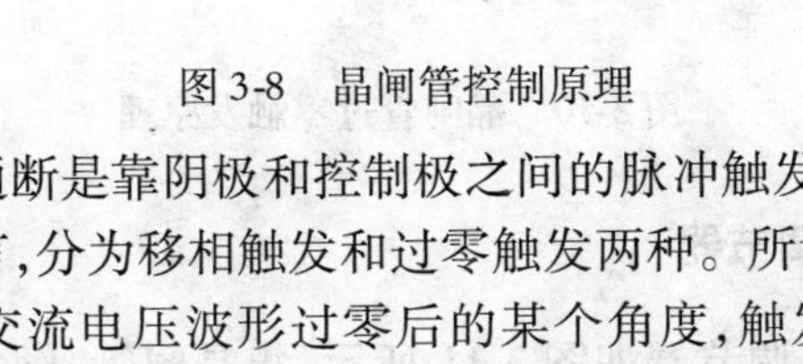

图 3-8 晶闸管控制原理

晶闸管的通断是靠阴极和控制极之间的脉冲触发信号工作的，就其触发方式而言，分为移相触发和过零触发两种。所谓移相触发方式就是在晶闸管交流电压波形过零后的某个角度，触发晶闸管使其导通，如图 3-9 所示。从交流正弦波过零到晶闸管导通的角度称为移相截止角，如图 3-9 中的 a，控制移相截止角的大小，就可以调节晶闸管的输出电压，截止角小，输出电压高，移相截止角大，输出电压小。可以看出移相触发方式，晶闸管输出并不是完整的正弦波形，而是随截止角变化的畸变波形。

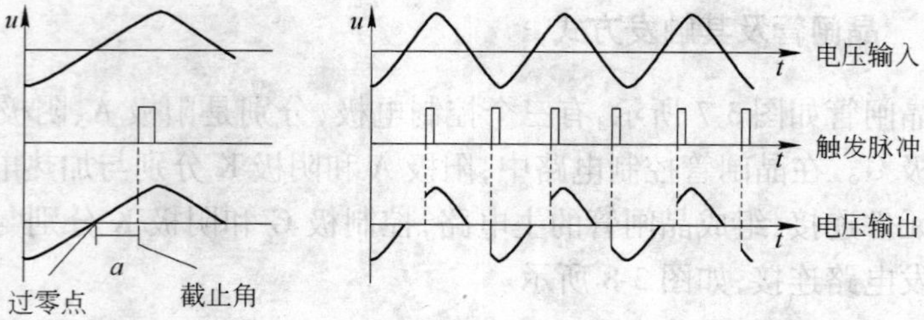

图 3-9　晶闸管移相触发原理

所谓过零触发就是在晶闸管电压波形过零时,触发晶闸管使其导通。输出功率的大小,取决于允许通过晶闸管周期正弦波的多少,如图 3-10 所示,在一定周期中通过的正弦波多,输出功率就大。可以看出过零触发方式,在晶闸管导通期间,晶闸管输出的是完整的正弦波形。

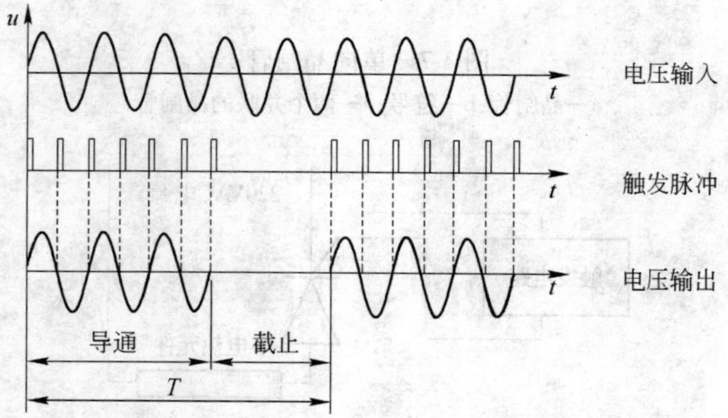

图 3-10　晶闸管过零触发原理

3.3.2　晶闸管调节器

晶闸管交流调节器如图 3-11 所示,集晶闸管、触发电路和辅助电路于一体,广泛应用于工业各领域的电压、电流、功率的调节,既适用于电阻性负载,如镍铬、铁铬铝、钨、钼、硅钼棒、硅碳棒以及远红外等为加热元件的电阻炉,也适用于电感性负载,如温度控制中的电炉变压器。晶闸管调节器按其触发方式的不同,分为调压器和调功器。

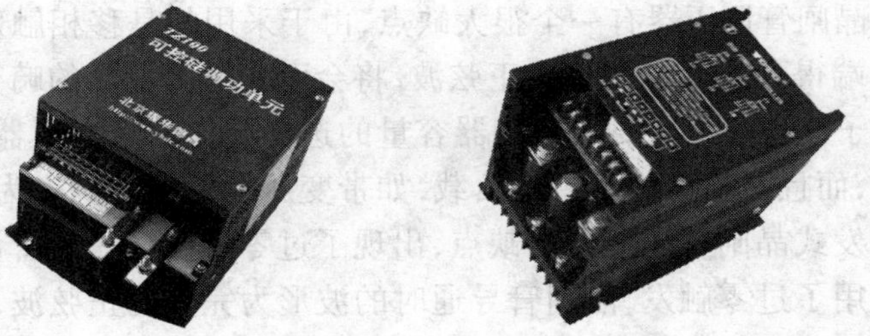

a　　　　　　　　　　b

图 3-11　晶闸管交流调节器

a—单相调节器；b—三相调节器

3.3.2.1　晶闸管交流调压器

晶闸管交流调压器采用移相触发方式，多用于阻性负载的温度控制中。

晶闸管交流调压器分为三相晶闸管交流调压器和单相晶闸管交流调压器两种，两者的工作原理基本相同。图 3-12 是一个典型的闭环交流调压器原理框图，由信号调节器、脉冲触发器、晶闸管、电压或电流反馈环节以及辅助电路构成。如果采用移相触发，当由于某种原因使调压器输出电压降低时，输入给信号调节器的控制偏差增大，信号调节器输出增大，转换成的触发脉冲，使得截止角减小，导致调压器输出电压增大，最终达到稳定调压器的输出电压。

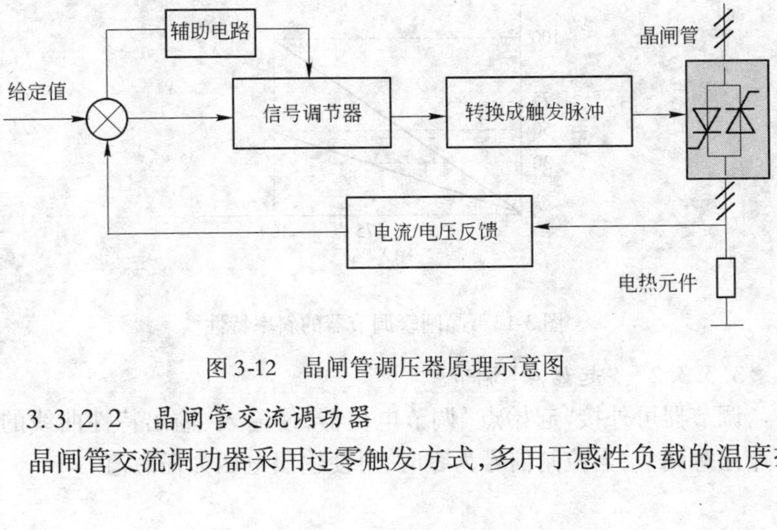

图 3-12　晶闸管调压器原理示意图

3.3.2.2　晶闸管交流调功器

晶闸管交流调功器采用过零触发方式，多用于感性负载的温度控制中。晶闸管调压器有一个很大缺点，由于采用的是移相触发，必然在负载端得到的是有缺陷的正弦波，将会引起电源波形的畸变，影响周围电子设备。另外要求调压器容量的选择要比前级变压器的容量小得多，而且一般不用于感性负载，如带变压器的电阻炉。为了克服移相触发式晶闸管调压器的缺点，出现了过零触发式晶闸管调功器。由于采用了过零触发，晶闸管导通时的波形为完整的正弦波，这样就不存在电源波形畸变以及随之而来的干扰电网问题。调功器是利用在给定的控制周期 T 内，控制晶闸管导通与截止的时间比，调节炉子的加热功率。基本调节功能与固态继电器控制温度相似，但它适用于大功率电阻炉的温度控制，而且稳定可靠。

3.3.3　晶闸管调节器工作特性

下面是晶闸管调节器的一些特性，根据电阻炉的特点灵活运用这些特性，能够改善温度控制效果。

3.3.3.1　"斜率"调节

调节器可外接"斜率"调节电位器，使输入、输出特性曲线的斜率自由调节，相同的输入控制信号得到不同的控制输出信号，如图 3-13 中输入 75%，却得到 30% 和 75% 两种不同的输出。"斜率"调节常用于限制调节器的功率输出。

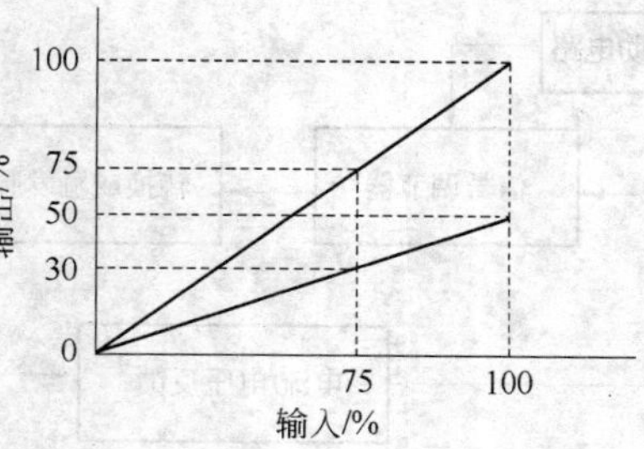

图 3-13　晶闸管调节器的斜率特性

3.3.3.2　"起始点"调节

调节器可外接"起始点"调节电位器，使输入、输出特性曲线的起始点任意调节，当控制信号为零时，可使输出电压为任意值。

3.3.3.3 恒电压特性

当电网电压发生波动或负载阻抗发生改变时，在调节器输出电压有充分调节余量的前提下，通过引入负载电压反馈信号，保持输出电压恒定，此类调节器称为恒压型调节器，一般应用于电源电压波动较大的场合。

3.3.3.4 恒电流特性

当电网电压发生波动或负载阻抗发生变化时，在调节器输出电流有充分余量的前提下，通过引入负载电流反馈信号，保持输出电流恒定，此类调节器称为恒流型调节器，适用于负载阻抗变化较大的电阻炉。

3.3.3.5 恒功率特性

当电网电压发生波动或负载阻抗发生改变时，通过检测负载电流和电压的变化，使输出功率保持恒定，此类调节器称为恒功率型调节器，适用于功率稳定性要求较高的场合。

3.3.3.6 限流特性

在采用恒压型或恒功率型调节器进行炉温控制时，若输出电流大于额定值，调节器的限流环节动作，使输出电流被限制在最大值范围之内。

3.3.3.7 软启动和软关断特性

软启动是指调节器输出电压(电流)不能跃变增加，而是经过1～10s时间缓慢增加。软关断是指调节器输出电压(电流)不能突变为零，而是缓慢线性地减少为零。软启动和软关断功能对于变压器一次侧控制、感性负载的控制，及大容量负载的通断控制很重要，以防止过大冲击电流，有利于保护主电路晶闸管和加热设备。

3.3.4 晶闸管温度控制方式

电阻炉的温度控制中，如果电阻炉加热功率不是很大，温度不高，绝缘较好，可直接用晶闸管交流调压器控制炉子的加热功率，不需要其他加热驱动设备，如变压器、磁性调压器等。一般晶闸管交流调压器控制端都为标准控制信号，例如0～10V或4～20mA，以便与自动控制仪表连接，实现温度控制自动化。图3-14就是晶闸管交流调压器应用于温度控制的典型示例。电路中的电压表和电流表用来监测加热电压和电流。电源输入为220V或380V，输出是在此范围内连续给可调的炉子加热电压。智能温度控制器把采集到的温度值与设定值进行比较，根据比较结果输出控制信号给晶闸管调压器，控制其输出电压。显然这种晶闸管交流调压器控制方式，是通过调节电热元件的加热电压来调节温度的。

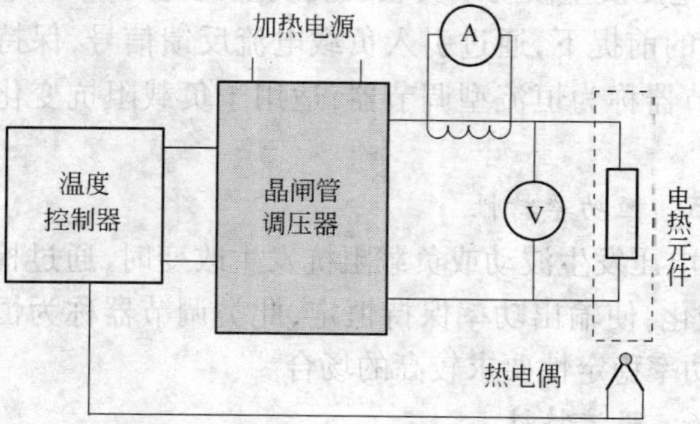

图3-14 晶闸管调压器控制方式

晶闸管调压器控制方式中，电源电压的变化和电热元件阻抗的变化，影响着晶闸管调压器的输出特性，包括电压特性、电流特性以及功率特性等，比如在电压不变的情况下，随着金属电热元件温度的升高，阻值逐渐增大，加热电流就减小，引起加热功率的降低，最终可能会导致控制温度的波动，影响温度控制的稳定性。因此，在电阻炉温度控制中，根据控制对象的不同特点，可分别采用恒压型、恒流型和恒功率型晶闸管调压器。恒压型用于电压波动较大，而电热元件阻抗变化较小的炉子。恒流型用于电压稳定性较好，而电热元件阻抗变化较大的炉子。恒功率用于电压波动较大，而电热元件阻抗变化也较大的炉子。

晶闸管调压器的控制功率受一定限制，主要考虑两方面的问题，一是晶闸管本身额定工作电流的限制，不可能无限制地增大；二是太大的工作电流，晶闸管因发热使温度升高，单靠自然冷却或者风冷不能满足要求，必须采取强制水冷，这样又增加了设备的复杂性，某些应用场合也限制了使用。单相晶闸管调压器一般只能用在功率不大于30kW 的电阻炉中。如果电阻炉功率较大,可采用三相晶闸管调压器,或增加电热元件数量或对电热元件进行分组连接来解决。例如,炉子功率在 25 ~75kW 之间时,需要三根电热元件,并采用三相星形接法或三角形接法。炉子功率大于 75kW 时,可把电热元件分成组,使每组的功率在 25 ~75kW 之间,在连接方法上,每组可采用三相星形接法或三角形接法。实际上电热元件的连接方法,除考虑功率外,还应考虑温区的结构及大小,使温区的均匀性达到最佳。

3.4 变压器控制方式

在大功率电阻炉中,特别是加热过程中电热元件的电阻变化较大的场合,通常采用电炉变压器、可控饱和电抗器及磁性调压器控制方式,下面分别说明其控制原理。

3.4.1 电炉变压器控制方式

电炉变压器又称为大电流低电压变压器,如图 3-15 所示,其特点是输出低电压大电流,二次输出电压从几伏到几十伏,并要求在较大范围内调节。二次输出电流可达数十安到几千安,有的高达上万安,一般用在较大功率电阻炉上。采用金属合金或纯金属电热元件的大功率电阻炉,基本上都是采用电炉变压器,作为电热元件的前级电源。

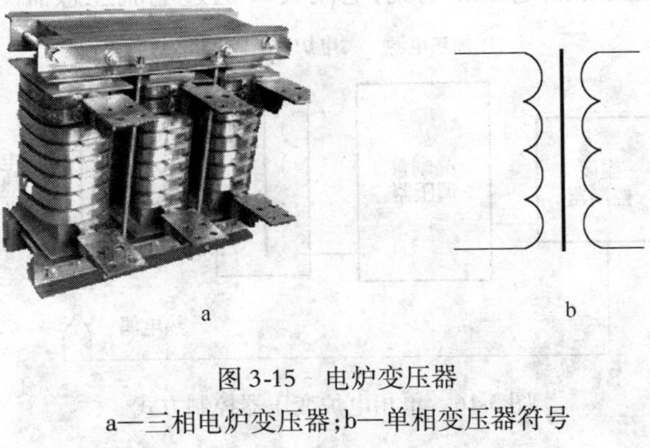

a　　　　b

图 3-15 电炉变压器

a—三相电炉变压器;b—单相变压器符号

在电炉变压器控制方式中，电炉变压器直接与电热元件相连，控制电阻炉的加热功率。采用电炉变压器有利于克服电热元件的电阻随温度变化，或者是随时间变化的影响，保持加热功率的稳定性，延长电热元件的使用寿命。例如硅碳棒电热元件在使用过程中易老化，电阻值随着使用时间的增加而增加，最终将导致炉子工作温度降低。为了使炉子满足工作温度的要求，采用调节变压器的输出电压，调节范围可达原来电压的 2～3 倍，保证炉子的加热功率。硅钼棒电热元件的电阻炉，开始加热时，电热元件的电阻较小，所需电压较低，约为工作电压的 1/4～1/3，随温度升高其电阻值急剧增大，加热电压也需要增大，这时可根据硅钼棒电热元件的工作电压及其电阻和温度的正向特性，调节电炉变压器的输出电压，来满足电热元件在不同温度时需要的工作电压，达到稳定加热温度的目的。

如果电炉变压器功率较大，自身的能量损耗加大，损耗的能量转化为热量，使其自身温度升高而降低使用寿命或烧坏，除中小容量的变压器一般采用自然冷却方式或油浸自冷方式外，大容量的变压器就必须采用循环水冷却方式。电炉变压器的主要技术指标有：变压器的容量、控制相数、额定输入电压、输出电压、输出电流、空载损耗等。

电阻炉变压器本身不能调节电压，必须在变压器的一侧连接晶闸管调节器，控制变压器的输入电压，达到改变输出电压的目的，如图 3-16 所示。晶闸管调节器的电源输入为 220V 或 380V，输出在此范围内连续可调，且功率要满足炉子加热功率的要求。电路中的电压表和电流表用来监测加热电压和电流，电流表 A 通过电流互感器测量加热电

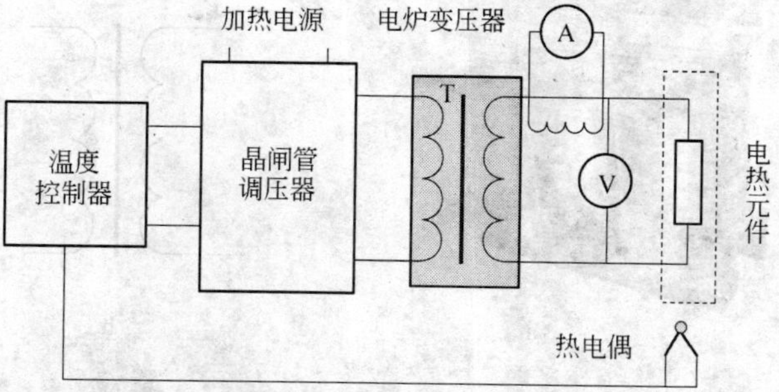

图 3-16　单相电炉变压器控制方式

流,电压表 V 测量加热电压的大小。智能温度控制器把采集到的温度值与设定值进行比较,根据比较结果输出控制信号给晶闸管调节器,便可在变压器的输出端得到连续可调的炉子加热电压。

一些处理特定工件的炉子,由于加热工艺不变,且温度控制精度要求不高,从经济角度考虑,可采用改变变压器的接线方式来改变炉子的温度,省去了温度控制器和晶闸管调节器,图 3-17 所示例子就是通过改变变压器的接头方式来改变炉子温度的。在炉内工件和气氛一定的条件下,若不考虑电热元件本身的电阻变化,温度与加热电压存在着对应关系,因而改变变压器二次抽头的接线方法,使温度在不同点上保持恒定。这种控制方式不能使温度连续调节,仅适用于加热工艺不变、工件固定、温度控制精度要求不高的地方。

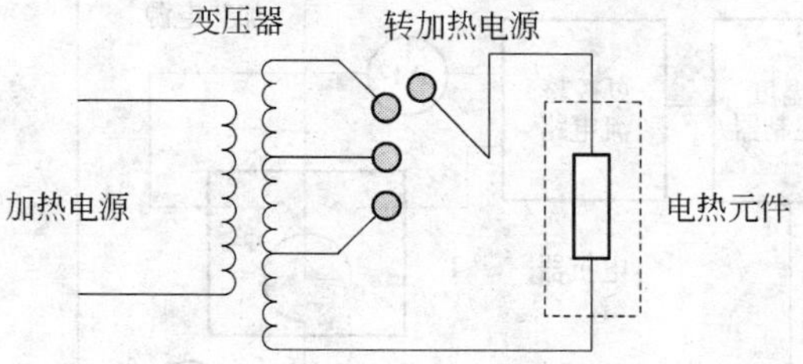

图 3-17　改变变压器接头方式

3.4.2　可控饱和电抗器控制方式

在电阻炉温度控制中,可控饱和电抗器是一种执行器,如图 3-18 所示,用来调节电热元件的输入电流和输入功率。可控饱和电抗器的工作原理是根据铁磁材料的饱和现象,在交直流同时磁化的情况下,可以使其输出电压连续可控。在电阻炉加热控制中,可控饱和电抗器与电热元件串联,如图 3-19 所示。可控饱和电抗器有两个线圈:工作线圈和控制线圈。当一个直流控制信号输入到饱和电抗器的直流控制线圈时,其铁芯的交流有效磁导率就随之改变,交流工作线圈的有效电抗值也就发生变化,这样就能引起交流工作线圈上的电压降及其通过的电流发生变化,控制电阻炉的加热功率,达到连续调节电阻炉温度的目的。

图 3-18　可控饱和电抗器

a—三相可控饱和电抗器；b—单相可控饱和电抗器符号

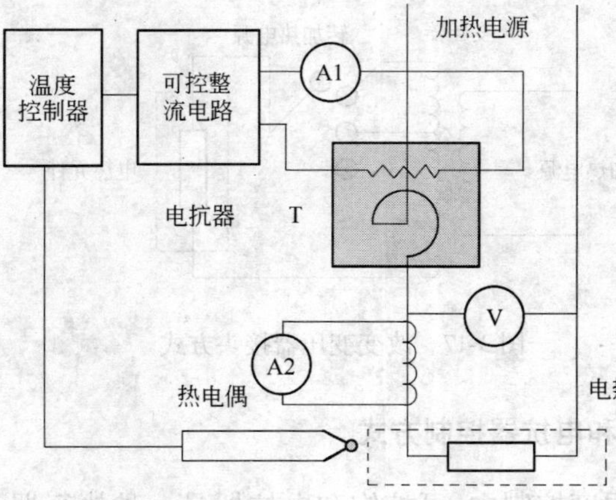

图 3-19　单相可控饱和电抗器控制方式

在图 3-19 所示的单相饱和电抗器温度控制电路中，直流控制电流由可控整流电路获得，电流表 A1 用来指示直流控制电流的大小，电流表 A2 通过电流互感器测量加热电流，电压表 V 测量加热电压的大小。直流控制电流增大时，电抗器的交流磁导率降低，有效电抗值减小，交流工作线圈电压降减小，加热工作电流增大，这样就加大了炉子的输入功率，使炉温升高。若图中可控整流电路的控制信号由智能温度控制器产生时，可实现温度控制自动化。这种温度控制方式不需要大功率晶闸管调节器，是一种小电流控制大功率的工作方式。

3.4.3 磁性调压器控制方式

磁性调压器又名可控变压器,采用低电压大电流控制电热元件的加热功率,与电炉变压器不同的是,它本身就可以调节加热功率,是一种没有机械传动、无触点的调压器。采用直流电流控制磁性调压器的电流输出,同样是一种小电流控制大功率的电阻炉前级电源,适用于大功率电阻炉。磁性调压器还具有负载平滑调压、操作方便、节能效果理想、系统稳定性好、抗干扰能力强等特点。在温度控制领域可以开环手动控制,也可实现闭环自动化控制,是目前大功率电阻炉温度控制中应用较广的控制方式。磁性调压器分为干式和油浸式两种,前者适用于中小功率电阻炉,后者适用于大功率电阻炉,图 3-20 是一种干式磁性调压器。

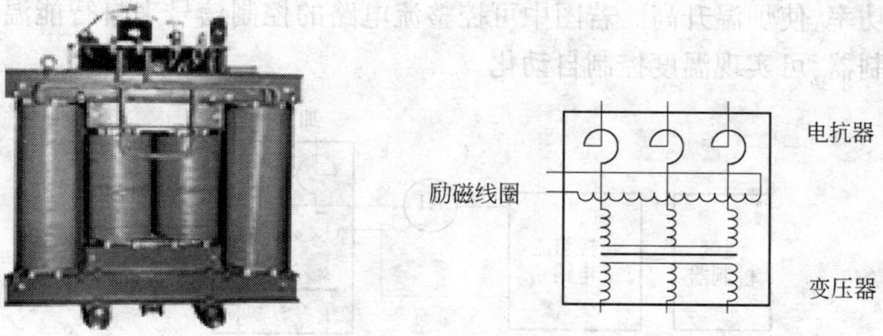

a b

图 3-20 干式磁性调压器

a—三相干式磁性调压器;b—三相干式磁性调压器符号

磁性调压器是变压器与饱和电抗器的有机结合,两者之间既有电的联系,又有磁的联系,通过改变控制绕组直流励磁电流,改变饱和电抗器铁芯的磁导率,使电抗绕组的电抗值发生变化,从而改变电抗绕组与变压器二次绕组的电压分布,达到调节输出电压的目的。当直流控制电流为零时,铁芯不饱和,其磁导率很大,此时电抗值也为最大,电源电压大部分降在电抗器的工作绕组上,变压器绕组输出电压最小;当直流控制电流加大时,铁芯饱和程度加大,磁导率减小,电抗值相应变小,此时电抗器绕组上的压降减小,变压器绕组输出电压增大,从而达到调节负载电压的目的。

磁性调压器除了调压作用外,还有变压器的作用,能将高电压输入转变为低压大电流输出,特别适用于电阻炉的温度控制。由于磁性调压中包含有饱和电抗器的作用,电抗绕组具有限流作用,因而获得较好的下坠外的特性,可以用作恒流负载的电源变压器,特别是负载容易短路的场合。磁性调压器的主要技术指标有:调压器的容量,控制相数,额定输入电压,输出范围,输出电流,空载损耗,直流控制功率,直流(励磁)控制电流等。

图 3-21 是单相磁性调压器的典型应用,与饱和电抗器不同的是,磁性调压器并不是串联在加热电炉中,电热元件接在变压器的输出端。控制电流由可控整流电路获得,电流表 A1 用来指示控制电流的大小,电流表 A2 通过电流互感器测量加热电流,电压表 V 测量加热电压的大小。当直流控制电压增大时,加热电流增大,加大了炉子的输入功率,使炉温升高。若图中可控整流电路的控制信号来自智能温度控制器,可实现温度控制自动化。

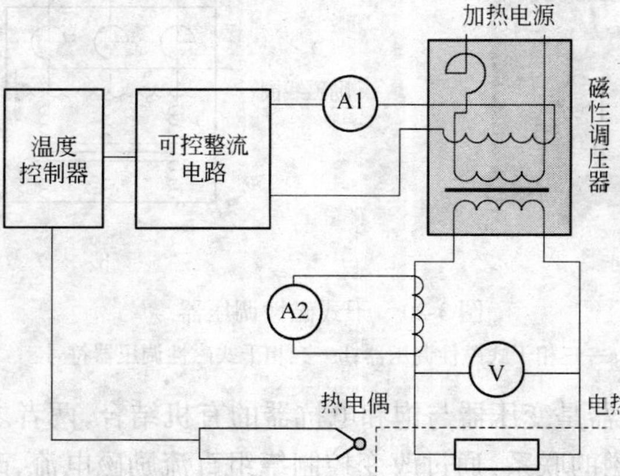

图 3-21 单相磁性调压器控制方式

3.5 计算机在温度控制中的应用

3.5.1 应用简述

温度控制器、晶闸管交流调节器和可编程逻辑控制器(PLC),是实现电阻炉温度自动控制的关键组成部件。温度控制器用于工艺输入和产生控制指令，分为计算机控制和智能温度控制器两类，无论哪种类型其数据处理过程都是相似的。实际应用中，对于控制较为复杂的大型电阻炉，一般采用计算机与智能温度控制器结合；而对于控制相对简单的电阻炉可单独采用智能温度控制器。由于智能温度控制器以微处理器为核心，其数据处理过程与计算机基本相同，本节就以计算机控制为例介绍温度自动控制过程，对于应用较为普遍的智能温度控制器，将在后面章节中介绍。

图3-22是某电阻炉的计算机控制系统，作为控制核心的计算机除测控温度外，还要监视炉子系统运行过程，显示各部分的工作状态，测量和存储过程数据，并通过PLC实现对电机、接触器等部件的控制。在计算机温度控制中，经常用到模拟量和数字量的概念。通俗讲，连续变化的量称为模拟量或模拟信号，如温度、电流、电压等；只有开或关两个状态的量称为数字量或数字信号，如继电器的吸合与断开，真空阀门的开启与关闭等。在电阻炉控制系统中，模拟量输入是温度、真空度、电流及电压的测量信号，模拟量输出是对温度的控制信号。对接触器、继电器、真空阀门等的控制是数字量输出，而对它们工作状态的检测是数字量输入。

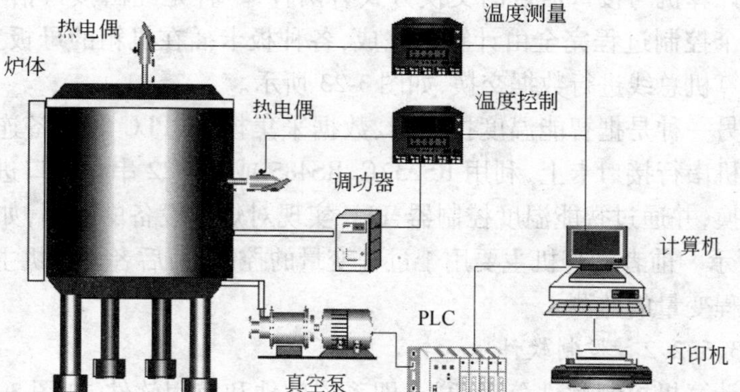

图3-22　电阻炉计算机控制系统

3.5.2　计算机温度控制系统的组成

计算机控制系统由硬件和软件组成,具体的硬件配置和软件设计依据控制目的而定。

3.5.2.1　系统硬件

控制系统硬件包括计算机、外部设备、接口信号输入/输出卡。计算机是系统的核心,完成数据采样、数值处理、逻辑判断、控制输出和数据存储等工作。外部设备实现计算机与外界交换信息,如键盘、鼠标等。

接口信号输入/输出卡包括模数转换(A/D)、数模转换(D/A),数字量输入/输出(I/O)卡等。模数转换(A/D)是把模拟量转化为计算机可以识别的数字量输入到计算机。数模转换(D/A)是把计算机输出的数字量转化为模拟量,作为计算机控制信号的输出。输入/输出(I/O)卡主要起数字量电平转换的作用,采集外部开关状态和输出开关控制信号。显然,这些卡的作用一方面将控制对象的过程参数转换后变成计算机可识别的代码输入到计算机;另一方面计算机输出的控制指令经过变换后作为控制机构的控制信号,以便实现对电阻炉温度的过程控制。

计算机与接口信号的交换方式有两种,一种是经由接口信号卡,即整个控制过程完全由计算机完成,各种板卡插在机箱的母板上,通过计算机总线进行数据交换,如图3-23所示。

另一种是把智能温度控制器、数据采集模块、PLC等设备连接到计算机串行接口卡上,利用RS232C、RS485或RS422串行接口进行数据交换,并通过智能温度控制器、PLC实现对炉子设备的控制,如图3-24所示。前者计算机主要用于过程变量的控制,而后者计算机主要用于过程变量的监测。

3.5.2.2　控制软件

计算机控制软件分为两类,即系统软件和应用软件,如图3-25所示。系统软件包括操作系统和程序设计语言,为应用软件提供开发和运行环境。例如以Windows2000、Windows NT、Windows XP等为操作系统,以C语言、VB、DELPHI等为程序设计语言。另外,组态软件的

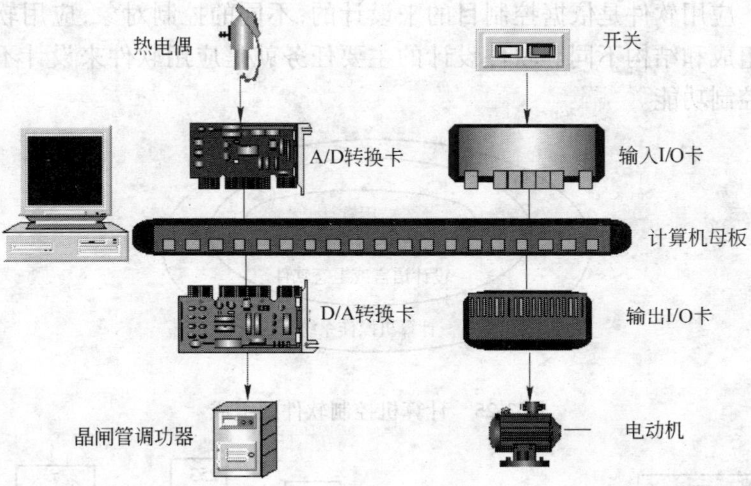

图 3-23 计算机控制系统

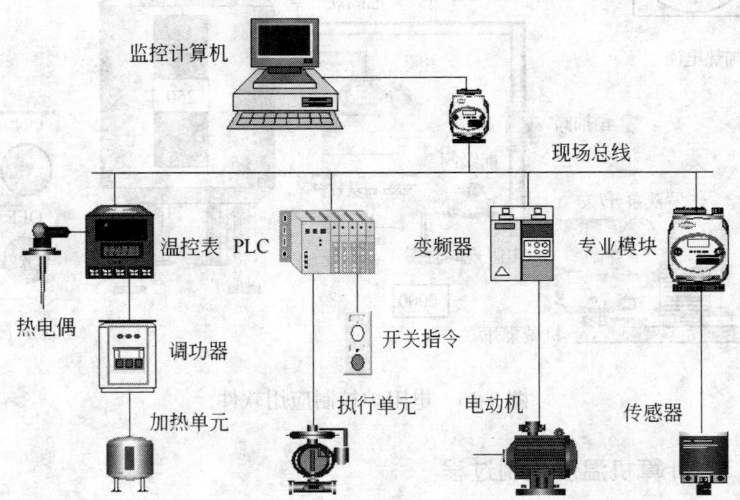

图 3-24 计算机监控组成图

出现，如组态王、MCGS、WIN CC 等，使得应用软件的设计变得简捷、快速，极大提高了应用软件的设计效率，在电阻炉应用软件设计中得到了广泛的应用，图 3-26 就是利用组态软件设计的计算机温度控制界面。应用软件是依据控制目的来设计的,不同的控制对象,应用软件的组成和结构不同。软件设计的主要任务就是应用软件来设计不同的控制功能。

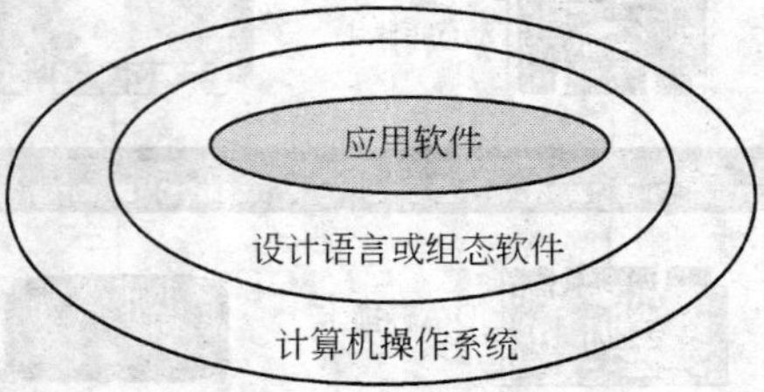

图 3-25　计算机控制软件的组成

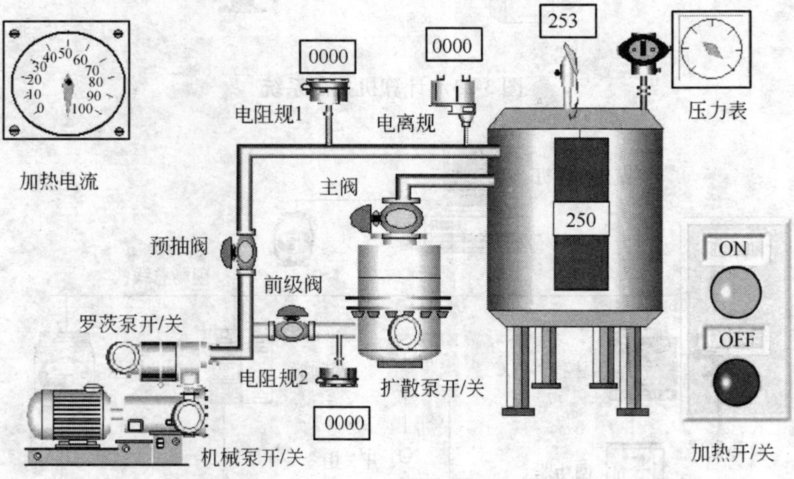

图 3-26　电阻炉控制应用软件

3.5.3　计算机温度控制过程

以图 2-23 计算机控制系统为例,说明其温度控制过程。计算机控制过程简单地分为两步,数据采集和控制。数据采集是对过程变量的瞬时值或状态进行检测,并输入到计算机。控制是对采集到的被控参数进行分析,并按一定的控制规律和决策原理,实时地对控制机构发出控制信号。

图3-27说明了计算机控制温度的过程,温度传感器把温度信号转换为很弱的电压信号,经过信号调理器进行电压放大后,输入到模数(A/D)器,转换成计算机可识别的数字信号。计算机按照应用程序设计的数据处理及决策规则,对采集到的数字信号进行运算,并把运算结果作为控制信号输入到数模(D/A)转换器,转换为模拟信号,送到下一级加热功率调节单元,控制电热元件的加热功率,达到调节温度的目的。

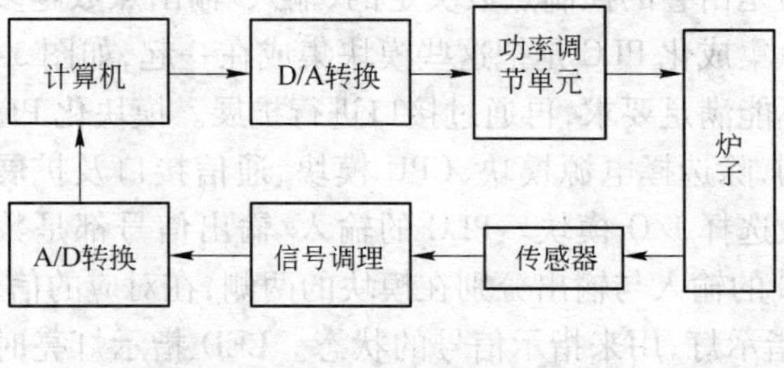

图3-27 计算机温度控制过程

3.6 PLC在温度控制中的应用

3.6.1 PLC的控制作用

PLC是可编程逻辑控制器的英文简称,是温度自动控制过程中不可缺少的自动化器件,电阻炉的一些顺序控制动作可以由PLC完成。PLC可以看作没有外设的计算机,通过集成硬件和逻辑控制软件接收信号,并经过逻辑运算,再输出控制信号。在电阻炉顺序控制中,PLC的输入/输出信号都是数字量信号,其主要作用是取代电路中的继电器,由PLC程序完成继电器逻辑控制电路的功能。合理选择PLC不仅简化了炉子电气控制的设计,而且使逻辑控制功能更加完善,也能进一步提高控制系统的可靠性和稳定性。PLC在温度控制中的作用表现为以下方面:

(1)通电加热及相关逻辑控制。

(2)真空系统的控制。

(3)控制炉盖开启/关闭。

(4)装料机构控制。

(5)控制水、气、液压等辅助装置。

(6)检测炉子各部分的工作状态。

(7)系统报警信息。

3.6.2 PLC 的组成

PLC 一般由电源单元、CPU 单元、通信单元和接口单元组成。PLC 的控制能力是由它的控制点数决定的,输入/输出点数越多,其控制能力就越强。集成化 PLC 是把这些模块集成在一起,如图 3-28 所示,若控制点数不能满足要求,再通过接口进行扩展。模块化 PLC 采用模块化组合结构,除选择电源模块、CPU 模块、通信接口及扩展模块外,根据控制点数选择 I/O 模块。PLC 的输入/输出信号都是数字量信号,集成化 PLC 的输入与输出分别在模块的两侧,在对应的信号端子上方装有 LED 指示灯,用来指示信号的状态。LED 指示灯亮时,表明对应端子有信号输入或输出。利用 LED 指示灯的状态就可以判断对应端子上的信号情况,这点对维修检测非常重要。

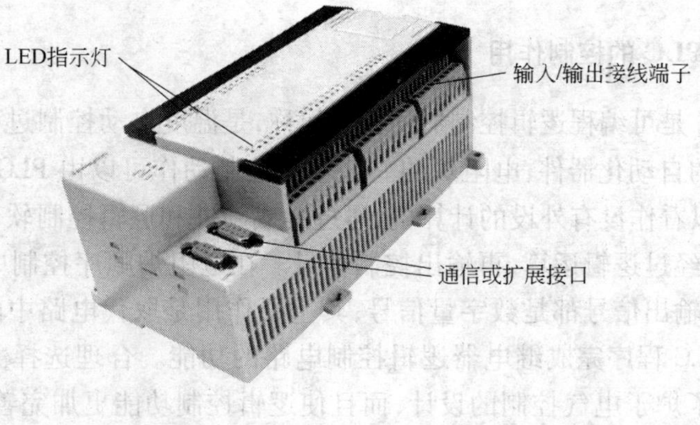

图 3-28 可编程控制器(PLC)

PLC 的型号较多,不同厂家各有差异,特别是编程语言差异很大,但基本原理是相同的。接口信号的特性已经形成了标准,直流 24V 和交流 220V 是最常用的。图 3-29 是西门子典型的模块化 S7-300 系列 PLC,由中央处理单元模块 CPU、电源模块 PS、I/O 模块 SM 和接口模块 IM 等组成。电源模块 PS 总是在机架的最左边，为 PLC 的 CPU 模块和 I/O 模块提供 +24V 和 +5V 电源，CPU 模块存储和执行程序，接口模块 IM 用于扩展连接，最多可扩展至 32 个 I/O 模块。I/O 模块 SM 包括数字量输入/输出模块和模拟量输入/输出模块，数字量输入/输出模块正面有与模块地址对应的 LED，用来显示模块上各数字量输入/输出点的信号状态。S7-300 系的编程语言是 STEP 7，支持梯形图、语句表、功能块等编程方式。

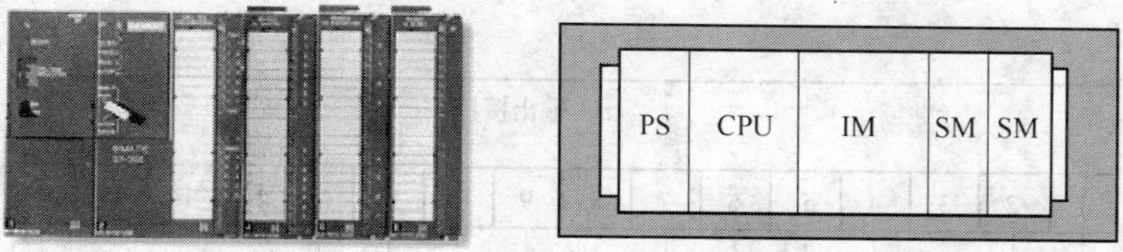

图 3-29 S7-300 PLC 组成

3.6.3 PLC 输入及输出应用实例

图 3-30 是 PLC 在某电阻炉温度控制中的应用，仅给出了 16 位 PLC 控制输入信号。为了使编程和维修方便，通常把输入信号分为两类，一类是操作输入信号，只有当操作者按动控制面板上的按钮时，PLC 输入信号对应的 LED 亮，表明操作有效，比如启动机械泵，按下该泵的启动按钮，PLC 输入侧对应端子 1 的 LED 应当点亮；另一类输入信号为状态监测信号，检测控制部件当前所处的状态，当状态与要求的相符时，对应端子的 LED 点亮。

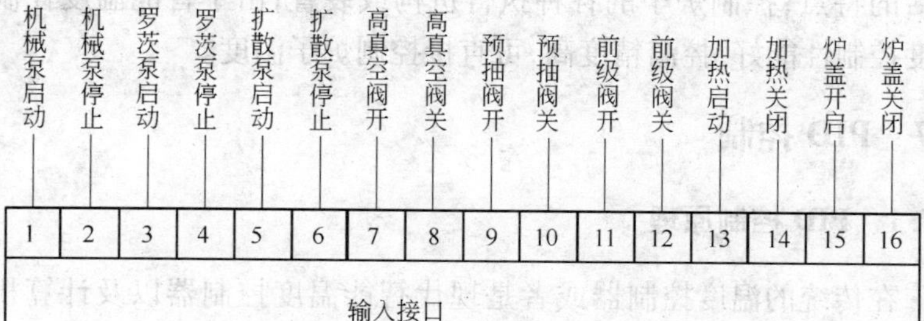

图 3-30 某电阻炉 PLC 输入信号

图 3-31 是该电阻炉温度控制中 PLC 的输出信号，也是仅给出了 16 位 PLC 控制输出信号。同样把输出信号分成两类，一类是控制输出信号，用于控制外部设备，当经过逻辑运算在某个输出端子上有控制输出时，对应端子的 LED 亮，比如启动罗茨泵，按下该泵的启动按钮，PLC 输出侧对应端子 2 的 LED 点亮，罗茨泵启动；另一类为状态输出信号，这类大多是指示信号，如炉体水压不足时，便在端子 5 输出炉体缺水报警信号，对应端子的 LED 点亮，并在控制面板上产生声光报警。

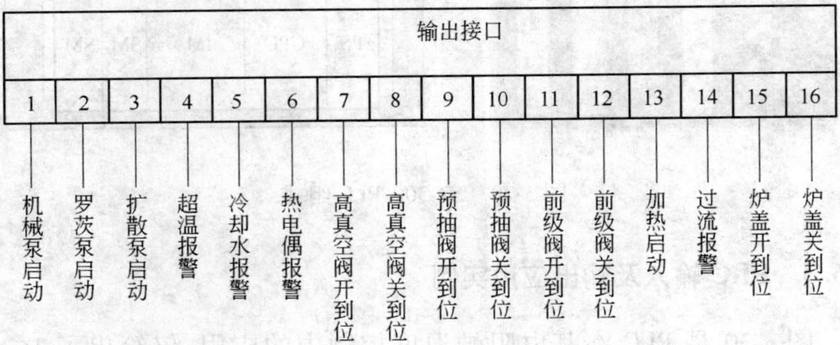

图 3-31　某电阻炉 PLC 输出信号

计算机、PLC 和智能温度控制器三者相结合，取其各自所长，在电阻炉温度控制中应用十分广泛。在炉子运行过程中，利用计算机显示、存储信息量大和操作方便的优点，用于显示和存储过程变量和系统的状态信息，编辑工艺控制程序；利用 PLC 逻辑控制设计简便、应用灵活的特点，控制炉子的各种执行机构或装置；由于智能温度控制器温度控制性能好，控温精度高，可直接控制炉子温度。

3.7　PID 控制

3.7.1　PID 控制原理

在传统的温度控制器或者是现代智能温度控制器以及计算机控制软件中，经常提到 PID 控制的概念。PID 控制是指比例(P)、积分(I)和微分(D)三者综合控制，如图 3-32 所示。PID 控制又称为 PID

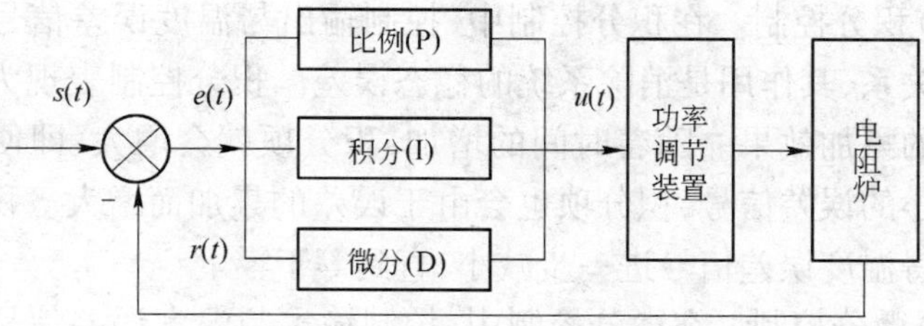

图 3-32 PID 控制原理

控制器,是一种最成熟的过程控制理论,也是工业过程控制主要技术之一。因它结构简单、稳定可靠、调整方便、适用范围广、无需精确的数学模型等特点,在工业过程控制中得到了广泛应用,目前绝大多数智能温度控制器仍采用 PID 控制器。为提高 PID 控制效果,针对不同的控制对象,相继出现了多种 PID 控制器,如自整定 PID 及自适应 PID 控制器等。虽然有多种 PID 控制形式,但基本控制原理是相同的。连续 PID 控制算式为:

$$u(t) = K_p e(t) + \frac{1}{T_i}\int_0^t e(t)\,\mathrm{d}t + T_d \frac{\mathrm{d}e(t)}{\mathrm{d}t}$$

式中 $u(t)$——控制器输出信号;

$e(t)$——控制器输入信号,即实际值 $r(t)$ 与设定值 $s(t)$ 之差:$e(t) = r(t) - s(t)$;

K_p——比例系数;

T_i——积分时间常数,s;

T_d——微分时间常数,s。

上式中的三项分别称为比例控制、积分控制和微分控制,下面分别介绍它们的作用。

(1)比例控制。比例控制是最简单的一种控制方式,输入是温度测量值与设定值的误差信号,输出与误差信号成正比例,比例系数为 K_p。比例控制的作用是加快温度的跟踪速度,消除大的温度误差。在比例系数一定的情况下,温度测量值与设定值的误差越大,控制作用越强;如果误差太小,比例控制作用就越弱,甚至调节作用无效,因而控制器若仅有比例控制,最终仍会存在温度稳态误差。

(2)积分控制。在积分控制中,控制输出与温度误差信号的积分成正比关系,其作用是消除系统的稳态误差。积分控制表现为温度误差信号的累加效果。随着时间的增加,积分项就会增大,即便是系统存在较小的误差信号,积分项也会由于误差的累加而增大。积分控制输出使得温度误差信号进一步减小,直到等于零。

(3)微分控制。在微分控制中,控制输出与温度误差信号的变化率成正比关系,其作用是改善调节过程的动态特性,提高系统的抗干扰能力,增强系统的稳定性,避免系统振荡。微分控制的引入,可以预测误差变化的趋势,修正比例控制的作用,特别是对于过程变量变化较快的过程,能减小或克服控制过程的超调。在炉温控制中,如果出现加热功率的突然变化或控制设定点的突然变化,微分控制会根据测量温度与设定温度误差的变化速率,修正比例控制,其效果相当于减小比例控制的作用,改善温度控制效果。

3.7.2 PID 参数的整定

PID 控制器有三个参数:比例系数 K_p、积分时间 T_i 和微分时间 T_d,其设定数值的大小决定了比例、积分和微分控制作用的强弱,直接影响着 PID 控制器的控制性能。电阻炉操作人员了解 PID 参数的整定方法是必要的,当控制效果不能满足要求时,可重新整定 PID 参数。

3.7.2.1 比例系数

比例控制的作用是提高温度跟踪速度,减小较大温度控制误差。设置的比例系数太小,则跟踪速度慢,并导致误差扩大;设置的比例系数太大,则跟踪速度过快,并导致超调和振荡。在整定比例系数时,积分时间设置大一些,比如 3600 秒,相当于关掉积分控制作用,同时把微分时间设置为零,也去掉微分控制作用。开始先把比例系数设置小一些,避免开始运行就出现超调或振荡,根据系统响应情况再逐渐增大,加强比例控制作用,提高系统的快速响应。当系统跟踪速度快,而又无超调和振荡时,比例系数处于最佳值。

在实际应用中,多数控制器经常采用比例带来确定比例系数,比例带可以看作比例系数的倒数,常用百分数表示。比例带定义了过程变量测量值与设定值的偏差为多少时,比例控制输出能在全范围变化,它的物理意义可以从图 3-33 中看出,比例带为 10,表示偏差为 10℃时,输出 100%,如果偏差为 3℃,则输出 30%。显然比例带越小,比例作用越强,反之比例带越大,比例作用越弱。

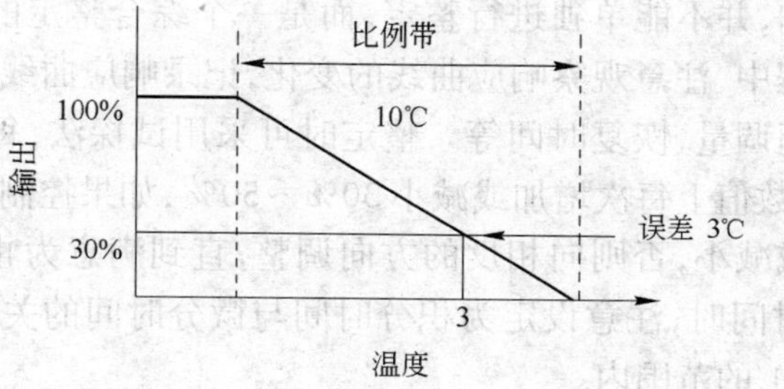

图 3-33 比例带示意图

3.7.2.2 积分时间

积分控制的作用是消除温度稳态误差。整定时把微分时间设置为零,去掉微分控制作用。开始先把积分时间设置长一些,积分控制作用几乎处于关断状态,而后再逐渐减小积分时间,加强积分作用,观察控制效果,当系统能快速消除温度稳态误差,而又无超调和振荡时,积分时间处于最佳值。

在电阻炉温度控制中,只要存在温度误差,哪怕很小,经过长时间的累积,都会有足够的输出去控制加热功率,消除温度误差。积分时间越短,积分作用越强,电热元件加热电流上升(或下降)的变化就越快。

3.7.2.3 微分时间

微分的作用是改善温度控制的动态性能,提高温度稳定性。开始设置较小的微分时间,根据控制效果再逐渐增大,以便加强微分作用。当系统的稳定性有明显增强,控制过程无振荡出现,此时的设定值就是控制器的最佳微分时间。一般微分时间设定为积分时间的 1/3~1/4 比较适当。如果系统在 PI 控制下,能够达到响应速度快,过程稳定,而又无稳态误差,就可以不使用微分控制,把微分时间设为 0,实际上很多控制系统都无微分控制。

在电阻炉温度控制中,微分控制的作用是使电热元件加热电流与偏差的变化速率成正比，有了微分作用，电热元件加热电流就会加大变化，使炉温加快恢复。

实际上三个参数的整定过程是一个复杂的过程，相互联系，相互制约和影响，并不能单独进行整定，而是一个综合整定的过程。在参数整定过程中，注意观察响应曲线的变化，记录响应曲线的各个参数，如温度的超调量、恢复时间等。整定时可采用试探法，每次只改变一个参数，在数值上每次增加或减小 30% ~50%，如果控制效果变好，则继续增加或减小，否则向相反的方向调整，直到满意为止。在调整积分和微分时间时，注意设定为积分时间与微分时间的关系，应保持在约 3∶1 ~4∶1 的范围内。

3.7.3　PID 参数自整定

前小节介绍的是人工整定 PID 参数方法，可以利用智能温度控制器 PID 参数自整定功能（AT），自动整定 PID 参数，也能获得较好的控制效果。参数自整定是一种理论计算方法，控制器根据控制系统的特性，通过系统的数学模型，经过理论计算确定 PID 参数，整个参数整定过程由控制器自动完成。控制器初次参数自整定时，整定的结果可能并不是最佳值，有时需要通过几次自整定，才能达到理想的效果。在参数自整定过程中，控制器一般以位控方式进行工作，经过 2 ~3 个振荡周期后，根据产生的振荡过程，分析其周期、幅度及波形，自动计算出控制参数。在不同的温度给定点整定得出的控制参数并不完全相同，这就需要在启动自整定功能前，应先将给定值设置在最常用温度上或者是中间温度上。如果系统是保温性较好的电阻炉，给定值应设置在系统使用的最大值上，再启动自整定功能。

参数自整定的准确度，可以满足高达 90% 的用户使用要求，但由于控制对象的复杂性，对于一些特殊要求的场合，自整定出的参数并不是最佳值，可能达不到理想的控制效果。如果出现这种情况，可在自整定基础上再进行人工整定，对 PID 参数作适当的调整。

3.7.4　PID 参数的切换

PID 参数主要是由系统本身特性决定的，与执行的工艺关系不大。对于温度控制而言,电阻炉属非线性控制对象,更是时变控制对象,PID 参数是在一定条件下获得的,这些条件除炉子本身特性外,还包括温度高低,升温速度快慢,工件大小及材料特性等,当条件改变时就不适用了。为得到较好的温度控制效果,控制器可以为控制对象设置多组 PID 参数,根据给定的条件,通过编程或参数设置,在系统运行过程中,从一组 PID 参数自动切换到用另一组 PID 参数,以减小非线性对控制对象的影响。

PID 参数切换条件可以通过参数设置,也可以编辑到程序中。DCP31 智能温度控制器有两种 PID 参数切换方式,一是根据设置的参数条件,比如 500℃以下用一组 PID 参数,500 ~1200℃用一组 PID 参数,1200℃以上用一组 PID 参数等,在整个温度控制范围内实现内部 8 组 PID 参数的切换。PID 参数的切换条件包括:

(1)测量值:根据测量值大小进行切换。

(2)设定值:根据设定值大小进行切换。

(3)误差:根据测量值与设定值的误差大小进行切换。

(4)输出值:根据所需要的控制输出量进行切换。

(5)外部控制:可以选择为数字输入控制切换,或数字通信输入控制切换。

另一种切换方式与 FP21 智能温度控制器相同,根据程序切换的,在编程时可设置不同 PID 参数组,根据不同的工艺条件,如温度、时间、工作段等,选择不同的 PID 参数。编程时需要把每组 PID 参数的组号编辑到工艺程序中,在执行程序的过程中自动切换 PID 参数。

复习思考题

1. 电阻炉温度控制主要分哪几个环节?
2. 位式温度控制方式主要特点是什么?
3. 固态继电器在温度控制中的作用是什么?
4. 晶闸管有什么特点?
5. 晶闸管调压器与调功器有何主要区别?
6. 恒压型、恒流型和恒功率型晶闸管调压器选用条件是什么?
7. 变压器温度控制方式分为几种?

8. 应用磁性调压器作为加热驱动部件有哪些优点？
9. 计算机在温度控制中有哪两种基本控制方式？
10. 计算机温度控制过程主要有几个环节？
11. PLC 在电阻炉温度控制中起什么作用？
12. PID 参数在温度控制中各有什么作用？
13. PID 参数的整定顺序是什么？
14. PID 参数有哪些切换方式？

4 电阻炉真空测量与检漏

学习目的：

掌握真空测量常用单位及换算关系，了解常用真空测量仪表的测量范围，知道真空压力表、热传导真空计和电离真空计的测量原理，并掌握其使用方法，熟悉真空电阻炉正压和负压真空检漏原理，了解氦质谱检漏仪的两种检漏方法。

真空电阻炉除温度测量外，还要进行真空度的测量，本章主要介绍电阻炉常用的真空测量仪表，即真空压力表、热传导真空计和热阴极电离真空计等，同时简要介绍真空检漏的有关知识。

4.1 真空

4.1.1 真空的概念

在真空科学中，真空的含义是指在给定的空间内，气体比较稀薄，其压力低于一个大气压的气体状态，并把这种状态称为真空状态，例如一个密闭容器中的气体部分被抽掉后的低压气体状态，或者是高层气体因气体稀薄而压力低于大气压的状态。真空状态有两个基本特点，空间气体稀薄，即气体的分子密度小于大气压力下气体分子的密度；空间气体压力与大气压有压力差，且气体压力低于一个大气压。

真空度是真空的量度，表示气体稀薄的程度，微观上真空度的单位应当是单位体积内的分子数，但测量单位体积内的气体分子数是非常困难的。在一定温度条件下，单位体积内的气体分子数与其作用于单位面积器壁上的压力有着非常密切的关系，因而可用气体的压强表示真空度。在一定温度下，分子密度越小，气体压强就越低，表明真空度也越高，反之分子密度越大，气体压强就越高，表明真空度也越低。

在国际单位制中，力的单位是牛（N），面积的单位是平方米（m^2），真空度的单位就是 N/m^2，称之为帕斯卡（Pascal），简称帕（Pa）。

目前国际上还有几个真空度的单位与国际单位制中的帕（Pa）暂时并用，如巴（bar）、托（Torr）、标准大气压（atm）、毫米汞柱（mmHg）等，其中标准大气压与毫米汞柱有着确定的对应关系，即一个标准大气压等于 760mmHg。

把一个标准大气压的 1/760 定义为新的真空度单位，简称托（Torricelli，简写为 Torr），显然 1Torr = 1mmHg。

有一些国家使用毫巴（mbar）作真空度单位，其优点是：1 毫巴恰是国际单位制帕的 100 倍，而且又与毫米汞柱数值接近（1mbar ≈ 0.75mmHg），换算比较方便。

各个真空度单位之间的换算关系见表 4-1。

表 4-1 真空度单位换算表

	牛顿/米^2（Pa）	托（Torr）	巴（bar）	大气压（atm）
牛顿/米^2（Pa）	1	7.5006×10^{-3}	10^{-5}	9.8692×10^{-6}
托（Torr）	1.33322×10^{2}	1	1.33322×10^{-3}	1.31579×10^{-3}
巴（bar）	10^{5}	7.5006×10^{2}	1	9.8692×10^{-1}
大气压（atm）	1.01325×10^{5}	760	1.01325	1

在谈到一个容器里的真空度高低时，习惯上并不需要具体地指出数值，而是粗略地指出其范围，如低真空，高真空，超高真空等。这就涉及到真空区域的划分，在什么范围内属于低真空，什么范围内属于高真空。对于真空范围的划分，国际上没有统一的标准，根据真空电阻炉的工作真空度，并参照 2007 年出版的《真空技术》（第 2 版），把整个真空范围划分为 5 个区域，如图 4-1 所示。

为了对设备的真空度有一个感官认识，表 4-2 给出了常见设备和电子真空器件所要求达到的真空度。

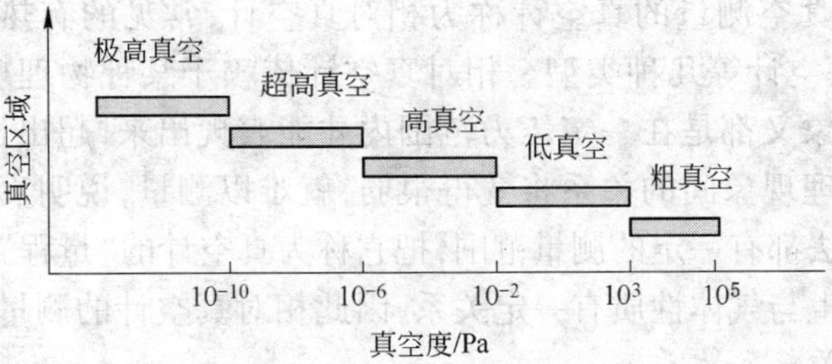

图 4-1 真空区域划分

表 4-2 真空设备和电子器件的真空度

名 称	真空度/Pa
低真空电阻炉	$10^{3}\sim10^{-1}$
高真空电阻炉	$10^{-1}\sim10^{-4}$
真空镀膜设备	$10^{-3}\sim10^{-4}$
白炽灯泡,真空电容器	$10^{-2}\sim10^{-3}$
电子管	$10^{-3}\sim10^{-4}$
真空断路器	$10^{-4}\sim10^{-5}$
显像管	10^{-5}

4.1.2 真空测量

4.1.2.1 绝对真空计与相对真空计

真空测量就是真空度的测量,由于真空度反映的是容器内气体稀薄的程度,而直接测量气体的稀薄程度在工程上很难实现,通常采用的方法是测量与气体稀薄程度相关联的气体压力,来反映真空度的高低。由气体压力直接驱动进行测量的真空计称为绝对真空计,测量读数与气体种类无关,常见的有 U 形管液体真空计、压缩式真空计和弹性变形真空计等。绝对真空计是由气体压力直接驱动的,只有在压力相对较大时才能反映出来,因而测量的真空度不高,通常用于粗真空测量。

先在被测气体中引起一定的物理现象,如热传导、电离等现象,然后再测量这一过程中与压力有关的物理现象,这种依赖气体引发物理现象进行真空测量的真空计称为相对真空计，常见的有热传导真空计、电离真空计等几种类型。相对真空计依赖于某种物理现象，而任何物理现象又都是在一定压力范围内才能表现出来，超出这个范围，压力与物理现象间的关系将变得很弱，就难以测量，说明真空度测量的任何方法都有一定的测量范围，把它称为真空计的“量程”。因物理现象的发生与气体性质有一定关系，因此相对真空计的测量读数与气体种类有关。

4.1.2.2　真空规管

通常把真空压力转化为某种物理现象的传感器称为真空规管或真空规，例如依照测量原理分为电阻规、热偶规、电离规等。真空规管外形材料有玻璃和金属两种，测量原理相同，只是保护方式和安装方式上有差别。规管安装在真空炉腔体或真空管道上，测量仪表安装在真空电阻炉的控制柜面板上，通过专用电缆连接。真空规管的正确安装方法应该是垂直安装，无论是插入式还是法兰式安装，与被测腔体间都要有严格的密封。严禁带电连接规管，或在真空状态下任意拆卸规管，转移规管时也要轻拿轻放以防损坏。

实际应用中，如果测量范围较宽，一种真空计满足不了要求，可采用几种真空计分别测量一定范围内数值的方法解决。值得注意的是，这几种真空计在原理上肯定是不同的，必然会在相互衔接的区域内存在较大的测量误差。表 4-3 给出真空电阻炉中常用真空计及其测量范围。

表 4-3　真空炉中常用真空计及其测量范围

名称	型号举例	真空规管型号	测量范围/Pa
弹性变形真空计	绝对真空计		$10^5 \sim 10^2$
热电阻真空计	ZDR-52T	ZJ-52T	$10^5 \sim 10^{-1}$
热电偶真空计	ZDO-54D	ZJ-53B/ZJ-54D（M713、M714）	$10^3 \sim 10^{-1}$
	ZDP-51	ZJ-51	$10^2 \sim 1 \times 10^{-1}$
热阴极电离真空计	ZDK-27	ZJ-27	$10^{-1} \sim 10^{-5}$
	ZDK-10	ZJ-10	$10^{-1} \sim 10^{-4}$
	ZDK-2	ZJ-2	$10^{-1} \sim 10^{-5}$

续表 4-3

名　称	型号举例	真空规管型号	测量范围/Pa
冷阴极电离真空计	ZDL3	M104	$10^{-1}\sim10^{-5}$
电阻、电离复合真空计	ZDF-5227	ZJ-52T/ZJ-27	$10^{5}\sim10^{-5}$
热偶、电离复合真空计	ZDF-5327	ZJ-53B/ZJ-27	$10^{2}\sim10^{-5}$

4.2　真空压力表和电接点压力表

真空压力表或电接点压力表不仅可以测量粗真空电阻炉的真空度(负压),而且还可测量炉内的正向压力,如图 4-2 所示为真空压力表,−0.1～0MPa 为真空测量,0～0.15MPa 为正压测量,因此在粗真空电阻炉或充气电阻炉中有着广泛的应用。

图 4-2　真空压力表

1—测量接头;2—负压;3—大气状态;4—正压

4.2.1　真空压力表

真空压力表是利用气体的压力差变化所引起的弹性元件机械变形来测量压力的。根据所采用的弹性元件不同,把真空压力表分成三种类型,即弹簧管式、薄膜式和膜盒式,如图 4-3a～c 所示,分别称为弹簧管式真空压力表、薄膜式真空压力表和膜盒式真空压力表。当被测压强变化时,弹性元件 1 将会变形,通过杠杆 4 带动齿轮机构 2 转动,使指针 3 位置移动,表示气体压强变化多少。由于受力学性能的影响,弹性元件不可能做得很细,很难测量更低的压强,一般用于低真空

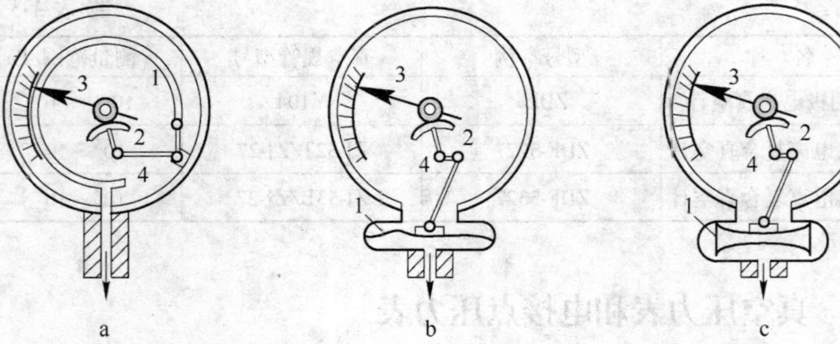

图 4-3　真空压力表测量原理

a—弹簧管式；b—薄膜式；c—膜盒式

1—弹性元件；2—齿轮机构；3—指针；4—杠杆

(10^2 ~ 10^5Pa)测量。

真空压力表的灵敏度取决于弹性元件是否易变形，弹性元件越易变形，灵敏度也就越高，三种弹性变形真空压力表中，相比之下，膜盒式灵敏度最高。这类真空压力表性能比较稳定，精度有 0.5 级、1.5 级和 2.5 级三种，其中精度高于 0.5 级的可作为标准真空压力表。

利用弹性元件的机械变形与压力变化的关系，不仅可以用作真空测量，而且还可以测量正压，即测量高于一个大气压的压力。在同一个表盘刻度上刻有正压力和真空度，制成的弹性真空压力表，通常红色刻度表示真空度，黑色刻度表示正压力大小。真空压力表主要特点如下：

(1)性能稳定，测量精度较高，反应速度较快。

(2)属绝对真空计，精度 0.5 级以上的可作为标准真空计使用。

(3)测量的是总压力，包括气体和蒸汽的压力。

(4)测量的结果与气体种类、成分及其性质无关。

(5)测量过程中，真空计本身吸气和放气很小，不会对被测气氛产生影响。

(6)真空计内部没有高温部件，不会使油蒸汽分解。

(7)若选用耐腐蚀材料制造，可测量腐蚀性气体压力。

(8)结构牢固，而且便于密封和安装。

(9)操作简便，不需调整，但需要定期校验。

4.2.2 电接点压力表

电接点压力表与一般真空压力表不同的是，不仅可以进行气体压力的测量，而且还可以根据设置压力的大小输出继电器控制信号，适用于测控无腐蚀、无爆炸危险气体的压力。把电接点压力表接入控制电路，可以实现按预先设定最大或最小压力值的双位自动控制。电接点压力表由测量系统、指示装置、磁助电接点装置、外壳、调节装置及接线盒等组成。测量原理与真空压力表相同，只是在结构上多了两个可设定上限和下限压力值的指针，如图 4-4 所示。测量压力时，测量指针带动电接点装置的活动触点，一旦与设定指针的触头（上限或下限）相接触，就会使与之相连的控制电路接通或断开，实现压力变化的自动控制。

上、下限压力的设定，可通过改变上、下限指针的位置实现。一般红色指针为上限压力值，绿色指针为下限压力值，黑色为测量指针。

图 4-4　电接点压力表

1—测量指针；2—下限设置；3—上限设置；4—接线盒

4.3 热传导真空计

4.3.1 热传导真空计原理

真空压力表可直接测量电阻炉内气体的压力，属绝对真空测量仪表。实际上在电阻炉真空度测量中，除极少数低真空采用直接测量方法外，绝大多数采用间接测量方法，即通过测量与气体压力变化引起的物理现象，间接地反映气体压力的大小。根据气体分子热传导与压力有关这一物理现象制成的，间接地测量气体的压力的真空计称为热传导真空计。

在玻璃管壳中安装一根热丝，给热丝通电发热，使其温度高于周围气体和管壳的温度，于是在热丝和管壳之间产生热传导。当达到热平衡时，热丝的温度决定于气体热传导。气体压力越高，传导的热量就越多，平衡温度也就越低。由此可知，热丝温度与气体压力存在着一定的对应关系，通过测量热丝的温度，便可计算出气体的压力。依据热丝温度的测量方法不同，常见的热传导真空计有三种，利用热丝随温度变化的线膨胀性质制成的膨胀式真空计；利用热电偶直接测量热丝的温度变化制成的热偶真空计；利用热丝电阻随温度变化的性质制成的电阻真空计，其中电阻真空计和热偶真空计是目前低真空测量中用得最多的两种真空计。

4.3.2　电阻真空计

4.3.2.1　电阻真空计

电阻真空计也称热电阻真空计或皮喇尼真空计，由电阻规管和测量仪表单元组成。现以定温式电阻真空计为例说明其测量原理。所谓定温式就是利用加热电源的自动补偿功能，在测量过程中保持热丝温度不变，也就恒定了热丝的电阻。在电阻规管里有一个电阻随温度变化的热丝，如图 4-5a 所示，给热丝通电发热，若炉内气体较多，气体压力 p 就大，气体分子从热丝上传走的热量就多，热丝温度降低，热丝电阻也就随之减小，若取热丝两端电压 V 或流过热丝的电流 I 值作为

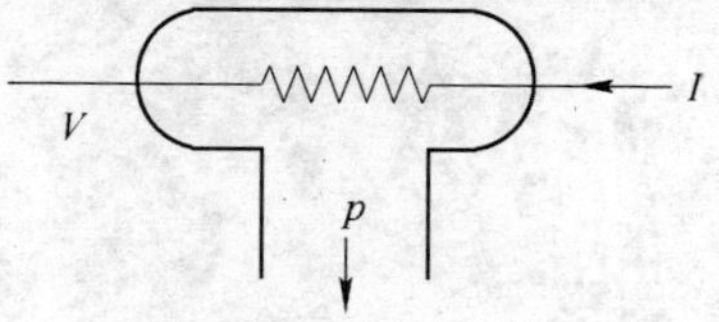

a

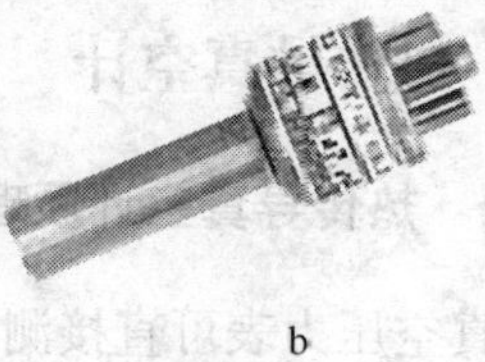

b

图 4-5　电阻规管
a—电阻规管；b—ZJ-52T 金属规管

补偿参数，加热电源系统会启动补偿功能，自动提高加热电压或电流，使其热丝温度保持不变，即恒定了热丝的电阻值。利用在一定温度下，补偿电压 V 或电流 I 与气体压强 p 的函数关系，就可计算出气体压强（真空度）。

图 4-6 分别是 ZDZ-52 型指针式和数字式电阻真空计，采用 ZJ-52T 电阻规管，测量范围 $10^5 \sim 10^{-1}$ Pa。ZJ-52T 分为金属规和玻璃规，图 4-5b 是 ZJ-52T 金属规，该型规管的热丝经过了稳定化处理，且热容量极小。具有环境温度自动补偿和粉尘防护功能、量程宽、响应快、抗污染、耐氧化、漂移小、寿命长及性能稳定等特点，特别适用于低真空测量。电阻规管的主要技术参数：

（1）测量范围：$1\times10^5 \sim 1\times10^{-1}$ Pa。

（2）热丝材料：钨丝（可选配铂丝）。

（3）热丝冷阻：86.5 ±1.7Ω（23 ±3℃）。

（4）热丝温度：40 ~300℃。

（5）零散性：不超过 ±25%（$3\times10^3 \sim 1\times10^{-1}$ Pa）。

（6）真空连接形式及烘烤温度：ϕ15.5 ±0.5 玻管 80℃，ϕ15.5 ±0.1 金属直管 80℃。

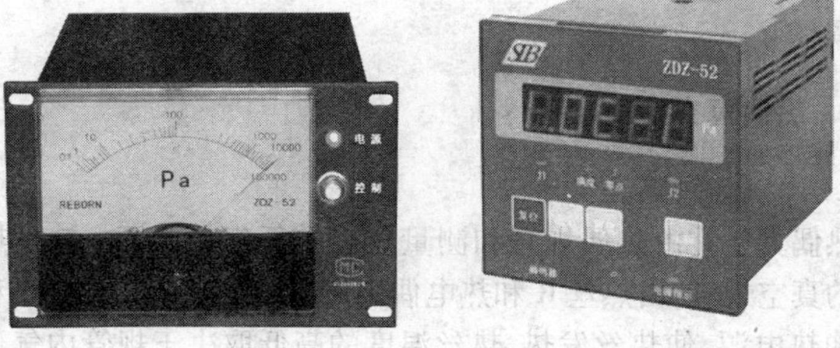

图 4-6 ZDZ-52 型电阻真空计

目前大多数智能电阻真空计采用了先进的恒功率定温技术，以及微处理器对规管的非线性线性化处理技术，使得真空计具有超强的稳定性能、宽广的有效测量范围、极快的响应速度、较小的零点/满度漂移等特性。为适应真空设备自动化技术，集成了继电器触点控制、串行通讯、真空模拟量输出等扩展功能。

4.3.2.2　电阻真空计的校准

电阻规管受制造材料、工艺、装配等方面因素的影响，同型号中不同电阻规管的性能有所差异。因此，在使用新的电阻规管时需对真空计进行零点和满度的校准，以降低测量误差。另外真空计使用一段时间，或者是环境温度变化较大，使真空计在大气测量状态下，显示值不为 10^5 Pa，也要进行满度校准。电阻真空计都有零点校准及满度校准按键或旋钮，按照说明书要求进行调校。一般先校准零点，再进行满度校准。

(1)校准零点。校准零点需对被测真空系统抽真空，一旦电离规测得真空度高于 1.0^{-1} Pa(如 9.9×10^{-2} Pa)，按“校零”按钮，对应指示灯亮或快速闪烁，真空计自动校正零点，当显示 1.0^{-1} Pa 时，表示规管零点已校准。对于无自动零点校准的电阻真空计，可通过操作面板上的电位器旋钮手动调整。

(2)满度校正。校准完零点后，需对其满度校正。按满度校正过程要求，对被测炉腔放入大气，确保被校电阻规所测位置为大气状态，在大气压下工作约 10 分钟。按“满度”按钮，对应指示灯亮或快速闪烁，真空计自动校正满度，当显示 1.0^5 Pa 时，表示规管满度已校准。对于无自动满度校准的电阻真空计，可通过操作面板上的电位器旋钮手动调整。

4.3.3　热偶真空计

4.3.3.1　热偶真空计

热偶真空计由热偶规管和测量仪表单元组成。图 4-7 是热偶真空计的真空规管，由热丝 R 和热电偶 TC 组成，给热丝加上一个稳定不变的加热电源，使热丝发热，热丝温度的高低取决于规管内气体的多少。当给热丝加上电压，它就通过一定的电流而发热，尽管气体会带走一部分热量，但达到热平衡时，热丝仍会保持一定平衡温度。气体压强越高，气体分子从热丝上带走的热量就越多，平衡温度便越低。由此可见，热丝温度 T 是气体压强 p 的函数，通过测量出热电偶 TC 的热电势的大小，来确定热丝温度的高低，便可计算出气体压强的大小。显然，热偶真空计是根据热电势的大小来测量真空度的。

图 4-8 是 XG-54D 型智能热偶真空计，配用 ZJ-53B/ZJ-54D 规管，

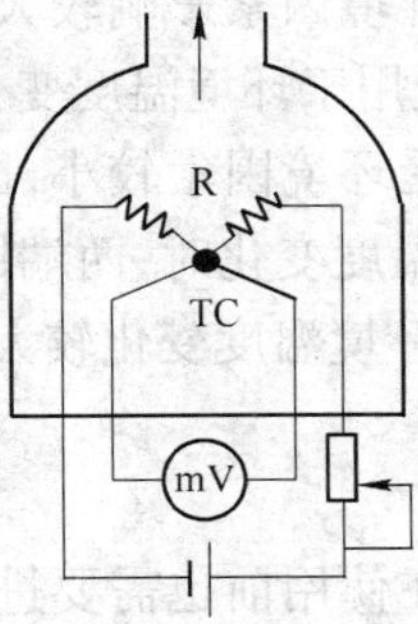

图 4-7　热偶规管原理

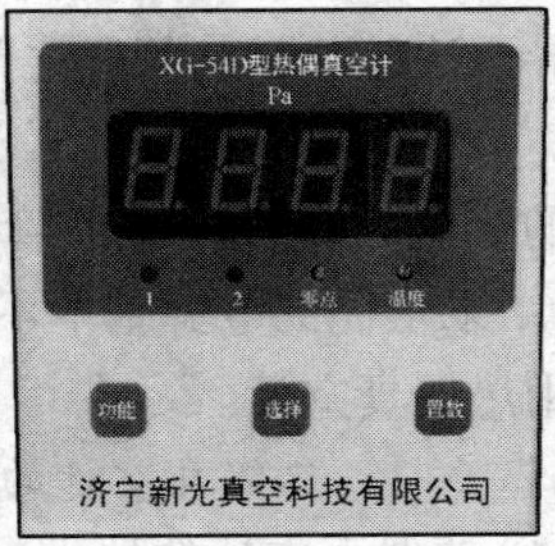

图 4-8　热偶真空计

如图 4-9 所示，ZJ-53B 是玻璃规管，ZJ-54D 是金属规管，测量范围 $10^3 \sim 10^{-1}$ Pa。该型规管采用经过稳定化处理，采用热容量较小的镍铬-康铜作加热丝和热偶丝，具有结构简单、量程较宽、响应较快、抗污染、耐氧化、漂移小、寿命长、性能稳定及价格适中等特点，特别适用于低真空测量。热偶规主要技术参数：

(1) 测量范围：$1 \times 10^3 \sim 1 \times 10^{-1}$ Pa。

(2) 加热电流：28 ±1.5mA。

(3) 热丝冷阻：9.5 ±1Ω(23 ±3℃)。

(4) 热丝温度：40～150℃。

(5) 零散性：不超过 ±20。

(6) 真空连接形式及烘烤温度：ϕ15.5 ±0.5 玻管 80℃，ϕ15.5 ±0.1 金属直管 80℃。

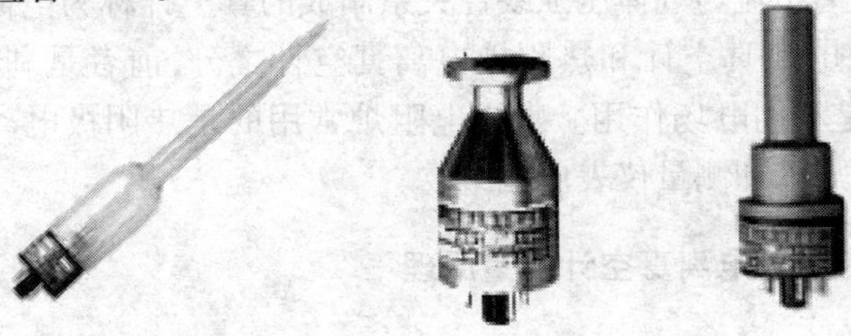

a　　b　　c

图 4-9　ZJ-53B/54D 热偶规管

a—53B 玻璃规；b—54D KF 式金属规；c—54D 插入式金属规

热偶真空计与电阻真空计比较,从结构和使用特性上都有各自的优缺点。电阻真空计结构简单,但规管受环境因素影响较大,气体的热传导取决于热丝与管壳之间的温差,一般用于环境温度变化不大的场合。热偶真空计结构比较复杂,但规管受环境因素较小,因为温度测量的热偶两端都处在规管内部,当外部温度变化时,两端同时受到影响,结果热偶的电势基本不变。显然,在环境温度变化较大的场合,应使用热偶真空计。

4.3.3.2 热偶真空计的使用注意事项

(1)热偶真空计的校准。热偶真空计在使用前也需要进行校准,热偶规管在未开封前真空度已抽至为 $10^{-2}\sim10^{-3}$ Pa。将热偶规管与仪器连接,使管座垂直向上,接通仪器电源开关,预热 10min,“热偶转换”开关置“加热电流”位置,调节“加热电流”旋钮,使加热电流达到规定值(加热电流标注在每支热电偶真规管的管座上或使用说明书中),热偶真空计指针满度,持续 1min,再将“热偶选择”开关放在“测量”位置上,这样反复测定三次,完成热偶真空计的校准工作。

(2)在热偶规管内,气体导热是气体与热丝碰撞的结果且与热丝表面状况有关。因此,应保持管内及热丝表面状清洁,一般不要在大气压状态下对热丝加热,尽量减少油蒸气污染。

(3)热偶规管对电磁场敏感,测量时应避免外界电磁场干扰,如测量中不要使高频火花移近热偶规管。

4.4 热阴极电离真空计

利用离子流与气体压强线性关系制成的真空计称为电离真空计,有冷阴极电离真空计和热阴极电离真空计之分,前者是利用磁场作用,后者是利用电场作用。真空电阻炉常用的是热阴极电离真空计,由热电离规管和测量仪表单元组成。

4.4.1 热阴极电离真空计测量原理

热阴极电离真空计规管类似一支三极管,如图 4-10a 所示,由筒状板极(离子收集极)C,栅极网 G 和位于栅极网中心的阴极灯丝 F 构成,筒状板极在阳极栅网外面。

图 4-10b 是其外控电路,栅极电位在 +100 ~ +300V 之间,板极的电位在 0 ~ −50V 之间。阴极灯丝 F 通电发热后便发射电子,由于阳极栅网 G 为正电压,发射出的电子被加速,电子与内部的气体分子相碰,使气体分子发生电离,气体压强大,气体的密度就大,碰撞机会越多,产生的正离子也越多。正离子在筒状板极负电压的作用下,吸引正离子形成板极电流,气体分子密度越大(即压强越大),板极电流也越大,反之就小。在测量范围内板极电流与被测压强成正比,即:

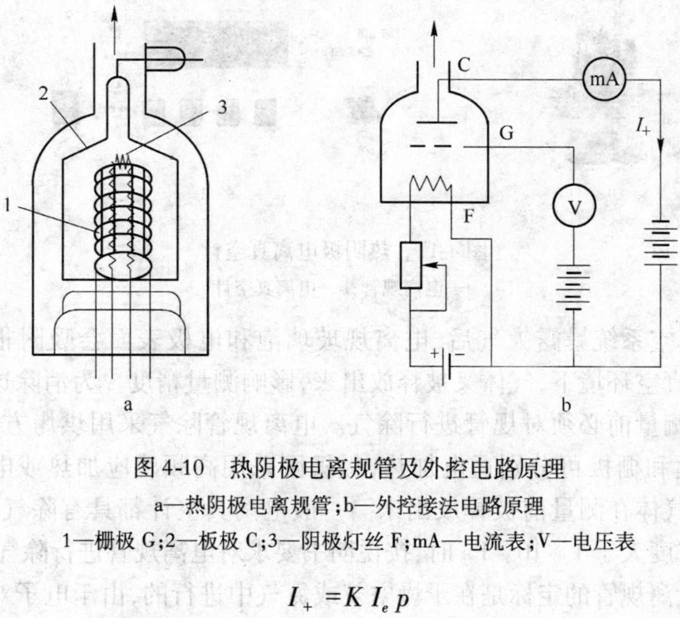

图 4-10 热阴极电离规管及外控电路原理

a—热阴极电离规管;b—外控接法电路原理

1—栅极 G;2—板极 C;3—阴极灯丝 F;mA—电流表;V—电压表

$$I_+ = K I_e p$$

式中 I_+——离子电流;

K——规管灵敏度;

I_e——发射电流;

p——气体压强。

显然,在 I_e 和 K 恒定条件下,通过测量板极电流 I_+ 便可以确定气体的压强 p。

图 4-11a 是某电离规管内部结构图,目前最常用的热阴极电离规是 ZJ-27,其主要技术参数为:

(1)测量范围:10 ~ 1.0 × 10^{-5} Pa。

(2)规管灵敏度:0.15 ±15% Pa^{-1}。

(3)工作参数:灯丝对地电位25V,栅极对地电位225V,栅极电流(发射电流)0.1/1mA,收集极对地电位0V。

(4)除气:栅极电压11V/栅极电流3A。

(5)真空连接形式及烘烤温度:ϕ15.5 ±0.5 玻管80℃。

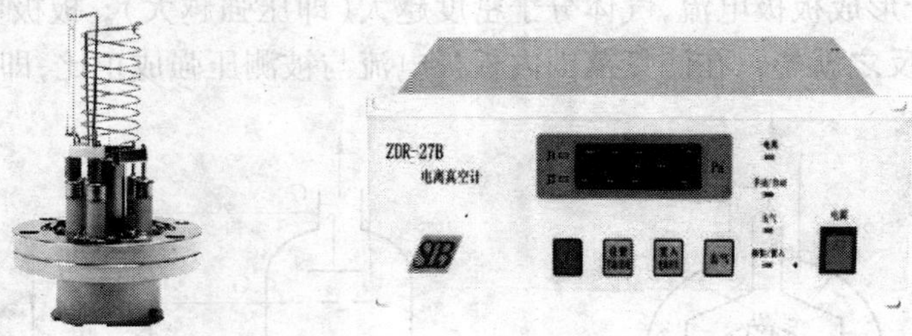

a　　　　b

图4-11　热阴极电离真空计

a—电离规管;b—电离真空计

真空系统暴露大气后,电离规玻璃泡和电极表面会吸附很多气体,在真空环境下,气体又被释放出来,影响测量精度。为消除这种影响,在测量前必须对规管进行除气。电离规管除气采用烘烤方法,即给灯丝和栅极可分别通电加热,板极则采用高频感应加热或电子轰击,使气体在测量前被释放出来。一般电离真空计都具有除气功能,当真空度大于 1×10^{-2}Pa时,按说明书要求对电离规管进行除气。

电离规管的定标是在干燥空气或氮气中进行的,由于电子对不同气体电离效果不同,如果测量其他气体,则必须对测量结果进行修正,否则将造成测量误差。

热阴极电离真空计主要分三类:高压力电离真空计 $10^{2}\sim10^{-3}$Pa;普通型电离真空计 $10^{-1}\sim10^{-5}$Pa;超高真空电离真空计 $10^{-1}\sim10^{-8}$Pa。真空电阻炉常用的是普通型电离真空计。

4.4.2　电离真空计使用

(1)安装。ZDR-27B电离真空计如图4-11b所示,安装使用热阴极电离计时,"电源"开关置断位置,用五芯缆线将电离规管与仪器连接,将鳄鱼夹子夹在规管的收集极上，香蕉插头与仪器背面的“离子”座相接。

(2)除气。打开电源开关，预热10min，当真空度高于10^{-2}Pa时，打开“除气”开关，除气时间一般为1～2min，在除气时电离规管的栅极较红热。当真空度低于10^{-2}Pa时，不能进行除气操作，以防损坏真空规管。除气完毕后关闭“除气”开关，打开“测量”开关，进行真空测量。

(3)使用注意事项。

1)当被测系统的真空度低于0.1Pa时，不能接通电离真空计，否则会烧坏电离真空规管。

2)电离真空计暂时不用时，需断开电离计电源，否则会影响电离真空规管的寿命。

3)电离规管如果装在管路上，这时由于管道阻力影响，管路中各点压力不同。规管安装距真空泵越近，测得真空度要高些，离泵越远测得真空度要低些。

4)电离规管的放气和吸气都会造成气体压强的变化，影响测量的准确度，在测量前一定要进行除气操作。

5)测量的灵敏度与气体的种类有关。

6)电离规管安装时应竖直安装，否则在加热除气进行烘烤时，栅极和阴极易产生变形，相对位置变化，将会严重影响测量精度。

7)在不要求连续记录真空度随时间变化的场合，应注意随时关掉电离规管灯丝开关，在真空度较低时更应如此，以延长灯丝的使用寿命。

4.4.3 电离真空计常见故障判断处理

表4-4给出了电离真空计常见故障和处理方法，部分内容也可供检查其他类型真空计故障时参考。

表4-4 电离真空计常见故障和处理方法

序号	故障现象	故障原因及处理
1	规管灯丝不能点亮	(1)检查规管灯丝是否断开； (2)检查规管连线是否接好； (3)检查规管连接线是否错接； (4)检查电源是否接通

续表 4-4

序号	故障现象	故障原因及处理
2	仪器不显示	(1)检查离子收集极是否接好; (2)检查规管是否点亮; (3)用手点触离子收集极,显示是否反应,反应为正常,不反应则真空计本身出现故障; (4)确认真空系统是否超过测量范围
3	显示数值不稳定	(1)检查离子收集极是否与系统其他物体有接触; (2)取下离子收集极,置于悬空状态,显示是否稳定;若不稳定则是真空计本身出现问题;若稳定,则说明是真空系统漏气所致; (3)用未开封的真空规管点亮,测其真空度,显示是否稳定,若不稳定则是真空计本身出现问题;若稳定,则说明是真空系统漏气所致

4.4.4　复合真空计

4.4.4.1　复合真空计

复合型真空计是高真空电阻炉常用的一种真空计,集低真空测量和高真空测量为一体,能够满足宽量程范围内的真空测量需要,低真空部分用电阻规或热偶规,高真空部分用电离规。图 4-12 为 ZDF-5227AX 复合型真空计,低真空配 ZJ-52 电阻规,高真空部分用 ZJ-27 电离规,测量范围 $10^5 \sim 10^{-5}$ Pa。ZDF-5310 型智能复合真空计,低真空配用 ZJ-53B 或 ZJ-54D 规管,高真空配用 ZJ-10 规管,测量范围$10^3 \sim 10^{-4}$Pa,可进行多路测量。

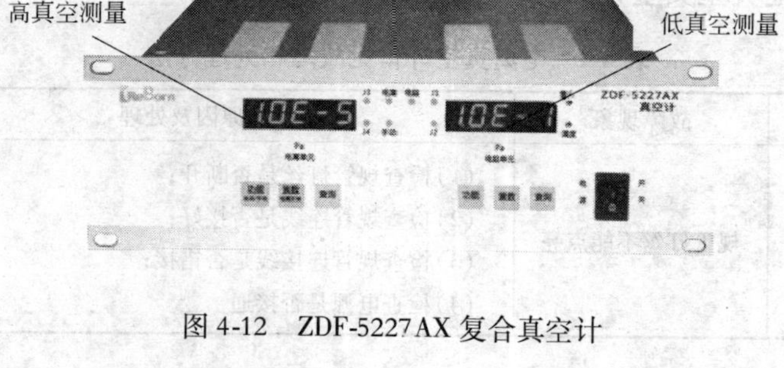

图 4-12　ZDF-5227AX 复合真空计

在电阻炉真空测量过程中,智能型复合真空计能够自动实现电阻规或热偶规与电离规在同一被测系统内连续测量与控制,高真空部分可由低真空电路自动启动,提高了系统的自动化和智能化程度。

4.4.4.2 复合真空计的使用方法

(1)连接好热偶规、电离规和仪器的电缆,插头不可接错,插错将烧坏规管。

(2)低真空测量使用热偶规时,开关放在“加热”位置,旋电流调节旋钮使加热电流为给定值。再将开关拨在“测量”位置,从表上即可读取真空度。

(3)低真空测量使用电阻规时,要进行“零点”和“满度”校准。

(4)使用电离规时,按电离真空计操作执行。

(5)测量过程中整个系统电源电压必须恒定。当真空度低于0.1Pa时,不能使用电离规。

4.5 真空电阻炉检漏

4.5.1 真空检漏

4.5.1.1 实漏与虚漏

真空系统漏气是客观存在的,漏气是绝对的,不漏是相对的,平常所说的不漏气是指采用的测量仪器检测不出来而已。在真空系统制造过程中,由于系统的安装不当,如密封不严;制造工艺存在问题,如焊接缺陷;真空材料本身存在缺陷都有可能导致系统漏气。真空系统漏气分为实漏和虚漏,实漏是气体通过系统上的漏孔或间隙从高压侧流到低压侧的现象;虚漏是相对实漏而言的一种物理现象,材料的放气、解吸、凝结气体的再蒸发、材料有孔洞以及系统内死空间中气体不断地漏向真空系统,使内部气体压力升高,而从外部又无法检测出来。所谓真空检漏就是检测真空系统的漏气部位及其漏率大小的过程,对真空电阻炉而言检测的是真空系统的实漏。

4.5.1.2 漏气的判别

判断真空系统是否漏气,可以用图4-13说明,先把炉内真空度抽至p_0,在此真空状态下,关闭泵和所有阀门,然后观察系统真空度的变化：

(1)真空度保持不变,图 4-13 中直线 1,说明真空系统不漏气。

(2)真空度开始降低很快,逐渐变慢,最后能保持一定真空状态不变,图 4-13 中曲线 2,说明真空系统主要是放气。

(3)真空度降低很快,而且不停地降低,图 4-13 中曲线 3,表明真空系统存在漏气。

(4)如果开始真空度降低很快,虽然后来变缓,但还继续地降,即最后不能保持一定真空状态不变,图 4-13 中曲线 4,说明系统不仅存在放气而且也存在漏气。

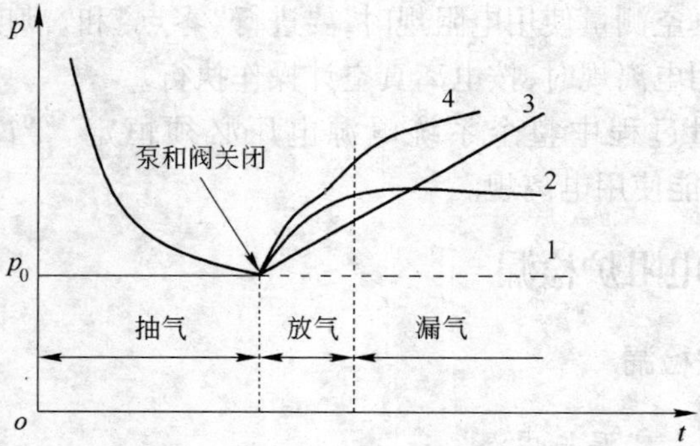

图 4-13　炉内静态时的真空度变化

4.5.1.3　真空检漏

真空系统的气密性表征了防止气体渗漏的性能,包括漏孔(或间隙)的漏气和材料的渗气,其优劣通常用漏率表示。漏率是单位时间内流过漏孔(包括间隙)的气体量。在国际标准中,漏率定义为:漏孔入口压力为 1.01×10^5 Pa,出口压力低于 1.33×10^3 Pa,温度为 23℃ ± 7℃ 的标准条件下,露点温度低于 −25℃ 的空气,单位时间内流过漏孔的气体量。

漏率的单位是帕斯卡 ×立方米/秒,记为 Pa · m^3/s。习惯上有时也用帕斯卡 ×升/秒,记为 Pa · L/s。

真空检漏的目的,不仅是判断系统是否漏气,定量地检测出漏率的大小,更重要的是找出漏孔的位置或漏气原因,以便采取措施进行修补。真空检漏的基本原理是利用真空系统内外的压差使气体流动并运用一定的技术手段检测出漏孔的位置。真空系统内部充有高于大气压力的气体,使气体由内向外流动进行检漏的方法称为正压检漏法,如图4-14所示,检漏仪器探头从外部探测示漏气体,从而确定漏孔位置及漏率。把真空系统抽成真空,从外部用喷嘴向系统喷射示漏气体,使气体由外向内流动,观察检漏仪读数变化,从而确定漏孔位置及漏率,如图4-15所示,这种检漏称为负压检漏法,也可称为真空检漏法。

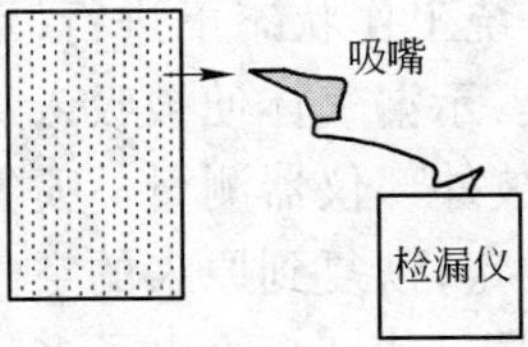

图4-14 正压检漏法

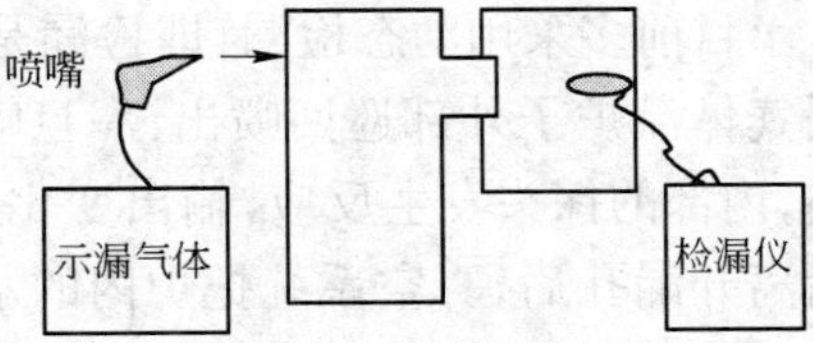

图4-15 负压检漏法

4.5.2 正压检漏法

正压检漏法是在真空电阻炉内充入一定压力的示漏气体,如果炉体或真空管道存在漏孔,示漏气体便从漏孔漏出。当漏率较大时,可通过观察漏孔处发生的现象来检查漏孔位置;如果漏率较小不便直接观察,可采用专用检漏仪器,靠近炉体或真空管道缓慢移动检漏仪器的探头,检测漏出的示漏气体,从而判定漏孔的位置及漏率的大小。真空电阻炉常用正压检漏法见表4-5。

表4-5 真空电阻炉正压检漏常用方法

检漏方法	工作条件	现　象	设　备
听声法	充入气体	咝咝声	人　耳
超声法	充入气体	超声波	超声波检测器
气泡法	涂抹皂液	产生皂泡	人　眼
卤素检漏	充卤素气体	读数变化 伴有声响	卤素检漏仪
氦质谱检漏	充氦气体	读数及声响频率的变化	氦质谱检漏仪

4.5.3　负压检漏法

负压检漏是把电阻炉抽成真空状态，在炉体或真空管道外部施加示漏气体，如果存在漏孔，示漏气体就会通过漏孔进入炉内，利用安装在炉内的气体探头检测出示漏气体来确定漏孔的位置，同时测量出漏率的大小。负压检漏分为静态检漏和动态检漏。采用静态检漏时，把电阻炉抽成真空状态后，关闭所有阀门和真空系统，用真空计进行检漏，这种方法可以确定漏孔的位置，但很难测量出漏率的大小。

目前多采用动态检漏，即检漏是在真空系统工作状态下进行，示漏气体沿炉子外部巡回喷出，一旦喷到漏气处，示漏气体便被吸入炉内，内部的探头发生反应，输出变化的电信号被外部仪器测量。喷气嘴离开漏孔后，真空系统把炉内的示漏气体抽走，恢复到原来的空气流，探头恢复原来状态，这样就确定了漏孔位置。表 4-6 给出了多种负压检漏方法，对真空电阻炉而言，真空计检漏法比较经济实用。

热传导真空计和电离真空计的读数与气体种类有关，只要选用合适的示漏气体，真空规管就变成了气敏探头，真空计也就成了检漏仪。热传导真空计遇到氢气、二氧化碳、丁烷、丙醚、乙醚、酒精等气体时，读数会发生变化，可用这些物质做示漏气体进行喷吹检漏。采用电离真空计检漏时，氢、氦、氩、苯、丁烷、丙醚、乙醚及丙酮等能使读数发生较大变化，因而可用它们做示漏气体。由于热传导真空计反应比较慢，就是反应快的电离真空计，由于示漏气体在真空系统内建立分压需要一定时间，巡回喷吹的速度都不能太快，而且还要判断是压力的变化还是真空计本身的漂移。检漏过程中，只有示漏气体离开后，真空计能恢复到原来的状态，该位置才是真正的漏孔。

表 4-6　真空电阻炉负压检漏常用方法

<table>
<tr><th colspan="2">检漏方法</th><th>工作压力/Pa</th><th>现　象</th><th>设　备</th></tr>
<tr><td colspan="2">静态升压</td><td>真空状态</td><td>压力上升</td><td>真空计</td></tr>
<tr><td rowspan="2">真空计</td><td>热传导真空计</td><td>$10^{3} \sim 10^{-1}$</td><td rowspan="2">采用示漏气体使真空计读数变化</td><td>热偶或电阻真空计</td></tr>
<tr><td>电离真空计</td><td>$10^{-2} \sim 10^{-6}$</td><td>电离真空计</td></tr>
<tr><td colspan="2">离子泵检漏</td><td>$10^{-5} \sim 10^{-7}$</td><td>示漏物质使离子流变化</td><td>离子泵</td></tr>
</table>

续表 4-6

检漏方法	工作压力/Pa	现 象	设 备
卤素检漏	$10 \sim 10^{-1}$	仪表读数变化	卤素检漏仪
氦质谱检漏	10^{-2}	读数及声响频率的变化	氦质谱检漏仪

4.5.4 氦质谱检漏

氦质谱检漏技术是真空检漏领域里不可缺少的一种技术，由于检漏效率高，简便易操作，仪器反应灵敏，精度高，不易受其他气体的干扰，在电阻炉检漏中得到了广泛应用。氦质谱检漏仪是根据质谱学原理，用氦气作示漏气体制成的气密性检测仪器。由离子源、分析器、收集器、冷阴极电离规组成的质谱室和抽气系统及电气部分等组成。质谱室里的灯丝发射出来的电子，在室内来回地振荡，并与室内气体和经漏孔进入室内的氦气相互碰撞使其电离成正离子，这些氦离子在加速电场作用下进入磁场，由于洛伦兹力作用产生偏转，形成圆弧形轨道，改变加速电压可使不同质量的离子通过磁场和接收缝到达接收极而被检测。氦质谱检漏仪的型号很多，图 4-16 就是其中的一种。喷氦法、吸氦法是氦质谱检漏仪在电阻炉检漏中最常用的两种方法。

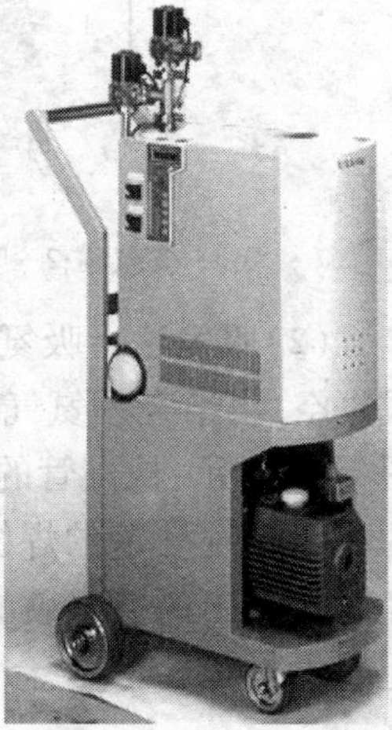

图 4-16 氦质谱检漏仪

(1)喷氦法。喷氦法是最常用的一种负压检漏方法，如图 4-17 所示。将电阻炉真空系统与检漏仪连通，电阻炉抽好真空后，在可能存在漏孔的地方，如密封接头，焊缝，炉盖密封处等，用喷枪喷氦。如果真空系统某处存在漏孔，当氦喷到漏孔上时，氦气立即会被吸入到真空系统并扩散到质谱室中，氦质谱检漏仪的输出就会立即有响应，从而检查出漏孔的位置。氦气是较轻的惰性气体，喷出后会自动上升。

为了准确检测漏孔位置，喷氦时应自上而下，相对检漏仪由近至远，这是因为在喷下方时氦气有可能被上方漏孔吸入，就很难确定漏孔的位置；再者漏孔离质谱室的距离不同，检漏仪反应时间也不同，所以喷氦应先从靠近检漏仪的一侧开始由近至远来进行。

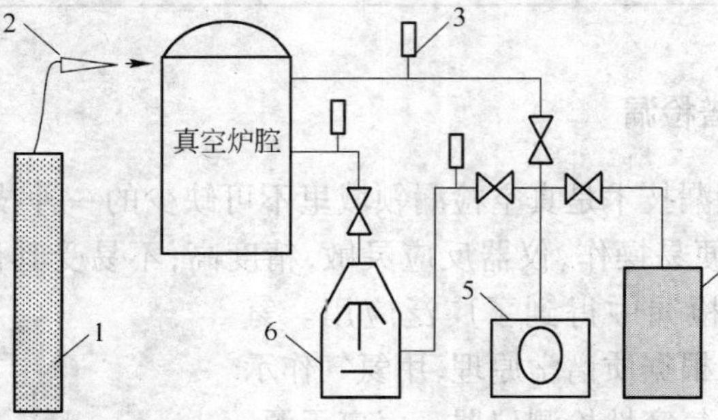

图 4-17 喷氦检漏法

1—氦气罐；2—喷嘴；3—规管；4—检漏仪；5—机械泵；6—扩散泵

(2)吸氦法。吸氦法属于正压检漏方法，先将真空电阻炉炉腔抽成真空，再给充入氦气，在氦质谱检漏仪的进气法兰处接上橡皮管，如图 4-18 所示，橡皮管的前端有直径很小的毛细管，使毛细管在充了氦的真空系统外壁的焊缝和密封接头等处移动，如果炉子存在有漏孔，经漏孔渗出的氦气就会被毛细管吸入，检漏仪就会响应，从而判别漏孔的位置。

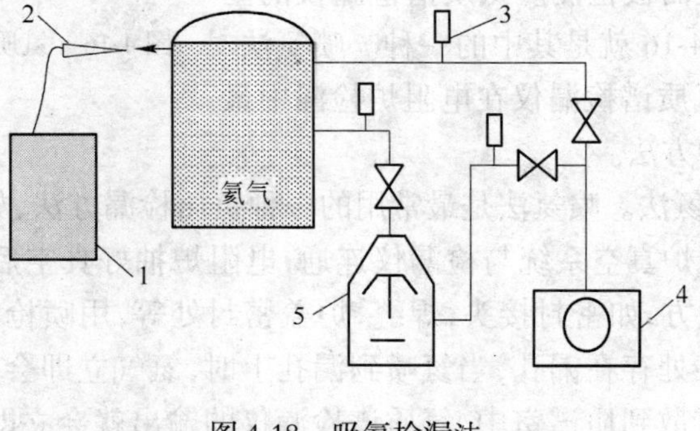

图 4-18 吸氦检漏法

1—检漏仪；2—喷嘴；3—规管；4—机械泵；5—扩散泵

复习思考题

1. 真空的基本特征是什么?
2. 国际单位制中的真空度单位是怎样定义的?
3. 常用真空度单位有几个?
4. 绝对真空计和相对真空计的主要区别是什么?
5. 真空压力表是根据什么原理测量压力的?
6. 使用真空压力表应注意哪些问题?
7. 什么是热传导真空计?
8. 怎样对热电阻真空计的“零点”和“满度”进行校准?
9. 怎样对热电偶真空计的“工作电流”进行校准?
10. 简述热阴极电离规管的结构。
11. 试问热阴极电离真空计在使用中应注意哪些问题?
12. 为什么要对电离规管进行“除气”?
13. 真空电阻炉常用的真空检漏方法有几种类型?
14. 利用氦质谱检漏时,喷氦法检漏的要点是什么?

5 电阻炉真空装置

学习目的：

了解机械泵、罗茨泵、扩散泵和分子泵的结构原理，掌握机械泵、罗茨泵、扩散泵和分子泵的使用、维护方法及常见故障处理，知道气体捕集器（冷阱）的作用，了解常用真空阀门及其结构。

真空电阻炉的真空是通过真空装置获得的，真空装置包括真空泵、真空管道、真空阀门以及其他真空元件等。本章主要重点介绍常用真空泵的结构和工作原理，使用维护注意事项，同时还简要介绍气体捕集器的作用和常用真空阀门的结构。

5.1 真空泵

5.1.1 真空泵及其类型

一个容器放在自然环境中，如果不改变其内部气体压强，那么容器内外部的气体压力达到平衡状态，在数值上等于大气压。要使容器内部达到真空状态，就必须排出容器内部的气体，使内部气体压强小于外部大气压。利用机械、物理、化学或物理化学的方法，把气体从容器中排出而获得真空的设备称为真空泵。真空泵按其工作原理的不同分为压缩型（变容型）和吸附型两类。压缩型真空泵工作原理是将泵的入口端的气体压缩到出口端，并排出至泵外。常见压缩型真空泵有：利用膨胀—压缩—排出过程的旋转式机械泵，利用涡轮叶片排除气体的涡轮分子泵等。吸附型真空泵的工作原理是将气体吸附在泵体内，已达到降低气体压强的目的。常见吸附型真空泵有：利用电离吸气作用的离子泵，利用物理或化学吸附作用的吸附泵、吸气泵和低温冷凝泵等。吸附型真空泵与压缩型真空泵最大不同是，吸附型真空泵并不是将气体排出泵外，而是贮存在泵内，前者所能达到的真空度比后者高，但抽速小，适用容器也较小。真空电阻炉采用的是压缩型真空泵，例如机械泵、罗茨泵以及扩散泵等。

各类真空泵都有自己的工作范围，有的泵可以直接从大气状态下开始工作，如机械泵、吸附泵，有些泵就不能直接从大气状态下开始工作，如扩散泵、分子泵、离子泵等，入口真空度必须达到一定数值时，才能开始工作。

5.1.2 真空泵的基本参数

真空泵的基本参数主要包括抽气速率、极限压强、最大工作压强和使用范围等。

(1)抽气速率。抽气速率也称为抽速，用 S 表示，是指在给定气体压强下，单位时间内气体通过进气口流入泵内的气体体积，即：

$$S = \frac{\Delta V}{\Delta t}\bigg|_{p = p_l}$$

式中 ΔV——Δt 时间内气体通过进气口流入泵内的气体体积；

p_l——进气口压强。

在国际单位制中，体积单位用立方米，时间单位用秒，则抽速的单位就是立方米/秒(m^3/s)。实际应用中，常用升表示体积，用秒表示时间，则抽速的单位就是升/秒(L/s)。

(2)极限压强 p_u。极限压强表示了泵自身的工作能力，是指泵对自身抽气时，经过足够长的时间抽气后，所能达到的最高真空度。

(3)最大工作压强。最大工作压强是指泵开始工作时的气体压强，如果压强超过此值，泵将不能正常工作，失去抽气能力。

(4)使用范围($p_1 \sim p_2$)。使用范围是指真空泵正常抽气时的真空度范围，具体说就是泵所能达到的真空度与启动时的真空度之差，图 5-1 中的 $p_1 \sim p_2$。

(5)抽速曲线(S-p 曲线)。抽速曲线是抽速 S 与压强 p 的关系曲线，如图 5-1 所示，在一定压强范围内，一般抽速都不是常数，而随压强变化。此曲线可以准确、综合地反映真空泵的性能，从曲线上能看到真空泵的工作压强范围 $p_1 \sim p_2$，抽速 S_0，极限压强 p_u 以及抽速与被抽气体种类之间的关系等。

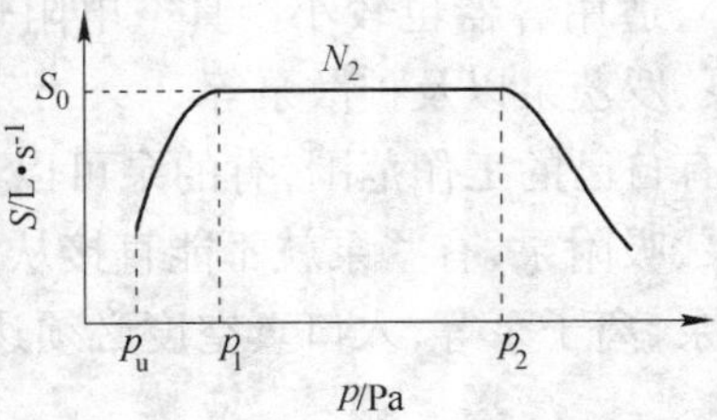

图 5-1　抽速与压强关系曲线示意图

5.2　机械泵

机械泵由电机和泵体两大部分组成。普通型机械泵由电机通过皮带带动泵轴旋转,如图 5-2a 所示;直连型机械泵是电机直接与泵轴连接,无中间传动环节,如图 5-2b 所示。机械泵是利用气体膨胀、压缩、排出的原理,把气体从容器里抽出的。之所以称之为机械泵,是因为它是利用机械的方法,周期性地改变泵内吸气腔的容积,使容器中的气体不断地通过泵的进气口膨胀到吸气腔中,然后通过压缩经排气口排出泵外。改变泵内吸气腔容积的方式有活塞往复式、定片式和旋片式,分别称为往复式机械泵、定片式机械泵和旋片式机械泵。由于实际应用中,

图 5-2　机械泵

a—普通型;b—直连型

1—电机;2—进气口;3—排气口;4—泵体;5—气镇阀;6—油窗

旋片式机械泵使用较多，现以旋片式机械泵为例说明其工作原理。

5.2.1 机械泵工作原理

旋片机械泵的结构如图5-3所示，主要由圆柱空腔定子、偏心转子、旋片、弹簧、顶盖和排气阀等零件组成。偏心转子的顶端始终保持与泵体定子内腔接触，当偏心转子旋转时，始终沿定子的内壁滑动。转子上开有两个滑槽如图5-3b所示，分别安装一个旋片，中间有一个弹簧，当旋片随转子旋转时，借助弹簧张力和离心力，使两旋片紧贴在定子内壁滑动。整个空腔放在油箱内。

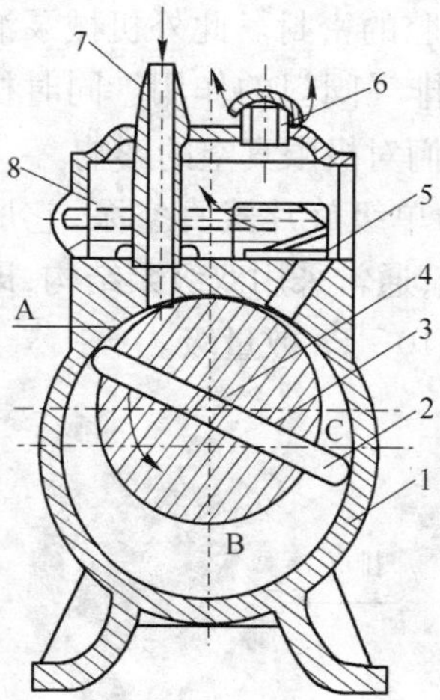

a

b

图5-3 机械泵结构

a—结构；b—偏心转子

1—泵体定子；2—旋片；3—偏心转子；4—弹簧；5—排气阀；

6—排气口；7—进气口；8—泵油

两个旋片把转子、定子内腔和定盖所围成的月牙形空间分隔成A、B、C三个部分，分别叫做吸气腔、压缩腔和排气腔。当转子按图示方向旋转时，与进气口相通的空间A的容积不断地增大，A空间的压强不断地降低，当A空间内的压强低于被抽容器内的压强，根据气体压强平衡的原理，被抽的气体不断地被抽进吸气腔A，此时压缩腔B空间的容积正逐渐减小，气体压力不断地增大，同时与排气口相通的排气腔 C 的容积进一步地减小，排气腔 C 的空间压强进一步地升高，当气体的压强大于排气压强时，被压缩的气体推开排气阀，穿过油箱内的油层而排至大气中。如图 5-4 所示，在泵的连续运转过程中，不断地进行着吸气、压缩、排气过程，从而达到连续抽气的目的。

显然转子的转速愈快，则泵的抽速愈大。机械泵的转速一般在 450～1400r/min 之间，因为转速太高，密封极为困难。排气阀浸在油里，以防止大气流入泵中。为保证吸气腔和排气腔之间不漏气，除保证紧密接触之外，还采用蒸气压力较低且有一定黏度的专用机械泵油，并使油通过泵体上的间隙、油孔及排气阀进入泵腔，使泵腔内所有运动的表面被油覆盖，形成了吸气腔与排气腔的密封。此外机械泵油还起着润滑和帮助在气体压强较低时打开排气阀门的作用。同时机械泵油还可充满了一切有害空间，以消除它们对极限真空的影响。

上面讨论的机械泵只有一个转子，称为单级旋片式真空泵，它所能达到的极限压强为 1Pa。为提高极限压强，通常采用双级泵结构，即将两个单级泵串联起来，可使极限压强达到 10^{-2}Pa 数量级。

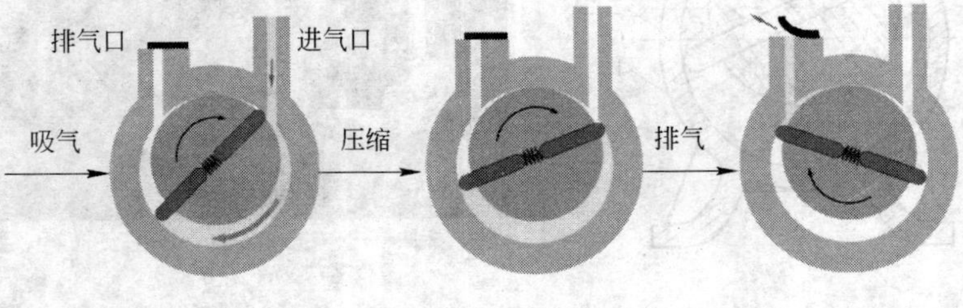

图 5-4　机械泵工作原理

5.2.2　气镇阀

真空炉中的空气湿度较大时，就会有一定量的可凝性气体，例如水蒸气、油蒸气等，如果这种可凝性气体的分压强超过了泵温时的饱和蒸气压，就会凝结并与油混合，随油一起循环。随着泵不断地运转，凝结物不断地增加，泵油被污染，结果使泵的极限真空下降和抽速降低。气体中湿度越大，泵油的污染就越严重，使泵的密封、润滑和冷却性能变差，以至于需要经常更换新油。解决问题的有效方法是采用气镇法，在机械泵上安装如图 5-5 所示的气镇阀装置，防止蒸气凝结，避

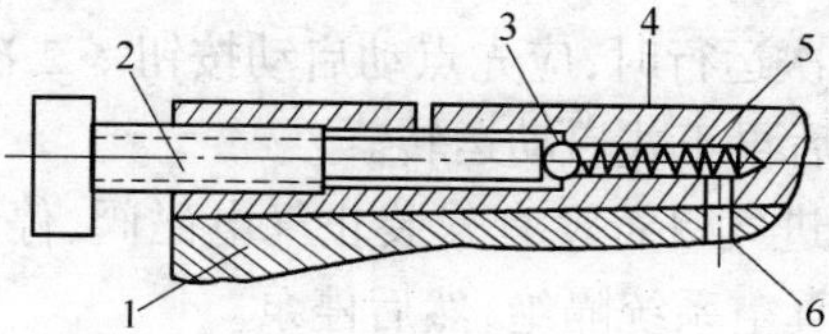

图 5-5 气镇阀的结构

1—泵体;2—调节螺杆;3—钢珠;4—盖板;5—弹簧;6—透孔

免泵油被污染。

机械泵开始工作时,打开气镇阀,将会有一股气流经过气镇孔进入泵的压缩腔中,气流的大小由气镇阀的调节螺杆控制,空气流在压缩过程中与被抽蒸气混合,形成蒸气和空气的混合物。在正常泵温状态下,混合物被压缩到排气压强时,蒸气分压强不会超过饱和蒸气压,因而蒸气也就不会凝结,便随空气一起排出泵外。

在抽气过程中,打开气镇阀,虽然达到了排除蒸气的目的,但因大气会漏入到泵的吸气端,影响泵的抽速与极限真空,使泵的极限真空度降低。因此,在使用带气镇阀的真空泵时,先打开气镇阀排除可凝性气体,等到基本抽出后,再关闭气镇阀。要达到泵原来的极限真空度,还需经过一段时间抽气。

加装了气镇装置的机械泵,不仅能抽出可凝性气体,而且还能净化泵油,如果泵油被少量凝结液污染,只要将泵进气口堵住,然后打开气镇阀,经一定时间抽气,泵油便能恢复原来的性能。

5.2.3 机械泵的使用及故障处理

5.2.3.1 机械泵使用注意事项

机械泵使用前,应仔细阅读产品使用说明书,认真查看使用注意事项,以便能正确使用和维护好机械泵。

(1)检查油位:油位应在油标中心,油位过低,对排气阀不能密封,影响真空度;油位过高,会造成启动时喷油。注意运转时,油位略有升高,属正常现象。

(2)首次启动机械泵时,要保证转子的旋转方向正确。判断转向的辅助方法,是在泵的进气口用软弹性胶皮封住,如启动泵后被吸住,则方向正确,否则错误。

(3)机械泵首次运行时,应先点动启动按钮一二次,以使泵腔内的油压至油箱内,然后再正式启动运转。

(4)机械泵的进气口若没有安装止气电磁阀,停泵前应先关闭进气口处的阀门,与真空系统隔绝,然后停泵。

(5)环境温度较高时,应加强通风散热,否则会由于油温升高,黏度下降,饱和蒸气压增大,导致极限真空度的下降。

(6)为防止因返油或反转而喷油,在开启进气口的情况下,按规定旋转方向用手把泵内存油盘到油箱中,同时查看油箱的油位,在油标中心以上即可,但不要装得太满,多了一定要放出。

(7)机械泵不能直接与低于13.33Pa压强的真空炉腔相连,否则机械泵的油蒸气将会返流到真空炉腔而造成污染。只有在机械泵与真空炉腔间安装有冷凝捕集器时,才允许机械泵与低于13.33Pa压强的真空室连接,这时捕集器可以防止油蒸气进入真空炉内。

(8)机械泵不能在大气压强下或较高压强下连续长时间工作,否则电机将会过热烧毁,且泵也会喷出油雾。

(9)如果在机械泵进气口配装有止气电磁阀,应保证电磁阀与泵同时动作。

(10)相对湿度较高或被抽气体中含水汽等可凝性蒸气时,应使用气镇阀。

(11)按说明书推荐选用机械泵真空泵油。

(12)接触有毒有害或有腐蚀性气体的机械泵,维修时应先进行清洗,并采取必要的防护措施,以保障维修人员的健康。

5.2.3.2 机械泵常见故障及处理

表5-1给出了机械泵常见故障现象、产生的原因以及解决方法。

表5-1 机械泵常见故障

	故障现象	原因分析	解决方法
1	泵不转,但能用手盘动	1. 联轴器故障; 2. 传动带打滑; 3. 电机接线有误; 4. 电机损坏; 5. 电源没电	1. 检查联轴器; 2. 更换传动带; 3. 正确连接电机接线; 4. 更换电机; 5. 检查电源电压

续表 5-1

	故障现象	原因分析	解决方法
2	泵不转,用手也盘不动或盘起来很重	1. 泵温低,泵油黏度太高; 2. 停泵时返油太多; 3. 油位太高引起返油太多; 4. 有水蒸气在泵中凝结; 5. 有异物在泵内; 6. 旋片变形卡住; 7. 转动部件发生了咬合	1. 选择合适的泵油; 2. 清除返油; 3. 清除返油并放油; 4. 清洗泵腔; 5. 取出异物; 6. 调整泵内旋片间隙; 7. 维修泵体
3	泵体温度太高	1. 缺油; 2. 进气与排气口错误连接; 3. 环境温度达到或超过油蒸气压; 4. 油蒸气压低于指标; 5. 工作气体温度过高; 6. 长期连续运转在高压下	1. 加油; 2. 正确连接抽排气口; 3. 降低环境温度并注意空气流通; 4. 更换符合要求的油; 5. 更改工艺或冷却; 6. 检查进气压力
4	漏油	1. 密封件老化或损坏失效; 2. 密封件安装不当	1. 更换密封件; 2. 重新安装
5	电机发热	1. 长期连续运转在高压下; 2. 排气压力太高; 3. 杂物进入发生咬合; 4. 泵温太高; 5. 旋片等配合间隙太小; 6. 电源电压太高; 7. 电源缺相; 8. 电机故障	1. 检查进气口压力; 2. 检查排气压力; 3. 取出杂物; 4. 按泵温太高处理; 5. 调整泵内旋片间隙; 6. 检查电源电压; 7. 检查电源; 8. 维修或更换电机
6	极限真空达不到	1. 气镇阀开启; 2. 抽气管太细; 3. 真空系统有泄漏处; 4. 真空阀门问题; 5. 油不合适; 6. 油被污染或油量太少; 7. 轴上油封损坏; 8. 挡板安装错误; 9. 排气阀破损; 10. 真空计测量不准或损坏	1. 关闭气镇阀; 2. 更换合适直径的抽气管; 3. 检查系统漏点; 4. 检查真空阀门; 5. 使用符合规定的油; 6. 换油或加油; 7. 更换油封; 8. 拆下正确安装; 9. 更换排气阀; 10. 检修真空计

续表 5-1

	故障现象	原因分析	解决方法
7	噪声太大	1. 连接件损坏； 2. 缺油； 3. 泵被磨损或损坏； 4. 旋片损坏； 5. 电机轴承出现问题	1. 更换连接件； 2. 加油； 3. 检修或更换； 4. 更换旋片； 5. 检修电机
8	系统内返油	1. 油蒸气返流至真空管路或炉内； 2. 油蒸气压不对； 3. 停泵时，油返流； 4. 截流阀板的密封件损坏； 5. 抽气管路底部密封件腐蚀或损坏	1. 清洗泵后，换符合要求的油； 2. 更换符合要求的油； 3. 检查并更换截流阀； 4. 更换截流阀板； 5. 更换抽气管路，检修密封件
9	烟尘或油雾过重	1. 油量过多； 2. 气镇阀开启； 3. 滤油网损不	1. 减少油量； 2. 关闭气镇阀； 3. 更换滤油网
10	油颜色变深或浑浊	1. 泵油受到污染； 2. 泵油不合适； 3. 泵油不足； 4. 真空漏率过大	1. 更换泵油或清洗； 2. 清洗后用规定泵油； 3. 加注足量泵油； 4. 检修泄漏处
11	排出废气在泵附近泄漏	1. 排气口 O 形密封圈损坏； 2. 油箱表面密封垫损坏； 3. 泵体表面密封垫损坏	1. 更换新型密封圈； 2. 更换表面密封垫； 3. 更换表面密封垫
12	抽气速率太低	1. 抽气与排气管直径太小或管长度太长； 2. 泵油被污染； 3. 阀门破损； 4. 进气口滤网被堵塞； 5. 泵油不对； 6. 真空系统泄漏	1. 更换成符合要求管线； 2. 更换泵油； 3. 更换阀门； 4. 清洗滤网； 5. 按要求更换泵油； 6. 检修泄漏处

5.3 罗茨泵

罗茨泵也是一种旋转式变容真空泵,如图 5-6a 所示,极限真空度可达 5×10^{-2}Pa,最大特点是在较低入口压力时具有较高的抽气速率,因此使用罗茨泵的目的是为了提高系统的抽气速率。

5.3.1 罗茨泵工作原理

图 5-6b 是罗茨泵的内部结构图,有两个类似于“8”字形的转子,相互垂直地安装在一对平行轴上,由传动比为 1 的一对齿轮带动转子同步转动,但转动方向相反。其工作原理可以用图 5-7 说明,在气体进入泵内后,随着转子的高速旋转,气体经历图 5-7 中的 a、b、c、d 过程

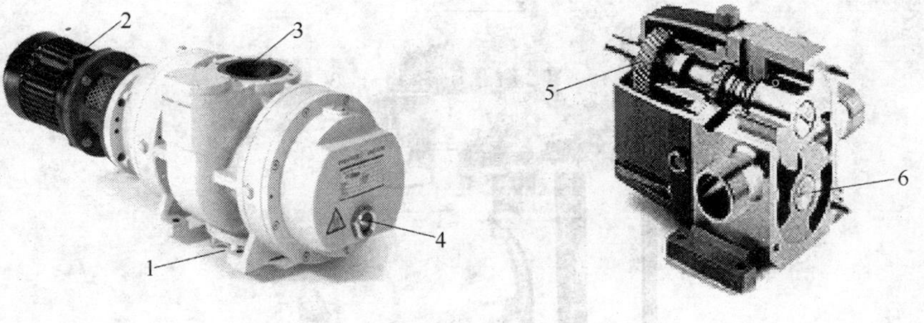

a　　b

图 5-6　罗茨泵

a—罗茨泵;b—罗茨泵结构

1—排气口;2—电机;3—进气口;4—油窗;5—传动;6—“8”字转子

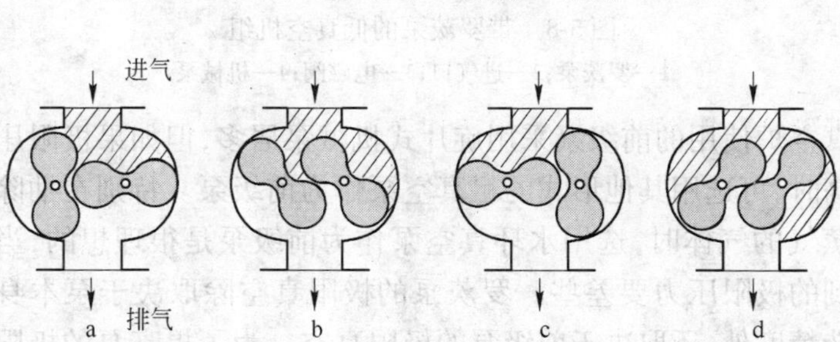

图 5-7　罗茨泵工作原理

排出泵外,最终被前级泵排出。可以看出,罗茨泵与机械泵不同,没有对气体的压缩过程,是一种无内压缩的真空泵。因此罗茨泵不能单独对外部大气排气,必须配以前级真空泵同时工作,由前级真空泵把罗茨泵排出的气体抽走。

罗茨泵与前级真空泵直接串联使用,图 5-8 就是罗茨泵与旋片式机械泵组成的真空机组,机械泵作为前级泵。工作过程中首先启动机械泵,待被抽系统中的压力抽到罗茨泵允许入口压力时,罗茨泵才能开始工作,入口压力通过低真空规管测量,一般在 2kPa 左右。罗茨泵不允许在高压差下工作,否则将会过载和过热而损坏。为了避免烧坏罗茨泵,除合理地选用前级真空泵外,一般在其内部设计有旁路保护阀门,当过载保护阀门两边的压力差大于几千 Pa 时,阀门自动打开,减轻转子负载,起到保护罗茨泵的作用。

图 5-8　带罗茨泵的低真空机组

1—罗茨泵;2—进气口;3—电磁阀;4—机械泵

真空炉使用的前级泵采用旋片式机械泵居多,但如果极限压力要求不高时,可选用其他形式的粗真空泵作为前级泵。特别在抽除有大量水蒸气的气体时,选用水环真空泵作为前级泵是很理想的,当然所能达到的极限压力要差些。罗茨泵的极限真空除取决于泵本身结构和制造精度外,还取决于前级泵的极限真空。为了提高泵的极限真空度,可将罗茨泵多级串联使用。

5.3.2 罗茨泵维护及故障处理

5.3.2.1 罗茨泵维护与保养

(1)油位应符合要求,因为油位过高将会导致泵体温度升高,而油位过低会造成润滑不良。

(2)经常检查泵体温度,防止过载烧坏罗茨泵。

(3)检查电机与泵体的联轴器弹性体。

(4)检查转子是否存在微量磨损,及时进行调整。

(5)检查泵工作压差,应在旁通阀允许的压差范围内,否则会烧坏电机。

(6)维修罗茨泵时,拆下的零件用汽油、四氯化碳或乙醚清洗,干燥后才能装配,注意密封面的平整光洁,否则会引起再装配后漏气。

(7)装配时要注意转子两端与左右侧盖的间隙,转子与转子、转子与泵体的间隙按规定要求调整。

(8)泵体左、右侧盖之间的结合面均采用107树脂密封。

5.3.2.2 罗茨泵常见故障

罗茨泵常见故障现象、产生的原因以及解决方法见表5-2。

表5-2 罗茨泵常见故障

	故 障	原因分析	消除方法
1	极限压力达不到	1. 管道、系统漏气; 2. 前级泵极限压力下降; 3. 润滑油太脏或型号不对; 4. 油封磨损	1. 系统检漏; 2. 检修或更换前级泵; 3. 调换润滑油; 4. 调换油封
2	抽速不足	1. 管道通气能力不够; 2. 前级泵抽速下降	1. 增大管道通气能力; 2. 检修或更换前级泵
3	电动机过载	1. 入口压力过高; 2. 转子端面与端盖单面接触; 3. 前级泵返油到罗茨泵内	1. 延长前级泵抽气时间使之达到入口压力; 2. 调整转子端面间隙; 3. 防返油装置

续表 5-2

	故 障	原因分析	消除方法
4	泵体过热	1. 选择的前级泵抽速不够,造成压缩比过大; 2. 入口压力过高; 3. 冷却不良; 4. 齿轮箱润滑油过多; 5. 转子与泵壳接触; 6. 齿轮、轴承、油封润滑不良	1. 重新选用前级泵; 2. 延长前级泵抽气时间使之达到入口压力; 3. 检查冷却装置; 4. 排除部分油量; 5. 进行调整与维修; 6. 保证油量,检查润滑
5	声音异常	1. 装配不良; 2. 导向齿轮与转子位置偏移,使转子相碰; 3. 入口压力过高; 4. 过载或润滑不良造成对齿轮的损伤; 5. 轴承磨损	1. 重装; 2. 调整相对位置,保证间隙; 3. 延长前级泵抽气时间使之达到入口压力; 4. 检查过载、润滑情况,必要时更换齿轮; 5. 调换轴承
6	轴承、齿轮磨损严重	1. 润滑油不良; 2. 润滑油不足	1. 更换润滑油; 2. 补充润滑油

5.4 油扩散泵

机械泵并不能获得较高的真空度,要获得更高的真空度,可采用扩散泵,并与机械泵构成高真空机组,如图 5-9a 所示。机械泵作为扩散泵的前置泵,高真空机组的工作真空度可达 $10^{-2} \sim 10^{-5}$ Pa。扩散泵工作时,内有高速流动的蒸气流,被抽气体扩散到蒸气流中,然后被蒸气流带往排气口,达到抽气的目的,因此扩散泵又称为蒸气射流泵。蒸气流由工作介质油经过加热产生,这种利用油作为工作介质的扩散泵叫做油扩散泵,如图 5-9b 所示。

5.4.1 油扩散泵工作原理

5.4.1.1 工作原理

油扩散泵的工作原理如图 5-10 所示,上部为进气口,通过主阀门

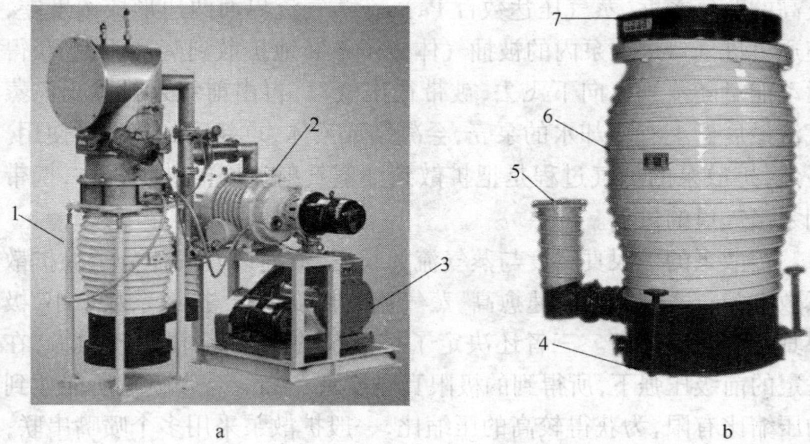

图 5-9 扩散泵

a—高真空机组；b—扩散泵

1—扩散泵；2—罗茨泵；3—机械泵；4—加热器；5—排气口；6—冷却水；7—进气口

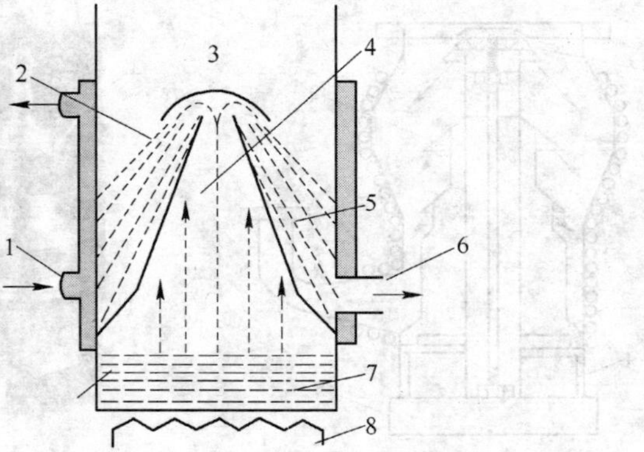

图 5-10 油扩散泵工作原理

1—冷却水；2—喷嘴；3—进气口；4—导流管；5—蒸气流；

6—排气口；7—泵油；8—加热器

与真空炉腔相连，右下方是与前级泵连接的出气口，底部贮有扩散泵油的蒸发室，中间是带有导流管的伞形喷嘴，金属外壳周围安装有冷却水管，扩散泵油靠蒸发室下面的电炉加热。当扩散泵油被电炉加热后，产生的蒸气流沿着导流管，经伞形喷嘴向下喷出，由于蒸气流具有较高的蒸气密度(蒸气压达数百 Pa)，在蒸气流界面两边形成浓度差，使通过进气口进入泵内的被抽气体分子不断地扩散到蒸气流中，获得运动能量随蒸气流向下飞去，被带往出气口，再由前级泵排除出。蒸气流最后碰上有冷却水的泵壳，会凝结成液体，重新回到蒸发室使用。显然，扩散泵的抽气过程是把扩散到油蒸气射流中的被抽气体，携带到泵出气口的过程。

扩散泵的极限真空度与蒸气流的长度、流速以及气体分子的扩散系数有关。蒸气流的流速愈高，蒸气流的长度愈长，扩散系数愈小，极限真空度也就愈高。三者还决定了扩散泵的压缩比，压缩比愈大，在一定的前级压强下，所得到的极限真空度就愈高。一个喷嘴所能达到的压缩比有限，为获得较高的压缩比，一般扩散泵采用多个喷嘴串联，这样的泵叫做多极扩散泵，图 5-11 就是有三个喷嘴的扩散泵，称为三级泵，总的压缩比是各喷嘴压缩比的乘积，这样可以获得更高的极限真空度，但实际上扩散泵的极限真空度最后由扩散泵油的饱和气压决定。

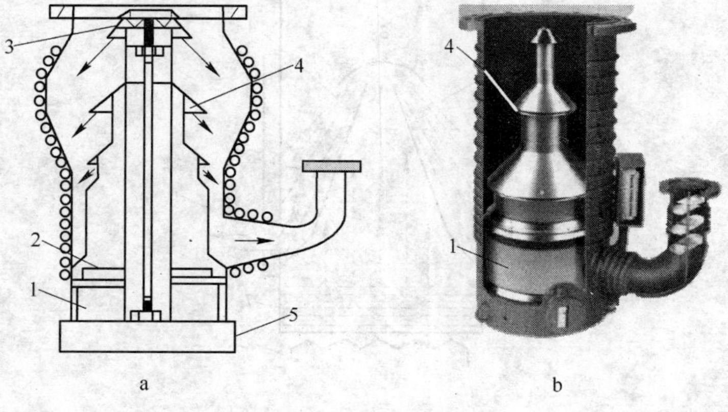

图 5-11　多级扩散泵结构

a—工作原理；b—内结构

1—蒸发室；2—防溅板；3—冷帽；4—多级喷嘴；5—加热器

增大蒸气流的流速和喷嘴处的环形截面积可以提高扩散泵的抽速。多级泵的下级喷嘴的排气量要大于上级的排气量，以便能使上级排出的气体顺利地被抽走，结果扩散泵的抽速就由最上级的喷嘴抽速决定。

5.4.1.2 挡油帽

扩散泵在工作过程中,油蒸气会向被抽炉腔返流,对炉腔及被处理工件造成污染。返流油蒸气主要来源于扩散泵顶喷嘴表面上油膜的再蒸发。在喷嘴内表面上的泵油能浸润外表面达数毫米,这部分油膜会大量蒸发,返流到真空炉腔。通常在泵芯的一级喷嘴上面设置挡油帽,如图5-12所示,阻挡油蒸气流向真空炉腔,大大降低油蒸气的返流。扩散泵加挡油帽后,抽速会降低,以牺牲20%抽速使返油率降低到0.1%~1%,尽管如此,挡油帽仍是现代扩散泵所必备的部件。

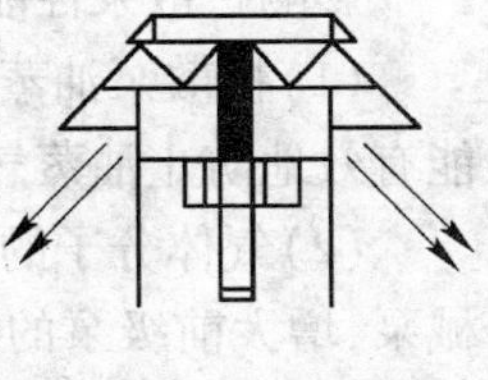

图5-12 扩散泵挡油帽

5.4.1.3 扩散泵油

作为工作介质的扩散泵油有着特殊的要求,首先应当在室温下,饱和蒸气压足够小,以提高扩散泵的极限真空度;其次是在工作温度下,具有较高的饱和蒸气压,以得到高浓度的蒸气。扩散泵油同时还要满足热稳定性、化学稳定性及抗氧化性好的要求。表5-3给出了一些常用扩散泵油的主要数据。

表5-3 常用扩散泵油的数据

名称	分子相对质量	25℃蒸气压/Pa	极限真空度/Pa
1号扩散泵油		533.29×10^{-5}	$<266.644\times10^{-5}$
2号扩散泵油		266.644×10^{-5}	$<666.61\times10^{-7}$
3号扩散泵油	458	213.32×10^{-5}	$<666.61\times10^{-7}$
扩-中-1油	434	279.98×10^{-7}	
扩-轻-1油	411	786.60×10^{-8}	
阿皮松C油	574	133.322×10^{-8}	133.322×10^{-8}
274硅油	434	839.93×10^{-8}	133.322×10^{-8}
275硅油	546	239.98×10^{-8}	133.322×10^{-10}
276硅油	640	959.92×10^{-9}	133.322×10^{-10}

5.4.2 油扩散泵的使用与维护

5.4.2.1 影响扩散泵性能的主要因素

影响扩散泵性能的主要因素有：

(1)扩散泵油蒸气的返流，解决的方法是在真空系统上加装冷阱，能有效地防止油蒸气的返流。

(2)气体分子的反扩散，通过在高真空机组中增加罗茨泵或双机械泵，增大前级泵的抽速，降低扩散泵出气口的压力，这样不仅可减少气体分子的反扩散，而且还能减少油蒸气的返流。

(3)扩散泵油的裂化分解，采用合格的扩散泵油防止裂化分解。

(4)扩散泵脏化，污染物留在泵内重复循环，应对扩散泵进行清洗，并更换泵油。

5.4.2.2 使用注意事项

(1)定期检查泵的性能，更换符合要求的扩散泵油，参见使用说明书。

(2)扩散泵加热前及工作过程中冷却水必须保证畅通，停止加热后，必须保证泵油已完全冷却后才能关闭冷却水，具体冷却到什么温度才关闭冷却水，详见说明书。

(3)扩散泵停止工作时，泵内应保持真空状态，避免放入大气造成泵油氧化，以延长泵油寿命。

(4)只有达到扩散泵的前级真空度时，才能进行加热，否则会加速泵油的氧化。

(5)被抽的应当是干燥、无腐蚀、无灰尘气体。

(6)如果扩散泵正常工作时真空度突然下降，应首先检查加热器是否断路，再检查是否存在漏点。

(7)新安装的扩散泵达不到极限真空度，应检查密封是否可靠，装配是否正确。

(8)扩散泵工作过程中，应注意前级机械泵的工作情况，因为前级机械泵变坏后，直接影响油扩散泵的正常工作。

(9)要求机械泵的极限压力应比扩散泵前级压力低一个数量级。

5.4.2.3 保养注意事项

(1)油扩散泵安装或维修时应垂直放置,使泵芯部件处于正常工作状态。

(2)清洗零件及泵腔时,先用航空汽油清洗,然后用丝绸蘸乙醚或丙酮进行擦洗,并置于 80 ~100℃下烘干或用电吹风吹干。

(3)清洗完毕后,按顺序进行装配,注意保持泵芯与泵底垂直,并与泵腔同心,各级喷嘴间隙要按原要求调整好。

(4)连接密封处,橡胶密封应可靠。

(5)扩散泵如暂时不用,保管期间应在室温保持真空状态,以免泵油污染和零件腐蚀,并将冷却水套内的剩水吹净。

(6)在长期工作后,泵性能逐渐变坏,应检查油量是否减少或氧化,必要时增添油量,更换新油时要清洗后烘干。

5.5 分子泵

分子泵的抽气机理与机械泵靠泵腔容积变化进行抽气的机理不同,利用了动量传递原理,使分子定向流动而被排出泵外,从而达到抽气的目的。

5.5.1 分子泵工作原理

分子泵在电机的带动下高速旋转,采用变频电源驱动电机,目的是得到较高的转速。在分子流区域内,气体分子与高速转到的叶片表面碰撞,动量传递给气体分子,使部分气体分子在刚体表面的运动方向上,产生定向流动而被排出泵外,从而达到抽气的目的。通常把用高速运动的刚体表面携带气体分子,并使其按一定方向运动的现象称为分子牵引现象,利用这一现象制成的真空泵称为牵引分子泵(盖德泵)。牵引分子泵的优点是启动时间短,在分子流态下有很高的压缩比,能抽除各种气体和蒸气,特别适于抽除较重的气体。但由于牵引分子泵抽速小,密封间隙太小,工作可靠性较差,易出机械故障,而且制造困难,实际上很少应用。后来对牵引分子泵进行了改进,出现了涡轮分子泵,如图 5-13 所示。

涡轮分子泵内有多组相间动轮叶和定轮叶,每一个轮叶上有许多按一定角度斜置的叶片，如图5-14所示。实际的涡轮分子泵都是由多级叶列串联组成，即按动片、定片、动片等依次交替排列，见图5-13。动叶片转动时又类似于电风扇叶片的作用，能将气体从一侧抽到另一侧。提高分子泵的转速，有利于提高分子泵的抽速。由于叶片转速限制，如果气体分子运动速度较大，泵抽真空就比较困难。

图5-13　涡轮分子泵

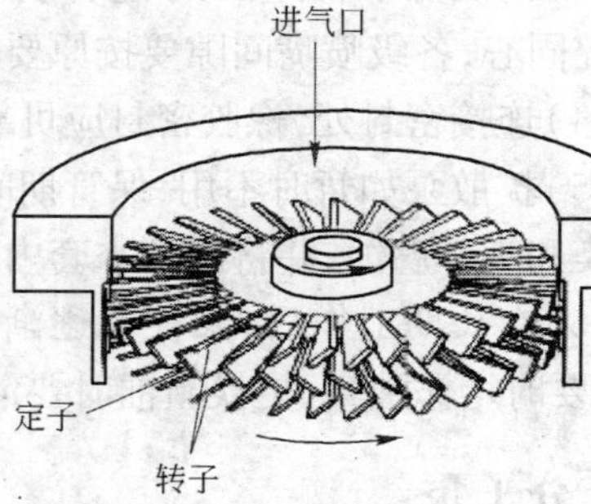

图5-14　分子泵工作原理

可以看出，涡轮分子泵也是一种机械式真空泵，通过高速旋转的多级涡轮转子叶片和静止叶片的组合进行抽气的，在分子流区域内对被抽气体产生很高的压缩比，从而获得所需要的真空性能。涡轮分子泵极限真空比扩散泵高，可达10^{-8}Pa。正常工作时需要一定的前级真空度，其真空度高低视泵不同略有差异，一般在1～200Pa之间，可采用机械泵作为前级泵，图4-15a就是由分子泵和机械泵组成的高真空机组。由于涡轮分子泵的转速高，通常用中频电机带动，中频电源的频率在300～400Hz之间。涡轮分子泵一般采用水冷方式。

复合式分子泵是涡轮分子泵与牵引分子泵的串联组合，如图5-15b所示，集两种泵的优点于一体，能在很宽的压力范围10^{-6}～1Pa内，具有较大的抽速和较高的压缩比，大大提高了泵的出口压力。

5.5.2　分子泵的使用与维护

5.5.2.1　使用注意事项

（1）分子泵不能在前级泵工作时（前级管道接通）和真空室处于真空状态时将涡轮分子泵停掉，否则将会使油蒸气迅速从前级管路返

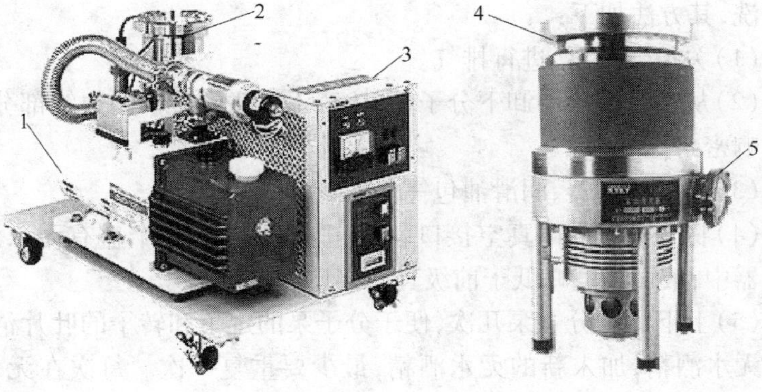

a b

图 5-15 分子泵机组

a—分子泵机组;b—复合分子泵

1—机械泵;2—分子泵;3—变频电源;4—进气口;5—排气口

流到泵内。

(2)分子泵系统充干燥气体前,一定要先将分子泵冷却水关闭,且要从泵的高真空端充气。绝不能从泵的前级管路进行充气。

(3)分子泵工作时严禁大气量气体进入泵内,否则会导致分子泵损坏。

(4)分子泵是高速旋转的精密设备,抗振动或冲击能力较弱,因此应避免与振动或冲击强烈设备接触。

(5)不能让涡轮分子泵在低于额定工作转速下运转。

(6)分子泵入口应装设防护网,以避免异物进入泵内损坏泵转子和定子叶片。

(7)分子泵不宜长时间保持真空状态,防止前级泵油反扩散到分子泵内。

(8)分子泵停止后,应关闭冷却水,以防止在泵内形成冷凝水。

5.5.2.2 分子泵的清洗

分子泵的清洗非常重要,如果前级泵没有问题,而真空在规定的时间内没有达到规定的真空度,在排除漏气的情况下,说明分子泵内部脏化了,就需要进行清洗。分子泵的清洗分为直接进行清洗和拆卸清洗,前者适用于内部不太脏,后者用于内部严重脏化。经常采用直

接清洗,其方法如下:

(1)关掉分子泵,进行排气。

(2)从设备上小心卸下分子泵,注意不要碰到接口的边缘部分,以免影响密封性。

(3)卸下冷却器、润滑油包等。

(4)将分子泵的高真空接口朝下,垂直地放入一个盛有无水酒精的容器中,液面高度略低于前级真空接口。

(5)上下活动分子泵几次,便于分子泵的定子和转子的叶片清洗。换掉无水酒精,加入新的无水酒精,最少要重复一次。每次在无水酒精中浸泡大概5~10min。

(6)取出分子泵,将高真空接口朝上,再缓慢放平,以便排出磁性轴承中的酒精。

(7)用一个网格放在高真空接口上,然后朝下放置30min以上,排出清洗酒精,注意接口的密封表面不要损伤。

(8)接上前级真空泵,在关闭分子泵的情况下,利用前级泵抽真空,使真空度达到大概10^{-1}Pa左右,以便完全清除分子泵中残留的无水酒精。

(9)因前级真空泵中有酒精,需更换前级泵真空油。

(10)接上分子泵开始工作,因为经过处理后,分子泵中仍有残留的酒精存在,因此第一次抽真空比较慢,属于正常情况。

5.5.2.3 分子泵常见故障

分子泵常见故障及排除方法见表5-4。

表5-4 分子泵常见故障及排除

	故障	原因	消除方法
1	涡轮叶片损坏	1. 泵口过滤网损坏,杂物进入泵内; 2. 工作时泵口突然暴露在大气中	1. 换装过滤网; 2. 加装自动保护装置,以便及时切断控制电源
2	泵不能启动	1. 中频电源故障; 2. 电缆连接不良; 3. 泵内部问题	1. 维修电源; 2. 检查电缆连接; 3. 维修、检查泵

续表5-4

	故障	原因	消除方法
3	振动或噪声较大	1. 油污染或润滑油不足； 2. 产生了共振； 3. 动平衡破坏； 4. 轴承损坏	1. 换油或加油； 2. 改变安装位置及方法； 3. 送制造厂修理； 4. 更换轴承
4	真空度降低	1. 前级真空管道漏气； 2. 高真空管道漏气； 3. 规管出气量大； 4. 前级泵工作不正常	1. 检查前级真空管道密封圈； 2. 检查密封件； 3. 按要求对规管进行除气； 4. 维修或更换前级泵
5	烘烤后达不到极限真空度	1. 泵的转速不够； 2. 前级真空度太低； 3. 前级抽速太低； 4. 泵被污染	1. 检查电源，频率误差±1%； 2. 前级真空度应高于5Pa； 3. 检查前级泵及前级阀； 4. 应对泵进行清洗

5.6 气体捕集器

捕集器俗称为阱，用来捕集真空系统中的可凝性蒸气，例如油蒸气、水蒸气等。真空电阻炉的真空系统，通常由油封机械泵和油扩散泵组成，以真空油为工作液体，必然存在着工作液的蒸气，这些蒸气进入真空炉腔后，不仅使真空度降低，而且还氧化电热元件和被处理工件，污染真空系统。为了减少乃至消除这些有害蒸气，在可能存在油蒸气污染的真空系统中，广泛使用捕集器。

捕集器的种类很多，根据捕集蒸气的原理和方法不同，捕集器可分为机械捕集器，冷凝捕集器，吸附捕集器和其他类型的捕集器(如电捕集器，热捕集器，离子捕集器)等。真空电阻炉常用的是机械捕集器和冷凝捕集器。

5.6.1 机械捕集器

机械捕集器又称挡板、障板、机械阱，采用机械方法防止扩散泵油蒸气分子返流，进入被抽真空炉腔。图5-16a 就是机械捕集器中的一种,百叶窗式水冷捕集器。在一般情况下,返流的蒸气分子先碰撞真空管壁并吸留,由于热运动而被管壁吸留的分子又蒸发,并在更接近炉腔的管壁上被吸留,然后再蒸发,这样蒸气分子逐步进入炉腔中。如果在扩散泵与炉腔之间的管路上,安装不同结构的具有光学密闭性的板状组件,阻挡住蒸气分子穿越,在壁板上凝结或被反射回去,防止蒸气分子逐步进入炉腔中。这种用机械阻挡的方法,消除或减少蒸气分子进入被抽炉腔,适用于对真空度有更高要求的真空电阻炉。

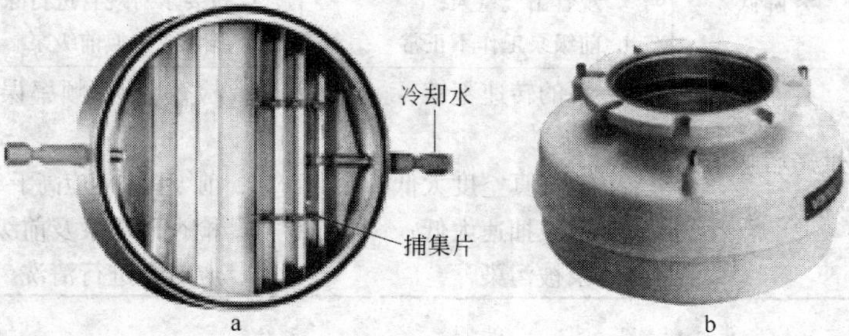

图 5-16　水冷捕集器

a—百叶窗式捕集器;b—水冷阱

5.6.2　冷凝捕集器

冷凝捕集器又称冷阱,利用低温冷壁来捕集可凝性蒸气。常见的冷阱有液体式和机械式,液体式采用水或液氮为冷却剂,图 5-16b 是水冷凝捕集器,图 5-17 是中心带液氮罐的冷凝捕集器。机械式采用压缩机冷却。冷阱被广泛应用于高真空和超高真空系统中,安装在主泵入口和炉腔之间的管路上。冷阱不仅能有效地捕集来自扩散泵的返流蒸气和部分裂解物,而且还可抽除来自真空容器内的可凝性蒸气。冷阱对蒸气分子的捕集效果,取决于冷壁温度,冷阱冷凝面积及冷阱的结构。低温冷壁的温度愈低效果愈好。真空炉采用的冷阱有金属冷阱和玻璃冷阱两类。在使用冷阱加入冷剂前,一定要将炉腔抽空到足够低的压强,使可凝性气体被大量排除后再加入冷剂,可使炉内真空度达到最佳。在工作过程中要消耗制冷剂,因此注意添加制冷剂。

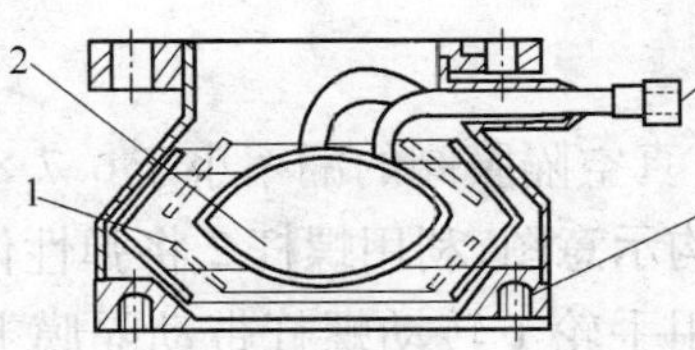

图 5-17 液氮罐冷凝捕集器

1—捕集片;2—液氮罐;3—液氮口;4—法兰

5.7 真空阀门

5.7.1 真空阀门的作用及类型

5.7.1.1 真空阀门的作用

在真空系统中,用来切断或接通气路,改变气流方向,调节气流量大小及定量供气的真空元件称为真空阀门。对真空阀门的基本要求是不漏气,具有大的流导,且自身放气率小。真空阀门主要由开启/关闭装置、操作装置及密封装置构成。开启/关闭装置在关闭时密封性要好。操作装置分为手动、电动、电磁、气动控制等,要求操作方便且不漏气。密封装置保证阀门进行关闭或打开操作时不漏气。

5.7.1.2 真空阀门的种类

真空阀门的种类繁多,通常按阀门的结构型式、驱动方式、材料和用途进行分类,其分类见表 5-5。国家标准对真空阀门的型号及编制方法都作了规定,可查阅有关标准。

表 5-5 真空阀门分类

序号	分类方法	名 称
1	阀门种类	低真空阀门、高真空阀门、超高真空阀门
2	结构形式	挡板阀、翻板阀、碟阀、隔板阀、针阀、插板阀
3	驱动方式	手动阀、电动阀、电磁阀、气动阀、液压阀
4	材 料	金属真空阀、玻璃真空活塞、塑料阀
5	用 途	截止阀、隔离阀、放气阀、节流阀、换向阀
6	通道方式	脚阀、直通阀、双通阀、三通阀、四通阀

5.7.2　常用真空阀门

(1)真空隔膜阀。真空隔膜阀的漏率小于 6.7×10^{-4} Pa · L/s。图 5-18 是真空隔膜阀结构示意图,利用螺杆 2 将弹性体隔膜 3 紧压在底座上来隔断气路。利用手轮 1 转动螺杆带动隔膜上、下移动,使隔膜离开底座打开阀门或使隔膜紧压在底座上关闭阀门。隔膜阀适用于前级阀,安装在预抽真空管道上。隔膜多采用丁晴橡胶,使用温度一般为 −25 ~80℃之间,如采用氟橡胶隔膜,也可用于高真空系统,温度范围扩大为 −30 ~150℃。适用于非腐蚀性气体。

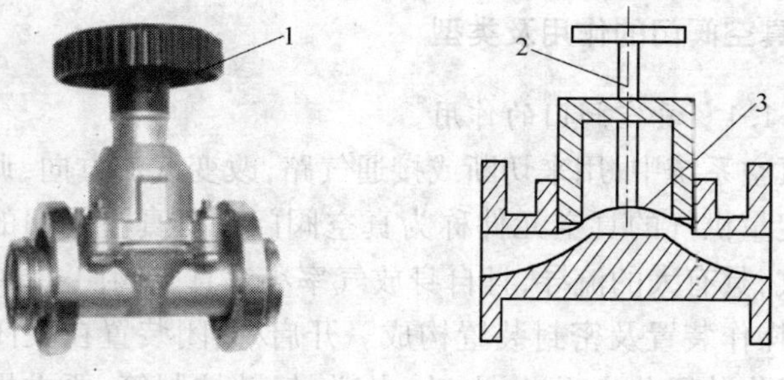

图 5-18　真空隔膜阀

1—手轮;2—螺杆;3—隔膜

(2)真空球阀。真空球阀的漏率小于 1.3×10^{-3} Pa · L/s。图5-19 是真空球阀的结构,阀门的开关靠中间的金属球 2 转动,金属球上有

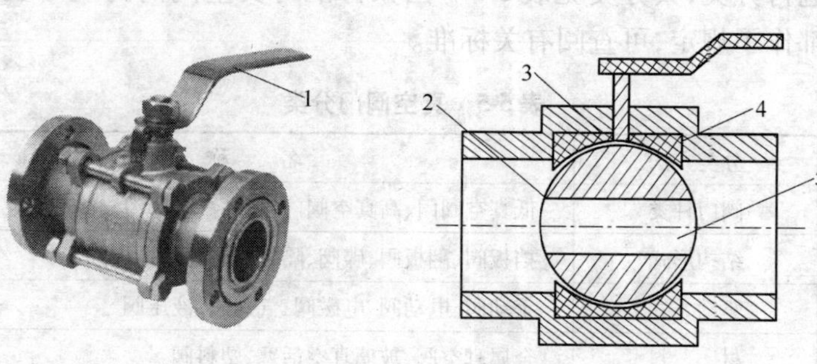

图 5-19　真空球阀

1—手柄;2—金属球;3—O 形圈;4—弹性体;5—通孔

一个通孔 5,借助于手柄 1 转动金属球使通孔改变方向,即可接通或切断气路。两个环状弹性体 4 紧压于一个金属球表面构成金属球密封,金属球轴杆与阀体间采用 O 形密封圈 3 密封。

(3)真空碟阀。碟阀的漏率小于 1.3×10^{-7} Pa · L/s,结构比较简单,如图 5-20 所示,是真空系统最常用的阀门。阀盘的边缘上嵌有 O 形密封圈,阀盘被螺栓固定在传动轴阀杆上,使阀杆带动阀板转动,当阀盘上的密封圈与阀体紧密接触时即实现了阀门的关闭,从关闭位置阀板再转动 90°时,阀门即完全打开。碟阀的主要优点是体积小,结构简单。

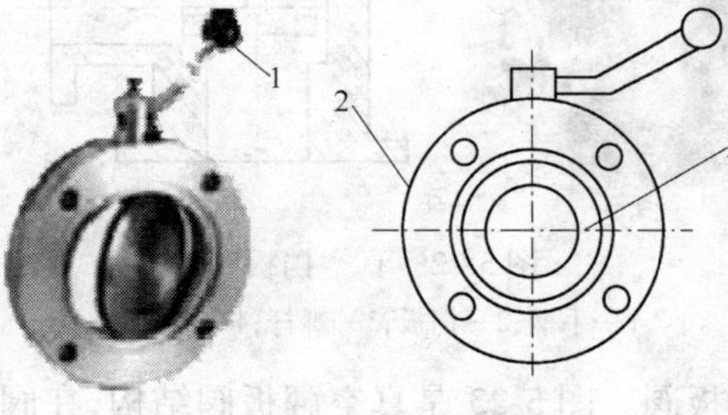

图 5-20 真空碟阀

1—手柄;2—阀体;3—阀板

(4)真空插板阀。真空插板阀的漏率小于 1.3×10^{-7} Pa · L/s,其结构有多种形式,图 5-21 是其中的一种。弹性体密封圈嵌在插板 2 上。转动手柄 1 使插板上下滑动,即可打开或关闭阀门,图中是插板阀关闭时的位置。

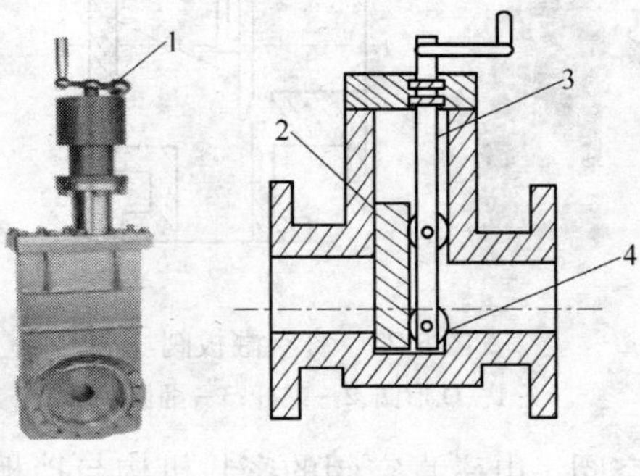

图 5-21 真空插板阀

1—手柄;2—插板;3—螺杆;4—轴承

(5)真空挡板阀。挡板阀又称盖板阀,漏率小于1.3 ×10^{-7} Pa · L/s。图5-22是一种挡板阀的结构,该阀通过挡板2的上升和压下来实现管路的接通和截止。转动手柄1使挡板上下移动,即可打开或关闭阀门。

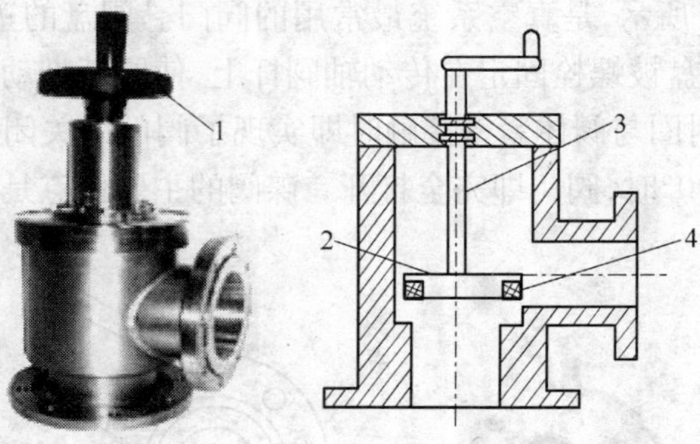

图5-22　真空挡板阀

1—手柄;2—挡板;3—螺杆;4—O形圈

(6)真空翻板阀。图5-23是真空翻板阀结构,在阀门打开或关闭的过程中,翻板的运动有一个翻转过程。真空翻板阀的开关一般都是用压缩空气为动力源。

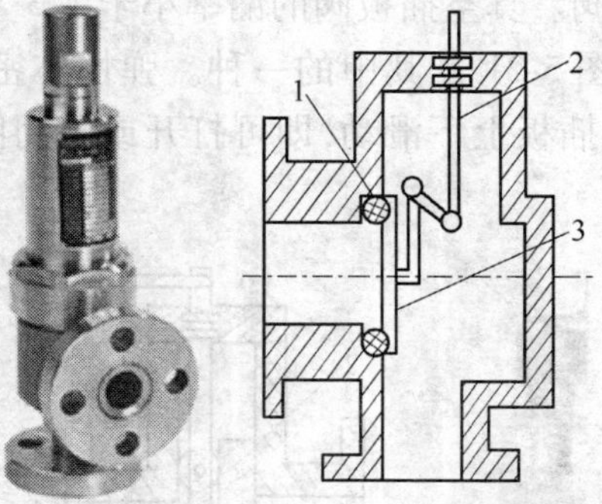

图5-23　真空翻板阀

1—O形圈;2—螺杆;3—翻板

(7)电磁真空阀。电磁真空阀的密封机构与挡板阀相同,只是开启或关闭由磁铁驱动。图5-24是电磁阀的结构,在断电的情况下,盖板 1 被弹簧 2 压紧而关闭阀门,需要开启时,将电磁线圈 3 接通电流,铁芯 4 带动盖板,将阀门打开。电磁真空阀与真空泵可以接在同一电源上,泵的启动与停止直接控制了阀的开启与关闭,实现阀与泵联动。当泵停止工作或电源突然中断时,阀能自动将真空管路封闭,并将大气通过泵的进气口充入泵腔,避免泵油返流污染真空系统。

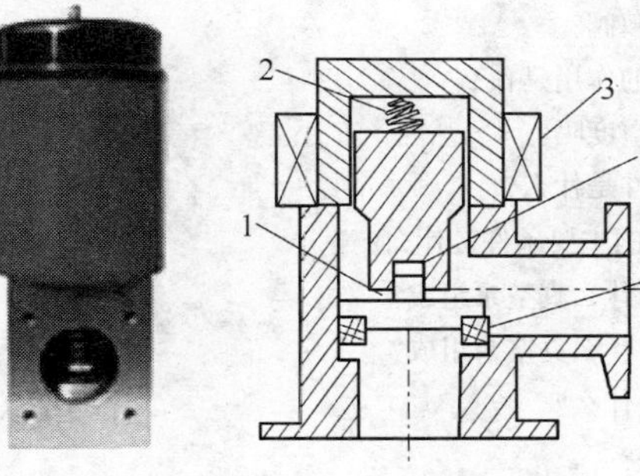

图 5-24 电磁真空阀

1—盖板;2—弹簧;3—电磁线圈;4—铁芯;5—O 形圈

(8)针阀。针阀又称真空微调阀,其漏率小于 1.3×10^{-6} Pa · L/s。图 5-25 是一个真空针阀,用于控制气体的流量。微调阀针 2 使阀口开启逐渐变大,通过气体的流量也逐渐变大,实现流量的连续调节。图中的阀针与阀体间的密封是用波纹管实现的。

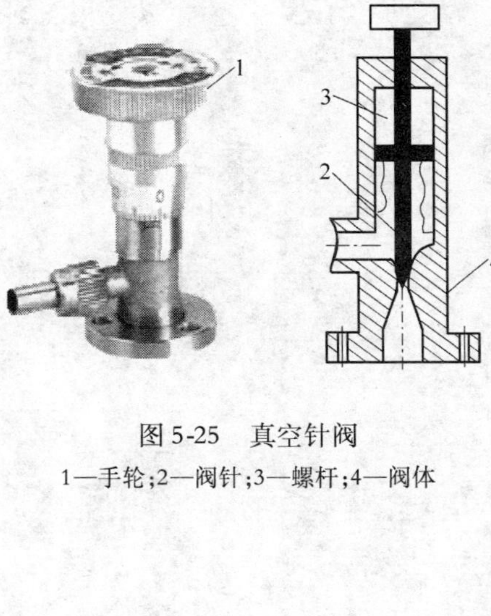

图 5-25 真空针阀

1—手轮;2—阀针;3—螺杆;4—阀体

复习思考题

1. 什么是真空泵的极限压强？
2. 真空泵的抽气快慢用什么指标衡量？
3. 简述机械泵抽气过程。
4. 怎样防止真空泵的返油？
5. 在什么情况下使用气镇阀？
6. 罗茨泵在真空系统中的作用是什么？
7. 使用罗茨泵能提高真空度吗？
8. 启动罗茨泵的主要条件是什么？
9. 启动油扩散泵（加热）的主要条件是什么？
10. 电阻炉低真空机组由什么真空泵组成？
11. 电阻炉高真空机组由什么真空泵组成？
12. 气体捕集器的作用是什么？
13. 常用真空阀门有哪些？

6 智能温度控制器

学习目的:

了解智能温度控制器及其特点,掌握常用的工作方式、功能及报警设置方式,熟悉程序控制、恒值控制、时间事件、状态事件等,了解常用的传感器参数、控制参数和工艺参数等。

温度、简单事件及数字逻辑控制都可以用智能温度控制器实现,因此智能温度控制器在工业炉窑温度控制中有着广泛的应用。几乎所有需要程序控制的电阻炉上,都安装有智能温度控制器,因此作为电阻炉操作人员,了解智能温度控制器一般知识,有益于熟练掌握智能温度控制器的操作方法。目前市场上智能温度控制器种类很多,虽然都有各自的特点,但就其控制功能而言也有它的共同点,本章内容就是抓住智能温度控制器的共性,介绍智能温度控制器的基本知识。

6.1 智能温度控制器的特点

6.1.1 智能温度控制器特点概述

什么是智能温度控制器? 很难给它下一个准确定义。一般讲,把具有多变量输入/输出,程序控制、自动温度调节及自诊断功能的温度控制器称为智能温度控制器,如图 6-1 所示。多变量输入/输出反映对输入信号的处理和控制能力,程序控制、自动温度调节和自诊断功能反映了它的智能化程度。一台智能温度控制器具有以下特点:

(1)支持多种温度传感器。工业上常用的温度传感器是热电偶和热电阻,一般都支持 K、E、J、T、B、R、S、W(WRe5 -26)等型号热电偶,Pt100 热电阻等。除直接支持温度传感器外,还支持多种模拟直流信号输入,如直流电压信号:-10 ~10mV、0 ~100mV、0 ~1V、-1 ~1V、

图 6-1　智能温度控制器

1 ~5V、0 ~ 5V、0 ~ 10V 等，直流电流信号：4 ~ 20mA、0 ~ 20mA、0 ~10mA等，这些输入信号已经形成控制器的通用标准。

(2)多种控制输出。常用的控制输出信号有 6 种形式，继电器触点开关输出，由通断两种状态控制温度；SSR 电压输出，用于 SSR 固态继电器控制温度；晶闸管触发信号输出，直接控制晶闸管功率模块；线性电压控制输出信号(1 ~5V、0 ~5V、0 ~10V, ±5V, ±10V)；线性电流控制输出信号(4 ~20mA、0 ~20mA、0 ~10mA)；在工业炉窑温度控制中，线性电流控制信号由于其抗干扰能力强最为常用。

(3)支持数字量输入/输出。智能温度控制器有少量的数字量输入/输出，以便实现简单的数字逻辑控制功能，遥控输入和报警输出控制。输入/输出触点类型有继电器触点、集电极开路及 TTL 电平。继电器触点 24VAC/30VDC，集电极开路信号 10 ~ 29VDC，TTL 电平 0. 3 ~3. 7VDC。

(4)可选择通讯接口。智能温度控制器具有与其他设备进行数据传输功能，通过 RS-422、RS-485 或 RS-232C 通讯接口，与其他控制器、计算机或记录仪进行数据交换。例如与计算机连接，工艺程序在计算机上编制完成后传入控制器，而控制器采集到的过程变量输出给计算机以便记录和打印。

(5)智能控制方法。智能温度控制方法包括自适应控制算法、智能 PID 算法以及参数自整定方法。自适应控制算法能根据控制对象的特点建立数学模型，通过一系列优化运算决定控制量的大小。智能 PID 算法是在基本 PID 算法的基础上，附加一些新的规则，使 PID 调节适应过程变量的变化，达到较好的控制效果。控制器不仅能完成PID参数自整定，而且还能在程序运行中，根据给定条件调用不同的PID参数组。

(6)多种工作方式。智能温度控制器具有准备(READY)、运行(RUN)、保持(HOLD)、测试(TEST)、结束(END)、PV启动、自动(AUTO)、手动(MANUAL)等多种工作方式，以满足温度过程控制的需要。

(7)强大的程序功能。支持工艺曲线数量，每条工艺曲线的段数，参数的设置范围，曲线的链接和循环，各种事件的数量等内容反映了控制器的程序处理能力。例如DCP31智能温度控制器，工艺曲线数量19条，每条工艺曲线30段，时间设置范围从0到99小时59分，曲线的链接0～19，程序循环次数0～9999，还有8种操作和时间事件在编程时可供选择。

(8)多种报警设置。智能温度控制器支持多种报警形式，如温度上、下限报警，温度偏差报警，温度绝对值报警等，报警是否生效，在什么条件下报警都可以通过参数设置完成。

(9)模块化结构。硬件和软件的模块化结构是智能温度控制器的一大特点，根据使用者的不同要求，采用不同的模块组合，完成特定的控制功能。在进行选择时，主要考虑与输入信号有关的输入模块，与输出控制相关的输出模块，与数据通讯相关的通讯模块及与控制相关的控制模块等。

(10)参数化设置。简单而方便的参数化设置，使得智能温度控制器应用更加灵活，强大的控制能力和过程适应性都是通过参数设置完成的。参数可分为功能参数、传感器参数、控制参数和工艺参数等4类。功能参数决定了控制器的软硬件组成和结构，传感器参数与输入信号有关，控制参数与过程变量控制有关，工艺参数取决于现场工艺要求。

(11)较强的过程显示功能。智能温度控制器采用LED或LCD显示器，支持测量值(PV)，设定值(SP)，程序号，段号，工艺曲线，工作状态和工作信息显示等。这些显示信息基本能满足温度过程控制要求，使操作者一目了然地观察到控制器工作状态，了解过程控制变量的变化情况。

6.1.2 常用术语

(1)过程变量。在过程控制中,过程变量是指需要控制或检测的物理量,如温度控制中的温度、压力控制中的压力、流量控制中的流量等都属于过程变量。

(2)实际值。实际值又称实测值,是控制器测量到的,被控对象过程变量的实时变化值,常用 PV 表示。在程序控制中,过程变量的实际值要跟随设定值变化。

(3)设定值。设定值又称设置点或给定值,是控制器实时控制过程变量的目标值,也就是程序编程值,常用 SP 或 SV 表示。

(4)控制回路。控制回路是指控制器完成一个过程变量的控制,所包含的全部闭环控制环节。

(5)正向作用。实测值 PV 与设定值 SP 比较,当在 PV >SP 时,控制输出量增加,就是控制器的正向作用。正向作用通常用于制冷控制。

(6)反向作用。实测值 PV 与设定值 SP 比较,当在 PV <SP 时,控制输出量增加,就是控制器的反向作用。反向作用通常用于加热控制。

(7)比值控制。比值控制是指有两路控制输入量的情况下,控制量是两者的比率。例如燃气炉控制,为了获得高的燃烧效率,燃气和空气的需要保持一定的比率。

6.2 常用工作方式

智能温度控制器(以下简称控制器)的工作方式有多种,以适应温度过程控制的要求,仅当控制器提供了这些工作方式时,其操作才有效。不同的控制器对各个工作方式的定义可能存在差异,在使用时应详细阅读使用说明书。

6.2.1 手动、自动工作方式

6.2.1.1 手动方式(MAN)

手动工作方式是指控制器的控制输出采用手动调节。如果过程中自动控制效果不好，或者是控制工艺简单而对控制精度又要求不高，通常采用手动控制方式。一旦选择了手动控制，操作面板上的手动控制 MAN 指示灯点亮。在手动控制中，不同的控制器手动调节输出形式不同，有的以百分比（0～100%）形式输出调节量，有的直接输出调节量的大小，如 4～20mA 或 0～10V 输出等。利用操作面板上的 UP（▲）键和 DOWN（▼）键，调节输出量的大小。

6.2.1.2 自动方式（AUTO）

自动方式是指控制器按设定的控制程序自动执行，与手动方式相比，减少了人为因素的影响。如果控制参数设置得当，自动方式可以获得较好的控制精度。控制器初始上电，一般都处在自动控制方式，按程序执行键，相应的 AUTO 指示灯点亮，便按选择的工艺程序执行。自动方式执行程序时，可以通过程序保持、等待、中断、跳步、跟踪和复位等功能方式，干预控制器的自动运行。

6.2.2 运行、保持和复位

6.2.2.1 运行（Run）

运行是指控制器执行给定的工艺程序，实时计算温度工艺曲线的设定值，使实际值跟随设定值变化。启动控制器运行的方式有两种，一是直接在操作面板启动，另一种方式是通过外部信号触发启动，触发信号可以来自计算机、PLC 或者是控制柜上的操作按钮。

6.2.2.2 保持（Hold）

保持又称为待机，保持工作方式生效，控制器停止程序执行，程序计时器停止计时，但保持当前控制状态不变。在图 6-2 中，t_0 时刻保持功能生效，则保持当前 50% 输出不变。在保持状态下可以修改程序参数，如目标设定值、斜率、程序段持续时间或程序结束时间等。能够修改哪些程序参数，参数的生效方式，不同的控制器有不同的约定。比如欧陆 2064 控制器，修改后的程序参数仅在当前程序结束之前保持有效，程

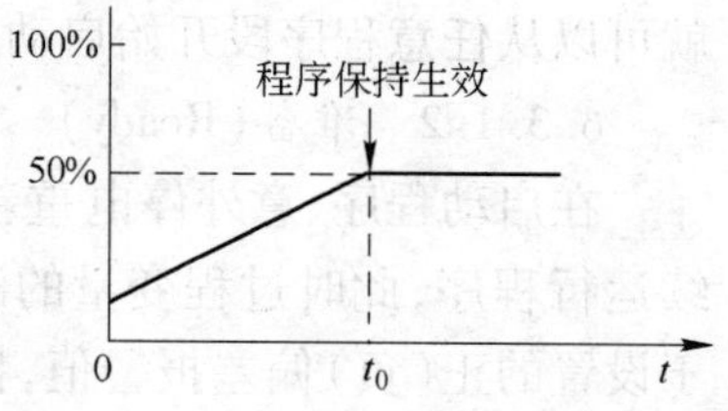

图 6-2 程序保持下的输出

序运行结束后，这些程序参数将被存储的程序参数值覆盖，即恢复到原来的设定工艺曲线。

6.2.2.3　复位（Reset）

复位方式使控制器软硬件复位，所有的控制功能被关闭，控制器处于初始状态，所有输出为零。

6.3　常用设置功能

6.3.1　PV 启动和准备

6.3.1.1　PV 启动（PVST）

控制器启动时，一般是从程序设置的起始点开始执行（起始点由参数设置决定），而实际上当前温度实际值，大多数情况下都大于设定的起始点。若从程序设置的起始点开始，需要经过一定时间，才能执行到与当前的温度实际值一致，这样就势必要浪费时间，利用 PV 启动方式就可以解决这一问题。PV 启动又称为伺服跟踪，与此作用相似的还有热启动（Hot Start）方式，就是把当前温度实际值作为程序起始点。也就是说，当程序运行时，控制器根据测量到的实际温度值，自动寻找程序对应的设定点，并作为程序运行的起点，开始执行程序。

在图 6-3 所示的例子中，程序起始温度为 20℃，而炉子实际温度值为 100℃，假如从 20℃升温到 100℃需要 30min，PV 启动生效后，程序便从 100℃开始执行，运行时间自动设置为 30min，相当于节约了 30min 时间。使用 PV 启动工作方式，则必须保证第一个程序段起始点的设定值小于当前实际测量值，才能使控制温度跟踪设定值的变化。有的控制器可能没有这种限制，只要测量值在程序设置范围内，就可以从任意程序段开始启动。

6.3.1.2　准备（Ready）

在启动程序、意外停电重新开机或者是人为修改设定时，需要继续运行程序，此时过程变量的测量值与设定值可能不等，如果偏差大于设置的正（负）偏差报警值，控制器运行也不立即报警，而是利用控制器的准备功能，程序暂停计时，先将实测值与设定值误差调节到小于偏差报警后才启动程序。准备功能可保证跟踪程序曲线，但由于有

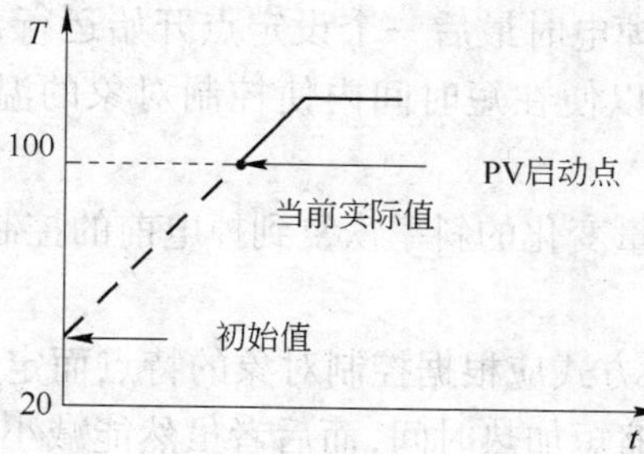

图 6-3 PV 启动

准备时间而使得运行时间可能增加。准备功能和 PV 启动基本相同,设置了 PV 启动,则就不需要再设置准备功能。通过设置参数使准备功能生效。

6.3.2 等待和恢复

6.3.2.1 等待(Wait)

等待是控制器的一种控制功能,只有通过参数设置激活了“等待”功能,在程序运行中才会生效。例如,在工艺程序中设置了事件,如时间事件、外部事件等,一旦这些事件被激活,而且“等待”功能生效,程序就将一直等待,直到事件无效后,即执行完事件,才继续执行程序或开始运行下一个程序段。在等待期间相当于附加了一个保温程序段,如图 6-4 所示。

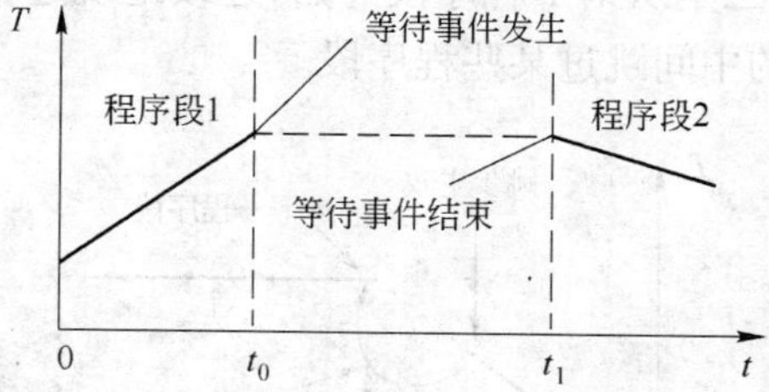

图 6-4 程序等待

6.3.2.2 掉电恢复(Power Fail Recovery)

程序运行过程中发生了控制器掉电事件,若要重新启动,可以在程序中设置掉电恢复功能,其中包括:

(1)程序将从掉电时最后一个设定点开始运行，这将使电源满负荷运行一段时间，以便在短时间内使控制对象的温度达到掉电时的值。

(2)将过程变量变化的斜率恢复到掉电前的控制器运行曲线的斜率。

采用哪种恢复方式应根据控制对象的特点而定，前者可能会引起温度的波动，但能缩短加热时间，而后者虽然能减小温度的波动，但增加了加热时间。

6.3.3　中断、跳步、测试

6.3.3.1　中断

中断是指中止工艺程序的执行，控制输出恢复到初始状态，而不是像保持功能那样使输出量保持当前状态不变。使用中断功能停止程序后，还可以从中断点继续执行程序，这一点与复位功能不同，复位功能只能从程序起点开始执行程序。

6.3.3.2　跳步

在程序执行过程中，有时会根据加热工艺的需要，跳过不需要执行的程序段，就用到控制器的跳步功能。控制器的跳步功能分为程序段跳步和时间跳步。程序段跳步有两种方式，一是从当前运行程序段跳到下一个程序段，如图 6-5 所示，在 t_0 时刻程序段跳步生效，直接跳到下一段执行；二是从第 1 程序段开始，连续地跳过程序段，而不是从一个工艺程序的中间跳过某些程序段。

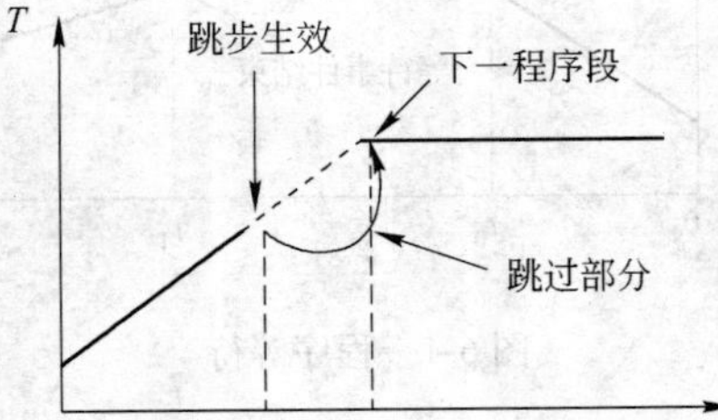

图 6-5　按程序段跳步

时间跳步是指跳过一定的时间间隔执行程序,这个时间间隔有两种设置方法,一种是从工艺程序开始计算的时间间隔;另一种是从某段开始计算的时间间隔,如图 6-6 所示,在第 2 程序段跳过设定时间 $(t_1 - t_0)$;具体采用哪种方法由控制器本身决定。

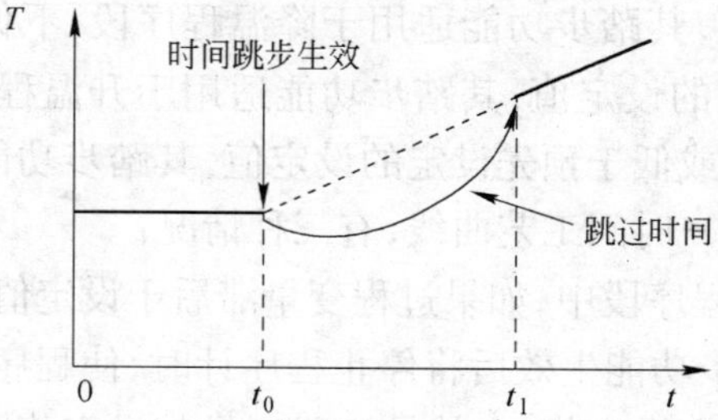

图 6-6 按时间跳步

6.3.3.3 测试

程序测试又称为快速执行,在工艺程序正式执行之前,运用测试功能其目的是检验程序运行的正确性。程序测试的速度可由参数设置。执行测试功能将关闭控制器输出,只有状态显示。下面一些情况可以用到程序的测试功能:

(1)检验一个工艺程序的正确性。

(2)在一个工艺程序中设置了事件,检验事件的启动和关闭。

(3)在程序中使用了连接功能,即把几个工艺程序连接在一起,检验连接的正确性。

(4)在程序中使用了循环功能,检验程序循环是否正确。

6.4 踏步(抑制)功能

踏步功能又称为抑制功能,在某些情况下又称为确保平台或平台延迟。在程序执行过程中,如果过程变量跟踪不上设定值变化,可在程序中设置踏步功能,等待过程变量跟上设定值。踏步功能可以应用于全部程序,也可以单独应用于某个程序段。在程序中使用踏步功能,首先把踏步功能开关设置为 ON,使踏步功能生效,再设置踏步控制参数。对于不同的控制器,踏步功能的设置和应用有所不同。下面介绍常用的两种踏步功能。

6.4.1　设置踏步偏差

程序执行过程中,何时启动踏步功能,主要取决于设置的踏步控制偏差,包括上偏差、下偏差和偏差带。上偏差是指过程变量高于预先设定的设定值,其踏步功能适用于降温程序段;下偏差是指过程变量低于预先设定的设定值,其踏步功能适用于升温程序段;偏差带是指过程变量高于或低于预先设定的设定值,其踏步功能适用于保温程序段。对于温度 - 时间工艺曲线,有三种情况:

(1)在升温程序段中,如果过程变量滞后于设定值,即设定值比过程变量值高,踏步功能生效后将停止程序计时,使程序处于等待状态,直到过程变量跟上设定值,也就是过程变量与设定值之差在下偏差范围内,再启动程序。这样可防止在过程变量未达到需要温度之前,程序就进入下一个程序段。

(2)在保温程序段中,如果过程变量与设定值之差超过预先设定偏差带,程序段计时停止,直到过程变量与设定值之差在允许的偏差带内,才重新启动计时器。

(3)在降温阶段,过程变量值可能会高于设定值,一旦过程变量与设定值之差超过上偏差,踏步功能使程序将处于等待状态,直到过程变量跟上设定值,即过程变量与设定值之差在上偏差范围内,再启动程序。

利用图 6-7 具体说明了偏差设置踏步功能在保温阶段的作用,在设定值 SP 由升温段进入保温段时,实际值并没有跟上设定值,控制器

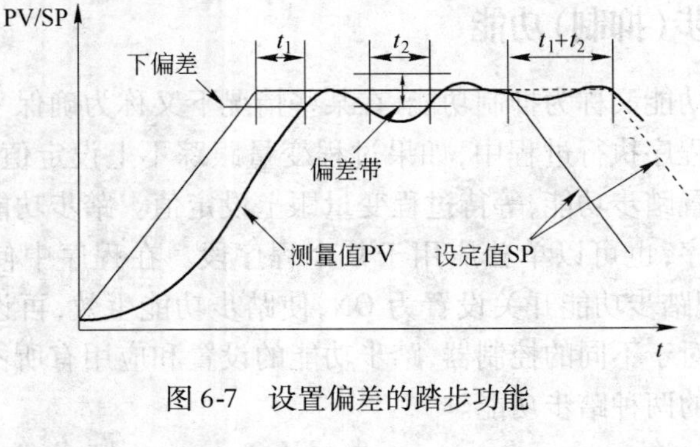

图 6-7　设置偏差的踏步功能

进入踏步状态,计时器停止计时,经过 t_1 时间,实际值进入设定的下偏差,取消踏步,计时器开始计时。在保温过程中,若实际值偏离了设定的偏差带,控制器便再次进入踏步状态,计时器停止计时,经过 t_2 时间,实际值进入设定的偏差带,取消踏步,计时器又开始计时。设定值由保温段转入降温段后,实际控制值并不跟随设定值转入降温段,而是在经过 t_1+t_2 时间后才转入降温段,这样就保证了保温时间。

6.4.2 设置踏步时间和偏差

在参数设置上,这种踏步形式除设置偏差带外,还需要设置等待时间 t_2,适用于保温程序段,称之为确保平台功能。图 6-8 是确保平台的一个例子,当曲线由升温段向保温段运行时,由于设置的温度升速过快,而加热功率不足,或调节输出的限制不合理等因素的影响,过程变量跟踪不上设定值,而滞后一段时间。在这种情况下,确保平台功能可使程序计时器停止,等待过程变量与设定值的误差在设定的允许偏差范围内,或满足设定的允许时间后,才进入保温程序段。从实际效果看,相当于在保温程序段中附加了一个时间段,具体有下列两种情况:

(1)无论设置的等待时间 t_2 是否为零,只要过程变量与设定值的误差到达设置的允许偏差(G. S 偏差)后,程序进入保温程序段,此时平台延时为 t_1。

(2)当等待时间设置为 t_2 时,无论过程变量与设定值的误差是否在允许的偏差(G. S 偏差)内,只要超过允许的等待时间,程序便进入保温程序段,此时平台延时为 t_2。

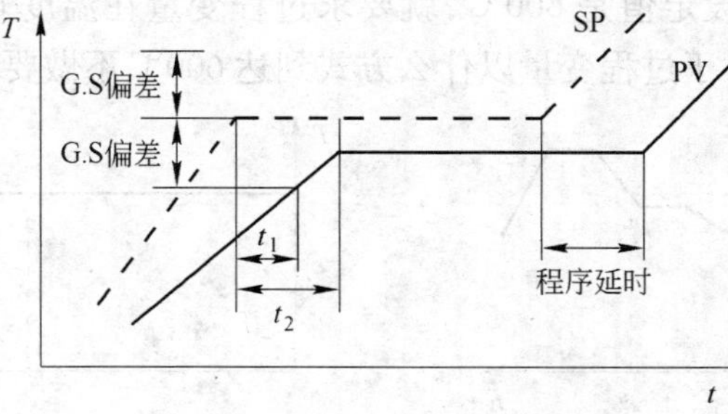

图 6-8 确保平台 G. SOAK

6.5　控制方式

6.5.1　程序控制

在实际应用中，出于对被处理部件加热工艺的考虑，要求加热温度的大小跟随设定值按时间变化，以不同的升降温速率、保温点及时间构成的设定值随时间变化曲线，称之为温度工艺曲线，如图 6-9 所示。把温度工艺曲线和给定的事件、控制参数编制成控制程序输入到控制器中，使控制器按给定的程序运行就叫做程序控制。一条温度工艺曲线可分为若干个程序段，每个程序段都是一个单独的持续时间段，程序段中不仅包含过程变量温度，而且还可包括一些事件和其他控制参数。具体程序的编制内容和方法，由所选择的控制器而定。

具有程序控制功能的控制器常称为程序控制器。不同的程序控制器对工艺控制程序的数量，每个工艺控制程序含有的总有效程序段数，以及所有程序的程序段总数都有严格的规定，不能超过允许的最大值，如欧陆 2064 规定总段数不能超过 500。

6.5.2　恒值控制

恒值控制与程序控制相比，不存在设定值随时间变化的控制曲线，可以说是程序控制的简化，也是程序控制的一种特例。恒值控制中过程变量只有一个设定值，如图 6-10 所示，只要求在设定值上的控制效果，而对过程变量怎样从初始状态到达设定值的过程不做要求。例如温度控制设定值是 600℃，就要求过程变量在温度 600℃ 点上满足控温精度，对于过程变量以什么方式到达 600℃ 不做要求。

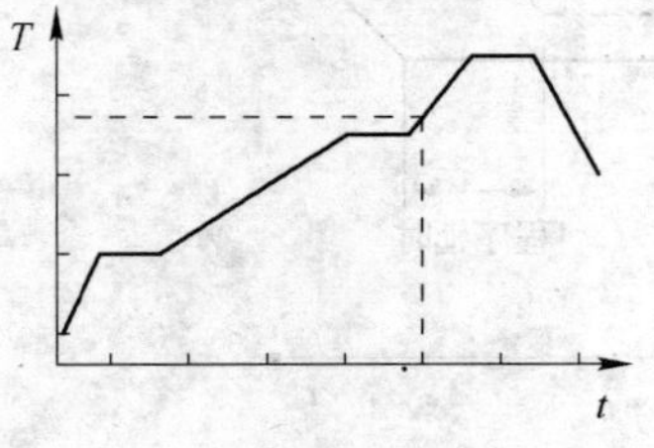

图 6-9　程序控制

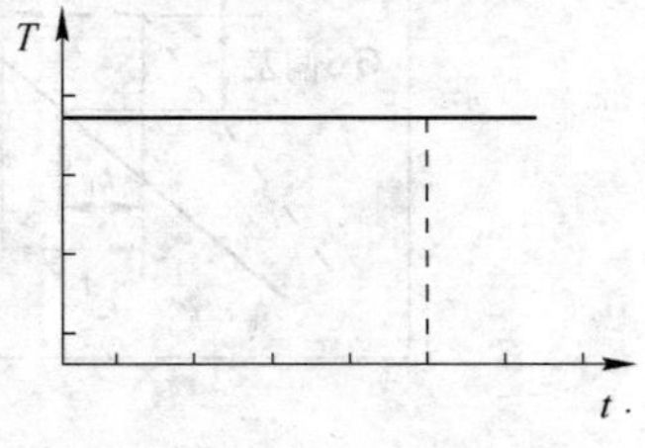

图 6-10　恒值控制

6.6 事件

6.6.1 事件的概念

事件是指控制装置正常工作过程中所发生的某些功能动作。例如一台智能温度控制器，除能按设定的工艺曲线控制温度外，还可以完成其他一些开关动作的控制，如阀门在什么条件下开启或关闭，通常称这些开关动作为事件。事件在程序编辑时输入，在程序执行过程中发生，一般不需要操作者的介入。图 6-11 就是阀门开关的事件，在程序运行到 t_1 时打开阀门，当程序运行到 t_2 时关闭阀门。如果在程序中编辑了事件，则在每个程序段运行过程中，都要检测事件发生的条件。这些条件可以由控制器内部产生，也可以由用外部某一数字输入信号产生，条件满足事件便被激活。程序的运行与事件的执行有两种情况：

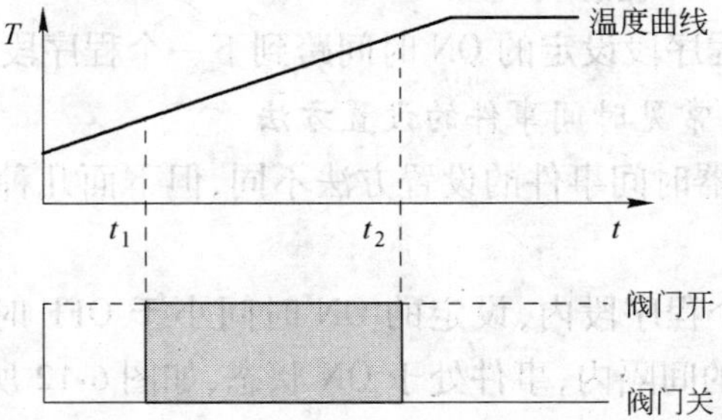

图 6-11 阀门开关事件

(1)一旦设置的事件被激活，程序将一直等待，直到事件无效后，即执行完事件，程序才继续执行。

(2)满足条件便激活事件，但事件的发生不影响程序的执行。

常见的事件有时间事件、状态事件、外部事件，其中状态事件包括工作方式事件、PV 事件、SV 事件和报警事件等。外部事件是由外部条件产生的，如操作按钮、PLC 信号、计算机指令都可以作为外部条件。外部条件通过控制器的数字接口输入，控制工艺程序的执行。

6.6.2　时间事件

6.6.2.1　时间事件的设置原则

在温度过程控制中,时间事件是最常用的控制输出事件。顾名思义,时间事件与时间相关,按时间顺序启停开关动作。时间事件可以与温度控制工艺曲线一起编程,在执行温度控制工艺的同时,按照给定的时间条件,启动或关闭事件。时间事件用到两个设置参数,即事件生效和事件发生的时间。通常用 ON 表示某一时间事件的启动,用 OFF 表示某一时间事件的结束。

时间事件设置的原则是:

(1)打开时间事件设置开关,使事件生效。

(2)设定的 ON 时间一定要小于 OFF 时间,而大于或等于 OFF 时间对某些控制器而言是无效的,或是产生宽度为 1s 的脉冲,或是在整个程序段处于 ON 状态。

(3)在本程序段设定的 ON 时间跨到下一个程序段是无效的。

6.6.2.2　常见时间事件的设置方法

不同控制器时间事件的设置方法不同,但下面几种方式是常用到的:

(1)在一个程序段内,设定的 ON 时间小于 OFF 时间,在 OFF 时间与 ON 时间的间隔内,事件处于 ON 状态,如图 6-12 所示。

(2)在一个程序段内,仅设置了 ON 时间,而没有设置 OFF 时间,那么事件在 ON 时间到时启动,在该程序段结束时关闭,在此期间事件处于 ON 状态,如图 6-13 所示。

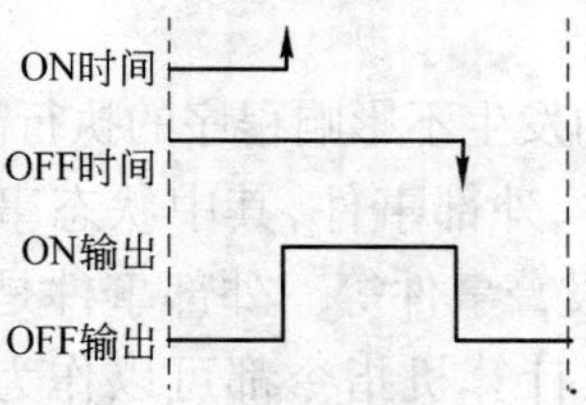

图 6-12　设置了 ON 与 OFF 时间

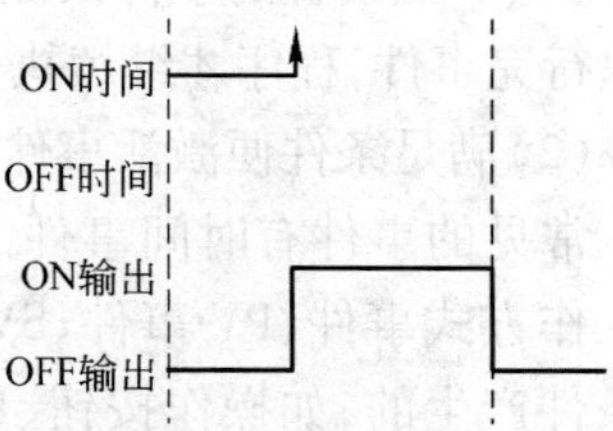

图 6-13　仅设置了 ON 时间

(3)如果在本程序段内设置了 ON 时间,而设置的 OFF 时间跨越到后面程序段,那么事件在 ON 时间到时启动,ON 状态将跨越程序段,无论被跨越的程序段时间事件是否生效,都要一直持续到 OFF 时间到时才结束,如图 6-14 所示。

(4)如果设置了程序段时间事件生效,而没有设置 ON 时间和 OFF 时间,或者是把两个时间设置为零,那么不同的控制器定义的事件输出状态不同,对于 FP21 将输出宽度为 1s 的脉冲信号,对于 DCP31 在本程序段内事件处于 ON 状态。

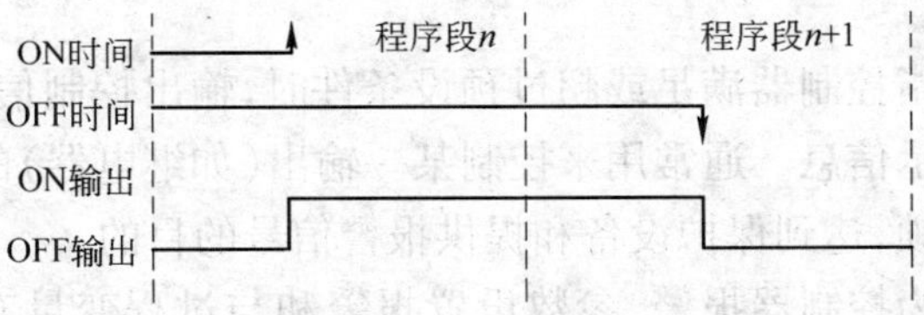

图 6-14 设置的 OFF 时间跨越到下一程序段

6.6.3 状态事件

状态事件与控制器的状态及工作方式有关,根据状态条件输出 ON 和 OFF 信号,作为外部电路的控制信号。状态事件包括:

(1)工作方式事件。当控制器处于准备、运行、保持、结束、手动、自动等工作方式时,输出 ON 或 OFF 信号,表明该工作方式是否在执行中。

(2)PV 事件。控制器检测到过程变量达到某一设定点时所发生的事件,比如某个阀门的开或关与温度相关,当温度达到 500℃时打开阀门,当温度达到 700℃时关闭阀门,如图 6-15 所示,就是典型的 PV 事件。

(3)SP 事件。控制器程序执行到某一设定点时所发生的事件,不考虑过程变量的变化,其设置方法与 PV 事件相同。

(4)报警事件。报警事件是指利用 PV 报警、SP 报警、偏差报警、故障报警等所产生的事件,将在报警节中详细介绍。

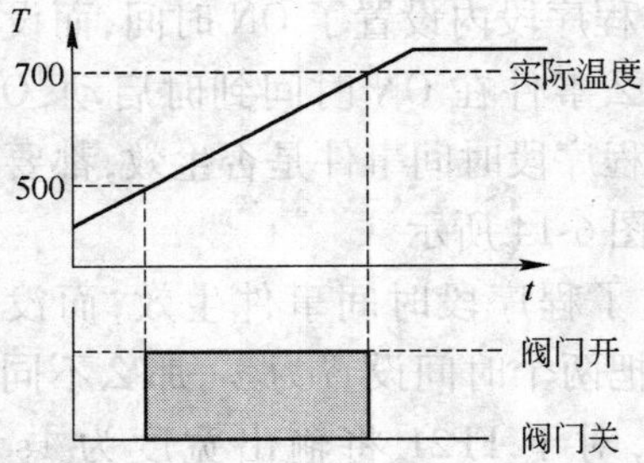

图 6-15　PV 事件

6.7　报警

报警是指控制器满足或超过预设条件时，输出控制信号或向操作者发出的警示信息。通常用来控制某一输出（如继电器）的开或关，使控制装置互锁，达到保护设备和提供报警信号的目的。

报警分为控制器报警、参数设置报警和与过程变量有关的报警。控制器报警是其本身故障引起的，需要维修或更换软硬件才能排除。参数设置报警是由于参数设置错误引起的，只需重新正确设置参数即可。过程变量报警可以看作与过程变量有关的一种事件，如过程变量上下限报警、偏差报警、绝对值报警事件等。过程变量报警有两种情况，一种是除发出警示信息外，还有报警控制信号输出，如控制报警继电器开关动作，使外电路互锁，这类报警称之为硬报警；二是仅在控制器上显示警示信息，而不输出控制器信号，称之为软报警。定义报警继电器输出信号，ON 为有报警信号，OFF 为无报警信号。

为了克服报警继电器在设定点附近频繁动作，引入了回差（或称报警灵敏度）。回差是指在设定点附近解除报警的条件，比如设定温度 100℃ 上限报警，回差设定为 −2℃，说明控制温度超过 100℃ 时，便发出报警信息，只有当温度低于 98℃ 时才解除报警。回差设置范围一般为 0.1% ~5% FS。

6.7.1　超限报警

超限报警包括上限报警，下限报警，偏差上限报警，偏差下限报警等。

6.7.1.1 超上限报警

超上限报警是指过程变量的测量值(PV)超过设定的上限时,便发出报警信号。超上限报警包括上限上回差报警和上限下回差报警,上限上回差报警是指设定的回差为正值,如图 6-16 所示,上限下回差报警是指设定的回差为负值,如图 6-17 所示。

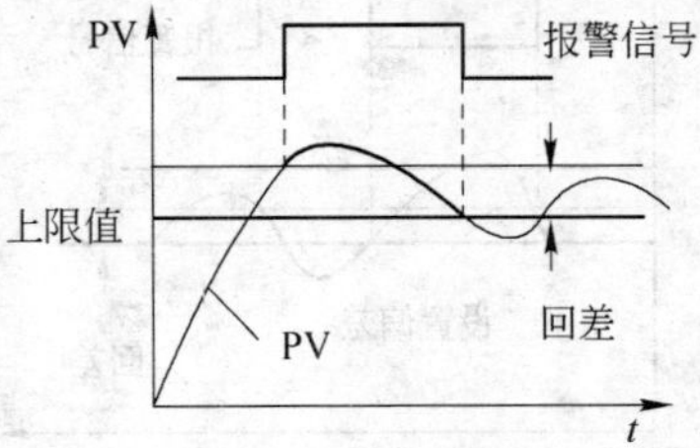

图 6-16 上限上回差报警

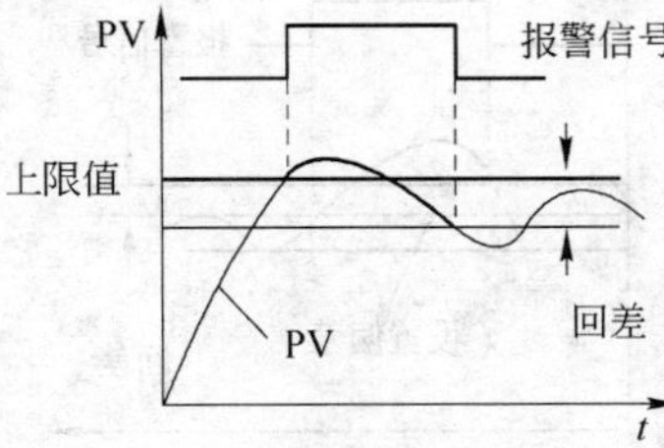

图 6-17 上限下回差报警

6.7.1.2 超下限报警

超下限报警是指测量值(PV)超过设定的下限时,发出报警信号。超下限报警包括下限上回差报警和下限下回差报警,下限上回差报警是指设定的回差为正值,如图 6-18 所示,下限下回差报警是指设定的回差为负值,如图 6-19 所示。

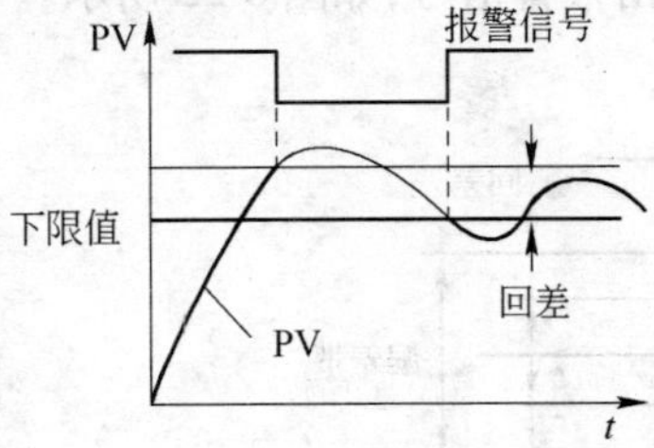

图 6-18 下限上回差报警

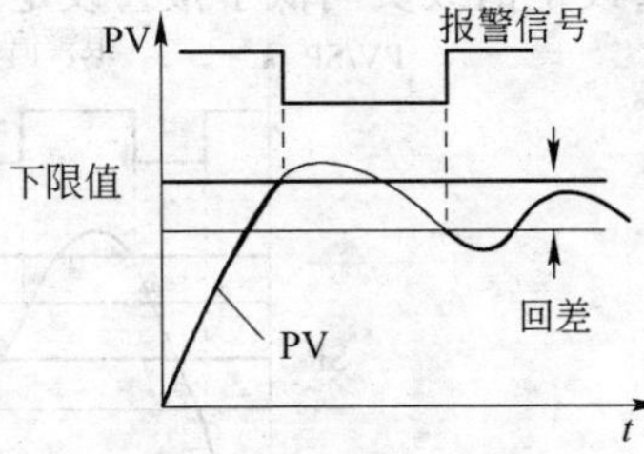

图 6-19 下限下回差报警

6.7.2 偏差报警

偏差报警是指过程变量的测量值(PV)与设定值(SP)之差(E)大于设定偏差时,产生报警信息。偏差报警包括偏差上限报警和偏差下限报警。

6.7.2.1 偏差上限报警

当测量值与设定值之差为正,且超过偏差上限设置点时发出报警信号,即为偏差上限报警,如图 6-20 所示。

6.7.2.2 偏差下限报警

当测量值与设定值之差为负,且低于偏差下限设置时发出报警信号,即为偏差上限报警,如图 6-21 所示。

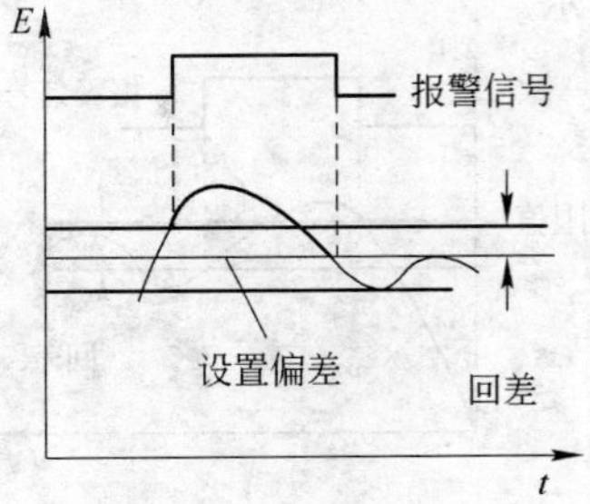

图 6-20 偏差上限报警

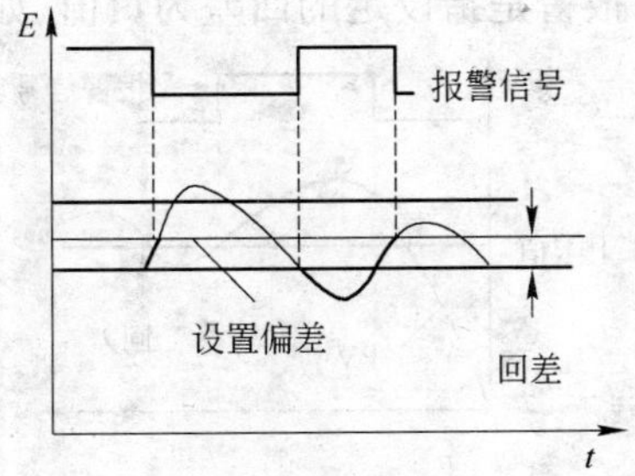

图 6-21 偏差下限报警

6.7.3 绝对值报警

绝对值报警又称为偏差带报警,用来监控过程变量的测量值和设定值的变化,并不断地将其差值与报警设置点比较,如果偏差正向高于报警设定值或负向低于报警设定值,都将发出报警信号,如图 6-22 所示。

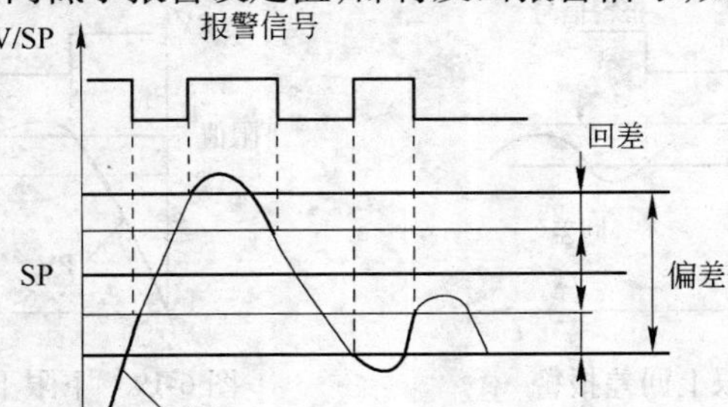

图 6-22 绝对值报警

6.7.4 变化率报警和阻塞报警

6.7.4.1 变化率报警

上面提到的各种报警一般智能温度控制器都是具有的,通用的。

有些智能温度控制器还具有变化率报警和报警阻塞功能,如欧陆 2064 控制器。变化率报警在温度控制中也非常有用,它限制了炉子的升温或降温速率,如在升温过程中,实际升温速率比设定快,或者是在降温过程中,实际降温速率比设定慢,都会产生变化率报警信号。

6.7.4.2 报警阻塞

报警阻塞仅发生在系统启动之后,在没有达到正常工作状态之前,阻止报警的发生。例如电阻炉温度控制,刚上电加热时,实际温度跟不上设定温度,如果设置了下限报警或负偏差报警,则将导致控制器一上电就满足报警条件,而实际上温度控制系统并没有出现问题。反之,在制冷控制中,刚上电可能导致温度上限报警或正偏差报警。为阻止这些报警的发生,可通过参数设置报警阻塞条件。报警阻塞形式包括:

(1)阻塞式超下限报警:在系统启动时期(加热控制),超下限报警首先进入安全状态,第一次满足超下限条件时不报警,当再次满足超下限条件才报警。

(2)阻塞式超上限报警:在系统启动时期(制冷控制),超上限报警首先进入安全状态,第一次满足超上限条件时不报警,当再次满足超上限条件才报警。

(3)阻塞式绝对值报警:在系统启动时期,超上、下限报警首先进入安全状态,再次出现超差,不管是超偏差带上限还是下限,都将发出报警信息。

6.8 常用参数设置

智能温度控制器与一般控制仪表的最大区别之一,就是可以通过参数设置改变其控制功能,使之具有较强的适应性。虽然控制器的参数很多,而且各型控制器的参数定义及设置方法又存在差异,但类似的参数所起到的作用是相同的。把众多的参数进行归类划分,可分为功能参数、传感器参数、控制参数和工艺参数。一般情况下,在控制器应用到控制系统之前,参数设置就已经基本完成,操作者不需要修改,特别是功能参数、传感器参数和控制参数,但有时为了满足控制工艺,修改某些与工艺相关的参数是必要的。下面所介绍的参数是控制器过程控制中经常用到的。

6.8.1 传感器参数

把传感器类型、输入信号的类型、过程变量的单位以及补偿校正参数称为传感器参数。此类参数中，除补偿校正参数外，其他参数操作者不能修改，否则将会使控制器无法正常工作。

6.8.1.1 传感器类型

设置的传感器类型一定要与实际连接的温度传感器一致，否则测量的数值将是错误的。传感器类型的选择有三种方法：

(1) 温度传感器直接在参数设置菜单中选择，例如 FP21。

(2) 输入代码，温度传感器都有唯一对应的输入代码，可以在控制器说明书中找到，只需把它的代码输入控制器即可，例如 DCP31。

(3) 在选择控制器时就已经确定了传感器类型，例如欧陆 2064。

6.8.1.2 工程单位

温度的测量单位有两种：℃ 和 F，可直接在控制器上设置或输入对应的代码。

6.8.1.3 补偿校正

补偿校正参数是为了补偿控制器出厂时的误差，实际应用中可以补偿传感器和控制器共同产生的误差，一般在更换传感器后才进行补偿校正。如果控制器存在固定的误差，无论是正误差还是负误差，都可以用这个参数进行补偿。因而补偿参数对校准控制器是很重要的。补偿分为单点补偿和双点补偿。

(1) 单点补偿

单点补偿应用较多，它是在控制器全量程范围内加上一个固定的偏移值，如图 6-23 所示，补偿控制器的固定误差。例如，控制器更换热电偶后，测量温度比原来高 2℃，可在补偿参数中设置为 −2℃，控制器会在测量过程中自动补偿 2℃的测量温差。

(2) 双点补偿

双点补偿运用在误差不固定的控制器中，在全量程范围内选择两个校准点进行补偿，比如一个高端点和一个低端点，如图 6-24 所示，用这两个校准点的连线作为校准曲线，在量程范围内对每一点进行修正。

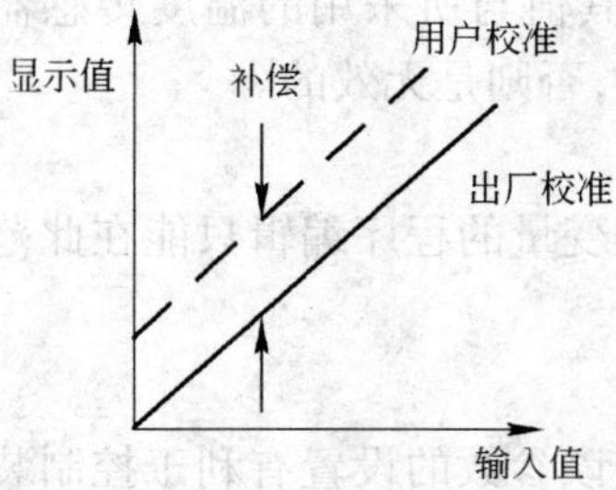

图 6-23 控制器单点补偿

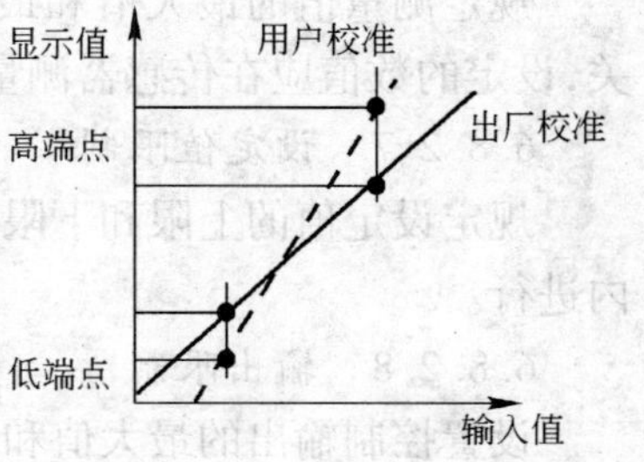

图 6-24 控制器双点补偿

6.8.2 控制参数

把与过程变量控制相关的参数称之为控制参数，此类参数涉及到控制器的控制性能，一旦设置完成，并能正常使用，操作者一般不需要修改。

6.8.2.1 PID 设置

如果控制器对过程变量的控制效果不理想，如温度跟踪能力差，波动大、稳态误差不能消除等，或者是系统结构发生了变化，就需要修改 PID 参数。

6.8.2.2 输出类型

输出类型参数定义了控制器的输出控制信号的类型，其中有电流输出、电压输出、SSR 输出和脉冲输出等。有些控制器在订货时就已经给出了输出类型，无需再进行设置。

6.8.2.3 运行

控制器的运行、停止、保持和复位等工作方式，是通过键盘控制还是外部遥控控制，由运行参数决定。

6.8.2.4 通讯

控制器与外部通讯进行数据交换，就需要设置通讯参数。若采用 RS232C 接口，设置的通讯参数有波特率、数据位、停止位和奇偶校验等参数。

6.8.2.5 显示

显示参数设置关系到所显示量的类型、方式、分辨率等。

6.8.2.6 测量值限制

规定测量值的最大值和最小值。其值与所采用的温度传感器有关,设定的数值应在传感器测量范围内,否则是无效的。

6.8.2.7 设定值限制

规定设定值的上限和下限,使过程变量的程序编辑只能在此范围内进行。

6.8.2.8 输出限制

设置控制输出的最大值和最小值,该参数的设置有利于控制装置的保护。

6.8.2.9 设置曲线的起点

设置工艺曲线第 1 段的起始值,对于温度控制而言,一般设置为 20℃。

6.8.3 工艺参数

把与电阻炉加热工艺有关的参数称为工艺参数,此类参数根据工艺要求,在控制器中修改或进行程序编辑。

6.8.3.1 报警

报警参数是指产生报警事件所需要的参数,例如过程变量上限报警、偏差报警以及绝对值报警等。

6.8.3.2 工艺曲线重复

该参数是指设置工艺曲线执行的重复次数,既可以在参数中设置,也可以在程序编辑中设置,由所采用的控制器决定。

6.8.3.3 工艺曲线连接

工艺曲线连接参数设置两条或两条以上工艺曲线的连接。

6.8.3.4 启动

启动参数包括跳步参数和 PV 启动参数。跳步参数规定了控制器从工艺曲线的那一段或什么时间点开始执行,缺省设置从第一段开始运行。设置了 PV 启动参数表示 PV 启动有效。

6.8.3.5 踏步

踏步参数是指设置踏步偏差或设置偏差和时间。应根据控制对象的特点和操作者的工作经验,设置踏步偏差和时间。

复习思考题

1. 智能温度控制器的一般定义是什么?
2. 智能温度控制器能显示哪些基本信息?
3. 温度控制属“正向作用”还是“反向作用”?
4. 什么是自动控制方式和手动控制方式?
5. 智能温度控制器一般常用功能有哪些?
6. 保持、复位和中断工作方式有何区别?
7. 程序测试的作用是什么?
8. 什么是“PV 启动”?
9. 踏步(抑制)功能有什么作用?
10. 程序控制与恒值控制有什么区别?
11. 时间事件与状态事件有哪些类型?
12. 温度报警有哪几种设置方式?
13. 怎样补偿控制器的基本测量误差?

7　电阻炉操作基础

学习目的：

知道在学习操作前应从哪些方面对电阻炉进行了解，熟悉电阻炉控制面板上监测部件和控制部件的作用、温度自动控制和手动控制的操作方法及特点、真空电阻炉的真空系统操作方法、电阻炉的一般操作规程等，掌握电阻炉的操作步骤及操作中应注意的问题。

由于电阻炉的种类较多，就是同种类型的炉子其结构组成也各不相同，操作方法存在较大差异，本章所述的基本操作内容仅是它们的共同点。

7.1　基本要求

7.1.1　对操作者的要求

电阻炉操作者是热处理工艺的执行者，其职业道德和技术熟练程度直接影响着安全生产、工件质量和设备可靠运行，因此操作者必须达到以下基本要求：

(1)具有良好的职业道德，要敬业爱岗，诚实守信，认真负责，工作细致，遵守各种规章制度。

(2)树立安全文明生产思想，学习并掌握所制定的电阻炉操作安全法规或操作注意事项，做到文明生产，安全生产。

(3)操作者应按定人、定机和定岗的要求，加强学习和培训，掌握电阻炉操作规程和安全操作规程，并进行操作考核，做到持证上岗。

(4)电阻炉是在高温下工作，况且设备比较复杂，温度、真空等过程控制量较多，需要各种控制仪表及设备，操作者应加强学习，熟悉并掌握所涉及到的各种设备和仪表的操作。

(5)由于影响工件热处理的因素较多,一名合格的电阻炉操作人员,除能熟练掌握设备的操作外,还应有一定的材料热处理知识。

(6)操作者在操作设备前,必须识读和理解热处理工艺文件,在未全部弄清之前,绝不能启动设备。未经校对和批准的工艺文件,操作者可提请复审。

(7)操作者是电阻炉加热工艺的执行者,要知道工艺就是法规,必须严格遵守工艺规程的各项要求,不得擅自更改。

(8)在操作过程中,每步都要进行复查,做好自检和互检工作,避免工作中出现不必要的失误。

(9)做好设备运行记录,认真填写所要求的内容,发现问题及时向有关人员反映。

7.1.2 熟悉工艺文件

电阻炉工艺文件又称为热处理工艺文件,或简称为工艺卡,是指导电阻炉热处理生产和工艺工作所必须的文件,需经过编制、校对和批准后才能实施。操作者作为工艺文件的执行者,必须识读和理解其中的各项内容,严格按工艺文件执行,包括生产管理者在内都无权对工艺文件进行修改。更改工艺文件必须按程序进行,并下发更改通知单,操作者才能按新工艺执行。

工艺卡中主要包括工件的基本情况,工艺参数,工艺装备,技术要求,操作要点和注意事项等。基本内容如下:

(1)工件情况包括工件名称、编号、数量、重量、外形尺寸以及材料等。

(2)工艺参数包括加热工艺曲线、加热气氛条件,加热电流或电压等。

(3)工艺装备简称为工装,是工件装炉、安放、出炉和转移所必须的装置,应给出所需工装的名称和编号。

(4)工艺卡中还应给出装炉方式,以图示的形式给出工件安放位置。

(5)工件形状简图,以便识别核对工件,避免装炉错误。

(6)加热控制过程的技术要求,如温度控制精度,最低工作真空度,出炉温度等。

(7)给出工件出炉后的质量标准要求,是否需要后处理。

(8)给出操作要点和注意事项,包括主要操作步骤,每步要领和安全注意事项。

7.1.3　熟悉设备

熟悉设备是正确操作设备的前提条件,一名电阻炉熟练操作者,只有熟悉了炉子的用途、技术特点及结构组成,才能处理操作过程中遇到的各种问题。

7.1.3.1　熟悉电阻炉的技术特点

操作者在接触一台新电阻炉后,除了解炉子的用途外,还应当熟悉或了解电阻炉的以下技术特点,其中主要参数见图7-1。

(1)炉腔尺寸、有效工作区和所能装载的最大工件重量。

(2)工作温度,最高允许温度和最大加热速度。

(3)有效工作区内的温度均匀性,温度控制精度。

(4)额定功率、工作电流和电压。

(5)电热元件的冷态电阻和绝缘电阻。

(6)工作真空度,极限真空度及达到工作真空度所需时间。

(7)保护气体的种类,气体的纯度以及气体压力等。

(8)冷却水的压力及流量。

(9)超温报警,过流报警,超压报警,冷却水报警。

(10)机械装置的限位报警。

(11)设备的综合故障报警。

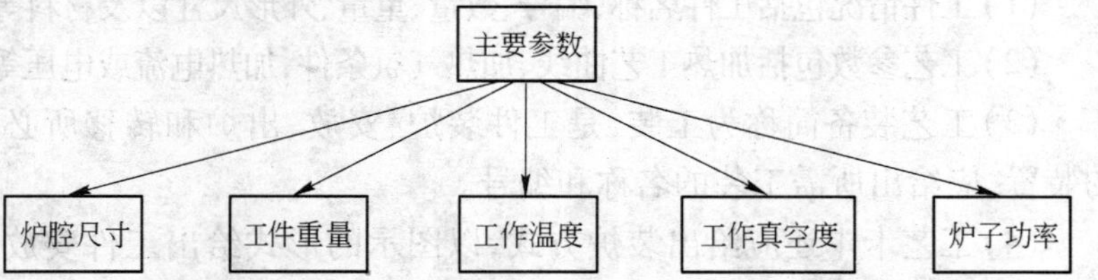

图7-1　电阻炉主要参数

7.1.3.2　掌握炉子的结构及组成

炉子的组成、每部分的结构、有什么特点是操作者应当了解的,图7-2给出了电阻炉系统的组成,主要从以下几个方面了解:

(1)炉体:包括炉壳、炉衬或隔热屏的结构及材料。

(2)电热元件的形状、结构、安装方式及材料。

(3)炉盖开/闭装置:是手动操作还是自动操作,是气动、液压还是电动操作,有无限位开关。

(4)装出炉装置的结构组成。

(5)对于真空电阻炉,则要熟悉真空机组的组成,真空阀门,真空附件,真空规管及真空计。

(6)温度传感器的类型,例如热电偶的具体型号,保护管的规格及材料,热电偶的安装方式及位置。

(7)温度控制装置的组成,主要部件有电炉变压器、晶闸管调功器、智能温度控制器等。

(8)水冷或风冷装置的组成。

(9)用于炉盖开启或关闭、自动装出炉装置的液压系统。

(10)气源装置:供阀门、炉盖开启或关闭用的高压气源。

(11)控制面板上操作开关、显示或控制仪表的位置和作用。

(12)设备上安装的各种安全监测和保护装置。

(13)设备上需重点保护的部位或元件,可能对人身安全造成伤害的装置。

(14)其他辅助装置。

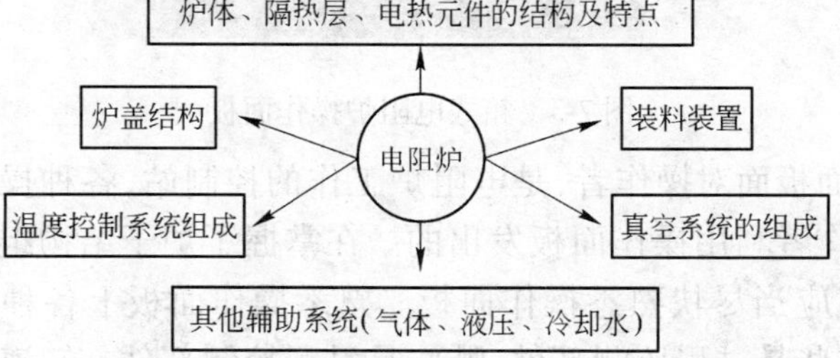

图7-2 电阻炉系统组成

7.2 电阻炉操作面板

电阻炉操作面板上的各种操作部件面向操作者,用于接收或发出操作指令。操作部件主要分为控制部件和监测部件,控制部件用于产生控制指令,而监测部件用于监测控制指令的作用结果,两者一般都安装在电气控制柜的前面板上。

7.2.1　操作面板

电阻炉操作面板位于电气控制柜的正面,包括各种仪表、状态指示和操作开关等,图 7-3 就是某箱式电阻炉的操作面板。通常把监测过程变量变化的测控仪表和反映过程状态的信号灯称为监测部件,而把控制受控对象工作的开关、按钮及仪器仪表称为控制部件。有时为了操作方便,部分控制部件可能不在操作面板上,而在操作对象的附近,例如手动真空阀门的操作,冷却水的操作等。

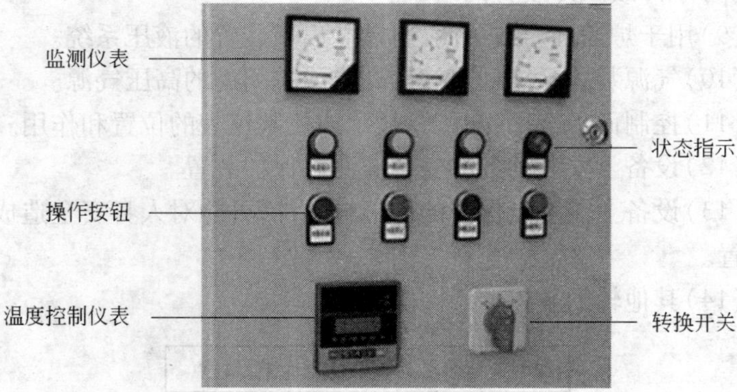

图 7-3　箱式电阻炉操作面板

操作面板面对操作者,是电阻炉工作的控制站,各种操作指令动作都是操作者利用操作面板发出的。在掌握了炉子结构组成及性能特点后,就应当尽快熟悉操作面板。熟悉操作面板上各种仪表的作用,分清哪些是过程监测部件,哪些是过程控制部件。知道各个信号指示灯所代表的工作状态,各种开关和按键的作用及操作方法。在学习操作面板时,应以操作对象工作状态为核心,掌握受控对象的操作方法,例如炉子的真空状态控制,就应掌握与真空相联系的各种操作,包括真空泵的启动与停止,真空阀门的开启与关闭,真空计的操作等。

目前,对于控制较为复杂的电阻炉,为了便于对设备的控制,避免操作失误引起故障甚至损坏设备,在操作面板上设计有操作模拟示意图,使炉子操作变得相对简单,图 7-4 就是某真空电阻炉的操作模拟屏。从图中可以看出,在对应位置安装有控制部件或监测部件,并对控制对象进行分类。炉子结构中管道的位置、气体的流向、开关及阀门的作用、指示灯的状态都一目了然。

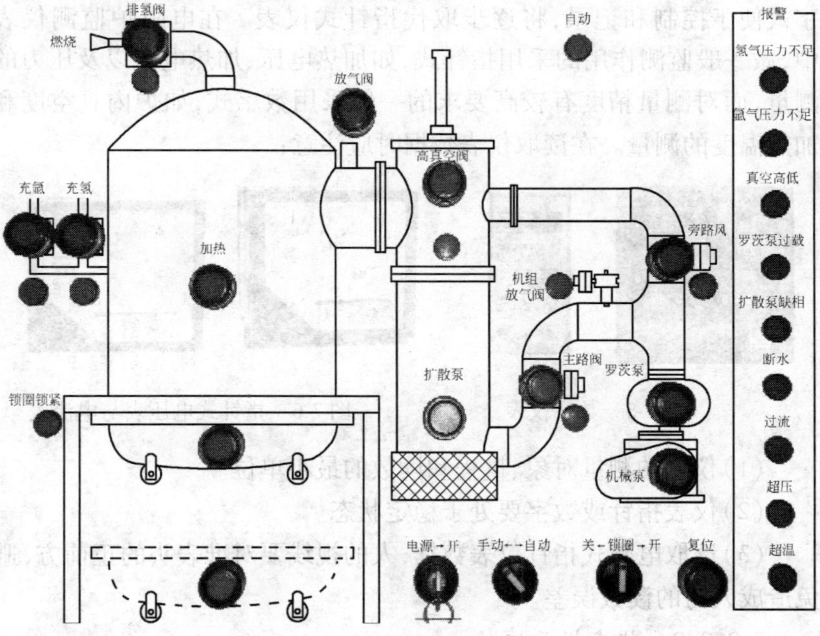

图 7-4 真空电阻炉操作模拟屏

7.2.2 监测部件

监测部件包括监测仪表和状态指示灯。

7.2.2.1 监测仪表

电阻炉监测仪表用于检测炉子的工作电压、电流、真空和温度等过程变量,实时监测炉子的工作过程,显示炉子的工作状态。要求操作者熟悉监测仪表的作用、刻度及量程。在炉子运行过程中,操作者应不断观察监测仪表的变化,掌握设备的工作情况,发现问题并及时解决。比如仪表指针频繁摆动,表示被测量稳定性差,波动变化大,就应分析产生的原因,制定解决方法。监测仪表分为数字式和指针式。数字式如图 7-5 所示,其特点是准确度高、测量速度快、输入阻抗高、精度也较高且读数方便,但价格较贵。

指针式仪表如图 7-6 所示,其特点是价格较低、寿命较长、反应灵敏、受强光和电磁干扰较小,但其测量范围较窄,读数误差大。由于数字式便于控制和记录,将逐步取代指针式仪表。在电阻炉监测仪表中,做一般监测作用的采用指针式,如加热电压、加热电流以及压力的测量,而对测量精度有较高要求的一般采用数字式,如炉内真空度和加热温度的测量。在读取仪表数据时应注意:

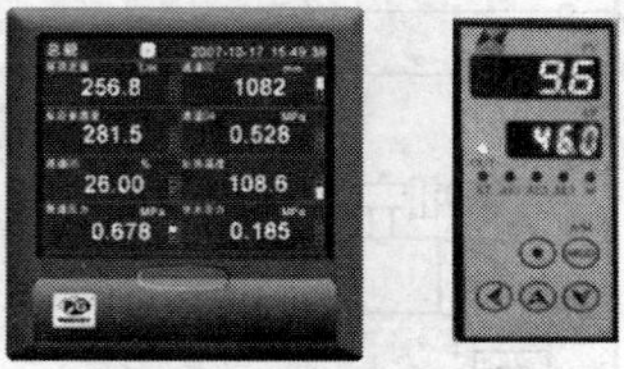

图 7-5　数字仪表

图 7-6　指针式电压表与电流表

(1)仪表的测量对象、量程和读数的最小单位。

(2)仪表指针或数字要处于稳定状态。

(3)读取电磁式指针仪表数据,人的视线要对准表头的正前方,避免造成人为的读数误差。

7.2.2.2　状态指示灯

常采用如图 7-7 所示的工作状态指示灯或蜂鸣器表示炉子的工作情况,如设备正处在工作、停止或故障状态。工作状态指示灯有着简捷、直观、明了的作用,而且观察距离远,一旦发生变化也容易发现。熟悉各个状态指示灯的作用,灯色所代表意义,是对操作者最基本的要求。绿色显示设备处在正常工作状态。黄色代表设备提示状态,意思是提醒操作者设备的某个事件将要发生或已经发生,有可能影响设备的正常运行。红色表示警告状态,设备存在异常或已经发生了故障,需要进行处理。某些电阻炉上安装有声光报警装置,应掌握该装置的解除及复位方法。

a b c d

图 7-7 常用工作状态指示灯

a—蜂鸣器;b—指示灯;c—报警灯;d—组合灯

7.2.3 控制部件

7.2.3.1 操作开关

炉子各部分的动作指令是通过操作开关发出的,操作者应熟练掌握操作开关的作用和操作方法,否则就有可能引起操作失误,导致设备安全事故的发生。操作开关分为按钮、旋钮开关或按键,电阻炉操作常用操作开关如图 7-8 所示:

(1)在操作面板上有一较大红色突出按钮,如图 7-8a 所示,用作炉子控制系统的紧急停止,只有当炉子出现突发性故障或出现异常紧急情况时,为保护设备或人员的安全,才允许操作急停按钮。

(2)旋钮开关有两个或两个以上的开关位置,如图 7-8b 所示,用于设备的功能转换或选择,如自动与手动的转换,预热与工作的转换等,两位旋钮开关有时也用于阀门的开启和关闭、设备的启动或停止等。

a b

c d

图 7-8 常用操作开关

a—急停按钮;b—旋钮开关;c—按钮;d—钥匙开关

(3)按钮式又分为点动式和自锁式,如图 7-8c 所示,用于设备的启动或停止,绿色按钮用于设备的启动或阀门的开启,红色按钮用于设备的停止或阀门的关闭,点动式按钮按下便接通(断开),释放便断开(接通),自锁式是指按下自锁,再按一下便释放。黑色按钮用于电机或其他电路的点动工作。启动与停止交替按钮,应当是黑色、白色或灰色,不能使用红色和绿色。复位按钮一般为蓝色,当有停止作用时,应该用红色。

(4)钥匙开关如图 7-8d 所示,相当于给设备加了一把锁,用于关键设备的操作保护,多用于控制电源的锁定,防止随意启动设备,以免造成设备的损坏。

7.2.3.2 控制仪表

控制仪表在电阻炉控制系统中的作用,主要是对过程变量进行显示、控制、报警和记录等。操作者要注意控制仪表与监测仪表的区别,控制仪表不仅能监测过程变量,而且还能控制过程变量,而监测仪表只能监测过程变量。在需要炉子温度程序控制的地方,温度控制指令是通过温度控制器发出的,因此温度控制器在炉子控制中占有重要的地位。市场上温度控制器种类很多,主要应区分是智能型还是一般型,是程控型还是定值型。在电阻炉温度控制中,应用较多的是程控型智能型温度控制器。

7.3 电阻炉常用工装

工装是工艺装备的简称,是指为实现热处理工艺规程所需的各种夹具、吊具、索具、模具及辅具等的总称。在电阻炉操作中,工装占有十分重要的地位,是工件装炉,安放加热、出炉和转移必不可缺少的装置。

7.3.1 工装的基本要求

7.3.1.1 工装的作用

电阻炉工装的作用主要表现为以下几个方面:

(1)热处理工件本身所必需的,如工件的安放和隔离。

(2)起着保护工件和固定工件的作用。

(3)改善加热效果,保证处理工件的质量。

(4)提高生产效率,改善劳动条件。

7.3.1.2 工装的基本要求

电阻炉工装的制造涉及若干技术和设备,一般由专业生产厂按工装图样进行制造,但在工作现场,对于一些特殊小批量工件,由于规格多和结构变化大,需要技术熟练的工人临时自制或改造工装。下面给出设计和制造工装的几条原则:

(1)结构合理,便于操作。电阻炉的工装主要用于工件的装炉、出炉、转移和放置。装出炉工装,要求工装尽量简单,结构合理,装出工件方便。炉内工件放置工装要保证工件加热均匀,并尽可能多的放置工件,以提高生产效率。具体设计时要分析工件的结构和技术要求,在最大满足技术要求的前提下,尽可能地兼顾通用性,设计成结构可调整的工装,减少工装的种类。

(2)较好的安全性和可靠性。保证工装能安全可靠的承载工件,工装本身要牢固,承载的工件要稳定,移动工装不会对其自身和零件造成损坏。炉内工装要能经受整个加热过程的考验,并具有较长的使用寿命。

(3)较好的耐热性和高温强度。炉内工装要具有较好的耐热性,一定的耐腐蚀性和抗氧化的能力。还要具有较好的高温强度,能在高温下承载被加热工件的重量,不会发生严重变形甚至散架。为获得较好的耐热性和高温强度,除要求结构设计合理外,工装的选材是主要影响因素。

(4)经济实用。除考虑工装的技术特性外,还要考虑工装的经济性,尽量降低制作成本。

7.3.2 常用工装类型

电阻炉的工装按照其使用范围,可分为通用工装和专用工装,通用工装适用于大批量工件生产,适应面广,通用性强,由工装专业工厂设计制造。专用工装仅适用于某种产品或某个特定工件,针对性较强,由企业自己设计和制造。由于工件形状大小和重量差异较大,加之电阻炉内部结构、装料方式各不相同,导致工装的结构多种多样,操作者应根据处理工件的实际情况,合理选择或设计工装。下面仅介绍几种电阻炉常用的工装。

7.3.2.1 炉内工装

炉内工装的作用是放置或支撑工件,与工件一起被加热,因此一定要具有较高的耐热强度。在加热过程中,即不能与工件粘连在一起,更不能与工件发生任何化学反应。炉内工装很多,下面仅给出几种常用工装,供参考。

(1)多层支架。多层支架如图7-9所示,通常用在炉腔较大的井式炉或真空电阻炉内,目的是提高生产效率。使用多层支架时,要分层放置工件,且位于载板的中心位置。活动多层支架的层间连接杆采用螺杆或套管,螺杆和套管有多种长度规格,便于调节层间距,以适应放置不同大小的工件。支架的材料要根据工件的温度而定,常见的低温电阻炉采用不锈钢材质,中高温电阻炉采用钼材质,而超高温电阻炉采用钨材质。除温度影响支架的材质选择外,工件重量影响连接杆的直径和载板的厚度。

图7-9 多层支架

(2)托板。托板用于放置有特殊要求的零件。托板有很多规格型号,如图7-10所示,一般是根据工件的具体情况设计的。特别是对于易损工件的烧结,托板是非常有用的。在工件装炉时,先把工件放在托板上,再利用起吊装置装入炉内,与工件一起被加热。

(3)坩埚。坩埚是用耐火的材料(如黏土、石墨、瓷土或难熔金属)所制的器皿,主要用于溶液的蒸发、浓缩、结晶以及烧结固体物质,也是电阻炉常用工装。坩埚为碗状容器,在对工件进行烧结和热处理时,把工件放入坩埚,防止工件因熔化造成炉子污染,同时对工件还起着固定和隔离的作用。坩埚有多种形状规格,图7-11 仅给出了部分钼坩埚和陶瓷坩埚,仅供参考。具体使用坩埚时,要根据工件的形状和材料的性能进行选择,且保证坩埚本身不会对工件的性能产生影响。

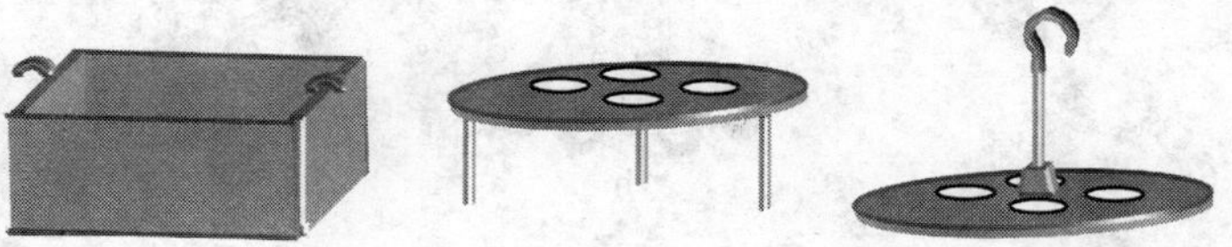

图7-10　托板

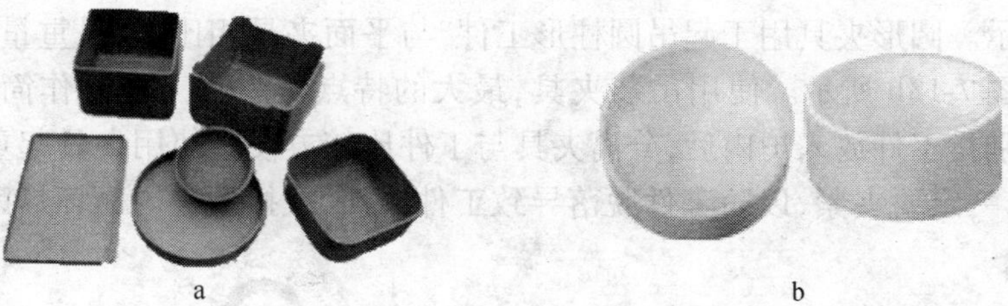

图7-11　坩埚

a—钼坩埚;b—陶瓷坩埚

7.3.2.2　吊装工具

(1)索具。索具又称为吊装带或吊装绳,是工件装出炉最常用的,也是电阻炉必备工装,特别是在起重大中型工件时,都离不开索具。常用索具包括麻绳、尼龙绳、钢丝绳以及吊钩(卸扣,卡环)等,图7-12是三种常用的索具。麻绳和尼龙绳的特点是有较大的柔性,易捆绑,在装出炉时可直接起重工件,缺点是强度低,承载重量小。钢丝绳强度高,耐磨性好,承载重量大,但柔性较差,而且一般不能直接起重工件,需通过其他工装起重。

准备起重工件时,应根据工件的结构特点,正确选择起重索具的种类和规格。捆绑工件受力要均匀,捆绑要牢靠。起重时要速度平稳,工件不摆动。下放速度要缓慢,卸扣时注意不要受力。有关起重的安全操作规程,请参阅有关资料。

(2)夹具。吊装夹具也是一种起吊工具,分为平面夹具和圆形夹具。平面夹具用于起吊侧面为平面的工件,起吊重量较小,如图7-13a

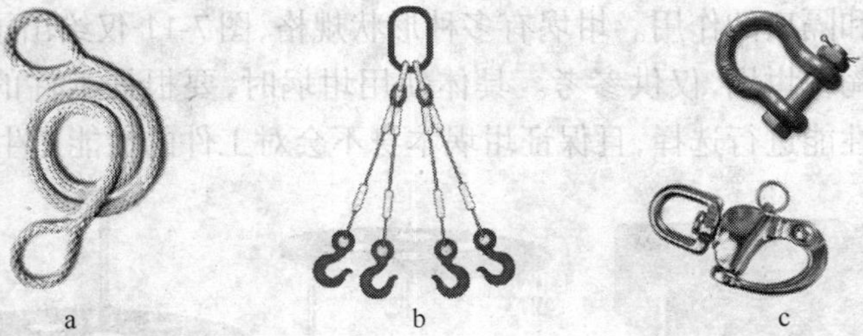

图 7-12 索具
a—尼龙绳；b—钢丝绳；c—卸扣

所示。圆形夹具用于起吊圆柱形工件，与平面夹具相比，起吊重量大，如图 7-13b 所示。使用吊装夹具，最大的特点是装卸工件操作简单，特别是工件放入炉内后，分离夹具与工件比较方便。使用夹具起重工件，一定要夹紧，以防工件脱落导致工件损伤，或掉到炉内砸坏热区部件。

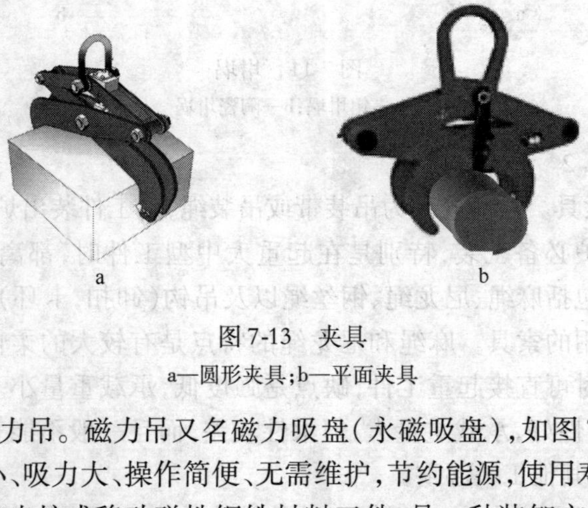

图 7-13 夹具
a—圆形夹具；b—平面夹具

(3)磁力吊。磁力吊又名磁力吸盘(永磁吸盘)，如图 7-14 所示，具有体型小、吸力大、操作简便、无需维护，节约能源，使用寿命长等特点。用于装出炉或移动磁性钢铁材料工件，是一种装卸方便、快捷的磁性吊具。磁力吊上设有独特的开关手柄，附有安全钮，用手扳动操作手柄就能吸住或释放工件。

(4)吊架。吊架是根据工件的具体结构而设计的专用工装，用于工件的装炉、出炉和转移。使用时吊架的三角托板插入工件的底部，以便起重时托住工件。吊入炉内后再拔出三角托板，使吊架脱离工件。图7-15是常用的吊架示意图，立柱形吊架和三角形吊架。立柱形吊架如图7-15a所示，通过调节螺杆间的距离，以适应不同大小的工件，吊装比较平稳可靠。三角形吊架如图7-15b所示，调节灵活，使用方便，但由于上小下大，三角托板难以保持水平，增加了插拔三角托板的难度。使用这类吊架的工件承载底板，如图7-15c所示，其上开有与三角托板对应的凹槽，当工件放到承载板上后，便于沿凹槽向外取出三角托板，使吊架与工件脱离。

图7-14 磁力吊

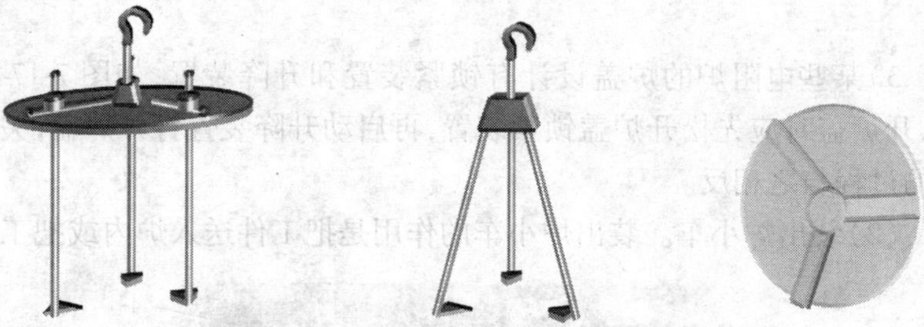

a b c

图7-15 吊架

a—立柱形；b—三角形；c—承载底板

7.4 电阻炉操作对象

电阻炉有哪些需要操作的对象，它们之间有何关联，是操作者应当掌握的。电阻炉的主要操作对象如图7-16所示。

（1）炉盖。工件装出炉时，炉盖必须打开或关闭，因此炉盖操作是指它的打开或关闭动作。正确打开或关闭炉盖的关键，是掌握炉盖打开或关闭的条件。电阻炉的结构不同，条件差异也很大。下面给出常

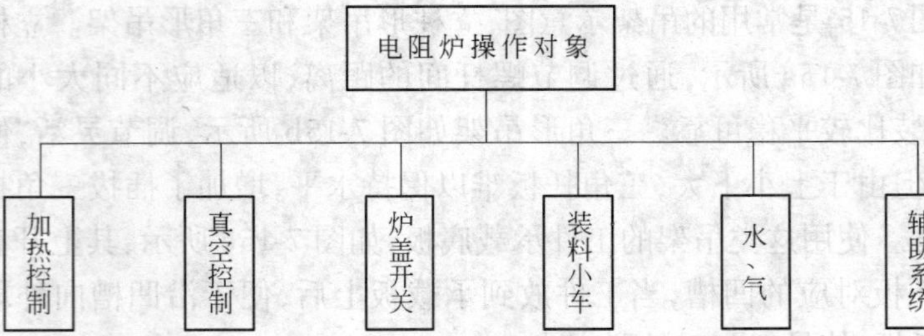

图 7-16 电阻炉操作对象

见的炉盖开启条件：

1）炉内温度要符合打开炉盖的要求，温度过高不仅造成工件和热区部件的氧化，而且还容易烫伤操作者。

2）开炉盖的操作除温度符合要求外，炉腔内的压力要保证是大气压状态，如果内部是真空或压力大于大气压，要进行匀压处理。关闭炉盖时，炉盖要运行到位，一般情况下由炉盖限位开关进行定位。

3）某些电阻炉的炉盖设计有锁紧装置和升降装置，如图 7-17 所示，开炉盖时应先松开炉盖锁紧装置，再启动升降装置打开炉盖，关炉盖的过程与之相反。

（2）装出炉小车。装出炉小车的作用是把工件送入炉内或把工件

图 7-17 炉盖带有锁紧环的井式炉

1—冷却水；2—锁紧环；3—炉盖；4—锁紧电机；5—升降机构

从炉内取出,用于立式下装料或卧式水平装料的大中型电阻炉。在利用装出炉小车进行装料时,注意多件放置要求均匀,单件放置要在中心,以便使小车与导向杆之间滑动自如,否则可能因卡死而烧坏电机。系统为小车设计有上下限位开关,到位后会自动停止。

1)出炉操作。开炉盖时,下炉盖放在托架上,并通过定位孔进行准确定位后,按动炉盖下降按钮,电机通过传动机构带动炉盖下降,四根导向杆保证小车的平衡。小车下降到地面,如图 7-18a 所示,使炉盖脱离托架,这时可手动沿导轨拉出炉盖,如图 7-18b 所示,以便进行装出工件。注意炉内压力一定要满足炉盖开启条件。

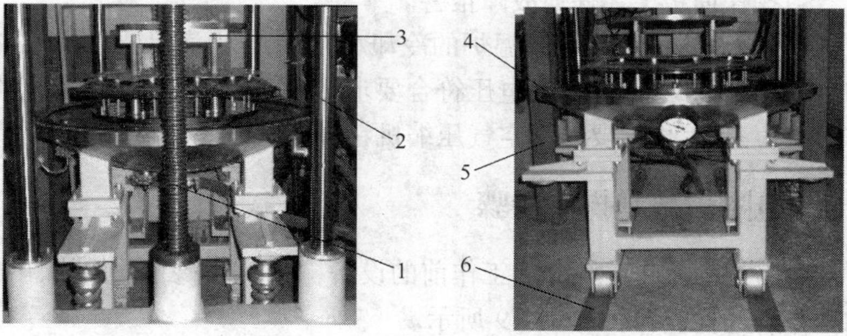

a b

图 7-18 装出炉小车

a—垂直升降;b—水平移出

1—升降螺杆;2—导向杆;3—工件支架;4—炉盖;5—装出炉小车;6—导轨

2)装炉操作。工件在支架上放置完成后,把炉盖手动移动到托架处,对准托架锥形定位孔,操作炉盖上升按钮,炉盖在电机的带动下,缓缓升起,触到定位开关后自动停止,炉盖关闭到位。

(3)真空系统。真空系统的操作包括真空机组的启动和停止,真空阀门的开启和关闭以及测量装置的操作。真空系统启动要满足下列基本条件:

1)炉盖已经关到位并锁紧,达到密封要求。

2)各个阀门处于关闭状态。

3)泵用冷却水和阀门气源压力满足要求。

4)相应的真空测量仪表进入工作状态。

(4)通电加热。炉子的通电加热一般满足下面条件。

1)炉盖已经关到位,并锁紧。

2)如果是真空电阻炉,真空度已达到工艺要求。

3)工作介质为气体的电阻炉,气体的纯度和压力满足工艺要求。

4)各种监测仪表及状态指示灯工作正常。

5)电热元件对地电阻和相间电阻符合炉子说明书要求。

6)利用智能温度控制器或计算机控制的电阻炉,加热工艺曲线已经完成输入。

7)其他辅助装置工作正常。

8)操作面板上无任何故障报警。

(5)水、电、气。水冷高温炉的冷却水流量、压力满足要求,各路冷却水畅通。电源不缺相,其电压符合要求。气动阀门一般用压缩空气作为动力源,工作前要启动空气压缩机,并检查调整气源压力。

7.5　电阻炉基本操作步骤

电阻炉的操作步骤分为工作前的设备检查、工件装炉、加热、出炉和工作后的检查等,如图 7-19 所示。

图 7-19　电阻炉的操作过程

7.5.1　工作前的检查

电阻炉工作前,必须按照操作规程的规定,完成各项检查工作,合格后才能进行下步操作。先做未通电静态检查,再做通电动态检查。在装炉前让炉子通电一次,观察炉子各部分的运行情况是必要的,短暂小电流加热对后续工作不会产生影响,而且能够发现炉子是否能正常工作,避免炉子在工作中出现问题。工作前主要检查内容如下:

(1)电气控制系统的检查,操作人员与电气维护人员一起,凭借肉眼观察低压电器各个接线端子有无松动,有无异常变色、打火痕迹,地线是否连接牢固,其他电缆有无断裂和损伤。

(2)一定要用万用表检查电热元件对地电阻和相间电阻符合炉子说明书要求。

(3)热电偶及补偿导线有无接触不良,热电偶的插入位置及深度是否合乎要求。

(4)通电后检查操作面板上,所能工作的监控仪表和状态指示灯的情况。

(5)对炉内热区部件做认真细致的检查,电热元件有无裂纹、断裂、重叠和下垂现象,保证电热元件不能与非绝缘物体接触。使用耐火材料做炉衬的电阻炉,要检查炉砖和搁砖有无破损。具有金属隔热屏的真空电阻炉,隔热屏的损坏程度要不影响炉子的正常工作。

(6)气动阀门一般用压缩空气作为气源,要检查压缩空气的压力。以某种气体作为工作介质的电阻炉,检查气体储量是否满足要求。

(7)对于水冷电阻炉,一定要保证水的压力和流量都符合要求,且打开水阀门以保证水流畅通。

7.5.2 装炉

立式电阻炉有上装料和下装料两种方式,上装料通常采用吊车进行工件装出炉,而下装料采用升降装置,即装出炉小车进行装出炉。卧式电阻炉采用水平装料方式,其装料机构由升降装置和推进装置组成。装工件前准备好装炉使用的工具,并检查工装、吊车或装出炉小车是否运行可靠。装炉过程按操作工艺规程要求的步骤进行,操作除要小心细致外,还要保证工件安放稳定牢固,并保持平衡,防止工件脱落。不要碰触热区部件或测温元件,以免造成工件、热区部件及测温元件的损坏。除此之外,装炉前还应做好以下工作:

(1)检查工件名称、材料及数量是否与工艺卡片相符。

(2)检查待处理工件是否存在裂纹、伤痕、掉边或夹杂等缺陷。

(3)对工件表面进行处理使之无油、干燥等。

(4)根据工件形状尺寸大小,合理选择工装,对易产生变形或裂纹的工件,要采取防护措施。

(5)工件要在工装上或在装出炉小车上安放牢固可靠,移动要平稳,防止脱落或歪倒。

(6)分层放置时,大件在下层,小件在上层,注意小件不应放在大件的易变形处。同层放置时,工件不能接触,应留一定的间隔。

(7)工件应放在炉内的有效加热区内,目的是提高工件加热温度的均匀程度。工件不能与炉内部件接触,特别是电热元件,以免导致设备的损坏或工件的报废。

(8)使用索具装炉时,首先让吊装工件的起重设备定位,这时工件应尽可能对正炉腔中心,待工件静止后再缓缓放入炉内。

7.5.3 加热

加热是电阻炉操作的主要过程,纵观整个加热过程可分为三个阶段,加热前的准备阶段、加热阶段和断电冷却阶段。在加热前的准备阶段中,再检查一次水、电、气等辅助设施,接着输入加热工艺曲线。若是真空电阻炉还应抽真空,使炉子的真空度满足工艺要求。待加热条件满足后,可按加热启动按钮对炉子进行加热升温,并按工艺要求完成一系列操作,炉子进入加热阶段。

在加热过程中,要时常观察设备的运行情况,记录各个监测仪表所显示的过程变量;注意电气控制柜内以及真空泵的工作有无异常声音和气味;经常到炉子旁,检查冷却水的出口水温。对于功率较大的高温电阻炉,每相或每个加热区都应安装有电流表,要特别注意炉温与电流表的变化。若发生故障,是继续加热还是断电停止加热,需按操作规程的规定执行,并及时报告有关人员进行处理。整个加热工艺执行完毕后,切断加热电源,炉子进入冷却阶段。

在冷却阶段中,控制电源不要切断,水、电、气等辅助设施也不能切断,因为仍需要对炉子的运行状态进行监控,真空系统还在工作。只有炉子温度降到一定温度后,才依次关闭真空系统、水、电、气等辅助设施。

7.5.4 出炉

出炉前一定要打开温度和真空测量仪表,检查炉温是否满足出炉条件,避免由于温度过高对人身造成伤害。检查炉内是否还处于真空状态,若是则需要进行匀压。打开炉盖后,立即对工件的外观、安放姿势和位置进行检查，确保无异常现象，并做好出炉前的记录。产品出炉过程按操作工艺规程要求逐步进行，除小心细致操作外，还要防止工件脱落，更不要碰触热区部件、测温元件和炉子其他部件。

工件出炉时，除按工艺规定直接出炉或冷却到一定温度后再出炉外，要确认加热电源已经断开，炉盖也在开启的锁紧位置，确保出炉安全。

使用索具出炉时，将卸扣对准炉内的出炉工装挂钩，待彼此扣好后再缓缓吊出炉外，再稳定移出，轻轻放下。

7.5.5 工作后的检查

工件出炉后，从设备角度来看主要检查热区部件的情况，电热元件有无变形或脱落，是否存在过热烧断、温度不均或发白等现象。隔热层是否有裂纹和损坏，发现问题及时修复，为继续运行做好准备。真空电阻炉要把炉子抽为真空状态，一般真空度抽到10Pa以下就可以了，目的是保持炉子的干燥状态。充气电阻炉也要保持真空状态，或先抽真空再充入气体。

每炉工作完毕后，都要从操作角度进行总结，工作中有无问题发生，有无经验可取，避免重复性错误再次出现。

7.6 温度控制操作

7.6.1 自动控制

温度控制是电阻炉操作的主要内容，目前绝大多数电阻炉都采用智能温度控制器，实现温度过程控制自动化，图7-20就是采用智能温度控制器进行温度自动控制的简化示意图。智能温度控制器是按指

图7-20 温度自动控制

令控制温度的,这就需要在运行前把编制好的温度控制工艺曲线及相关参数输入到控制器中。复杂的温度控制工艺,不仅包括温度控制曲线,而且还包括一些事件设置、报警设置以及 PID 控制参数的选择等。在使用智能温度控制器自动控制温度时,确认以下工作已经完成:

(1)温度控制曲线已经正确地输入到控制器中。

(2)如果需要,控制事件、相关报警、PID 选择已经设置。

(3)控制器显示的曲线号、段号就是要执行的工艺曲线及程序段。

(4)在温度控制器上正确地选择了自动运行方式。

(5)控制器当前设置符合工艺要求,如 PV 启动、跳步、踏步等。

(6)真空电阻炉的真空度符合要求。

(7)炉子处在自动控制状态,选择开关置"自动"位置。

7.6.2　手动控制

任何智能温度控制器,无论其智能化、自动化程度多高,都有一定的局限性,人工手动控制温度有时也是必不可少的,况且一般电阻炉都设计有手动控制装置。

手动温度控制是指操作者凭借经验和对炉子温度特性的了解,控制炉子的升温速度和保温点。在什么状态下,手动操作旋钮在什么位置或输出量多少,能使炉子温度升降温多快,能在哪个温度点保温,靠的是操作者的经验积累。操作者在平时的操作中,应当多观察、多总结、多分析和多积累,寻找输入与输出的对应关系,如能画出调节旋钮刻度与升温速度或保温点的关系曲线,也就掌握了炉子的手动温度控制。图 7-21 就是某电阻炉的调节旋钮刻度与升温速度的关系曲线。

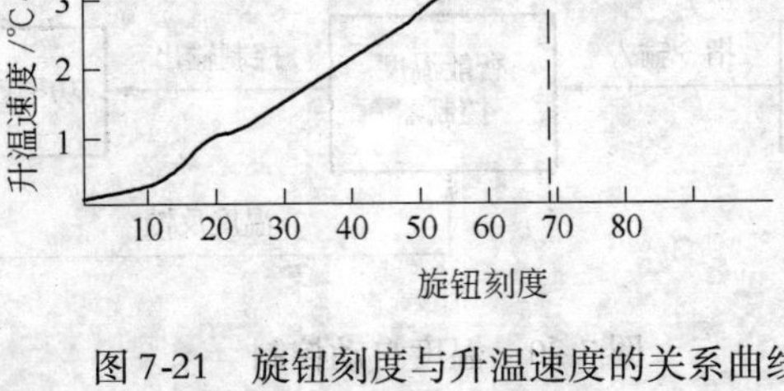

图 7-21　旋钮刻度与升温速度的关系曲线

对于一台新采购的电阻炉,开始时可采用“试探法”进行手动温度控制。在全范围内选取几个输入点,观察在这几个点上温度变化情况,并做好记录,从中总结出输入与输出的对应关系。在实际工作中,经常采用使控制量从小到大逐渐增加的方法控制电阻炉的温度,这样可以使温度变化比较平缓,避免出现温度的较大波动,也能得到较好的温度控制精度。有时为了能快速跟踪给定的升温速度,开始输出一个较小值,如果升温速度较慢,再输出一个较大值,此时如果升温速度太快,可取中间值输出,反复几次就能找到最佳控制量。

手动状态下加热控制,分为利用智能温度控制器的手动功能控制温度和手动调节旋钮控制温度两种方式。在操作面板上设有“手调开/关”转换开关,用于两种手动方式的转换。如果用智能温度控制器进行手动控制,按照设定好的温度曲线升温、保温,直接利用其手动功能调节输出量的大小;若采用手动调节旋钮控制温度,则手动调节电位器,改变控制输出量,达到改变温度的目的。

智能温度控制器在工作过程中,手动与自动控制方式可以相互切换。如果自动切换到手动时,控制输出为当前自动控制输出值,而手动切换到自动,控制输出为当前的手动控制输出值,这种切换称为无扰动切换。为了防止温度有较大波动,可把控制器设置成无扰动切换方式。在某些情况下,由自动切换到手动时,控制输出既可以为以前的手动控制输出值,也可以为设定的手动控制输出值。

7.7 电阻炉真空系统操作

7.7.1 真空机组

真空系统包括真空机泵、真空阀门、真空管道、真空辅助元件以及真空测量仪器等。

7.7.1.1 真空阀门

真空阀门的类型主要有真空碟阀、球阀及其他类型阀门。真空阀门的驱动方式及操作方法有手动、气动及电动阀门等,如图 7-22 所示。

7.7.1.2 真空机组

电阻炉真空机组分为低真空机组和高真空机组,低真空机组通常

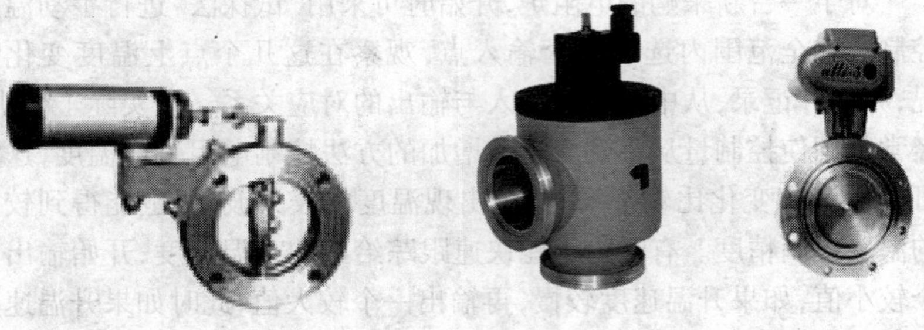

a b c

图 7-22 常见真空阀门驱动方式

a—气动阀门;b—电磁阀门;c—电动阀门

包括机械泵和罗茨泵,而高真空机组除包括低真空机组外,还有扩散泵或分子泵,也有时把扩散泵或分子泵称为高真空机组。

低真空电阻炉的真空系统一般只有机械泵,或者由机械泵和罗茨泵组成的低真空机组。高真空电阻炉的真空系统由机械泵、罗茨泵和高真空泵组成,其中高真空泵为油扩散泵或分子泵。凡是由两个以上真空泵串联组成的高真空系统,通常都把低真空泵称为前级泵,而高真空泵称为主泵。炉腔真空出口到主泵入口之间的管路称为高真空管路,主泵入口处的阀门称为主阀(或称高真空阀)。炉腔与前级泵之间的另一管路称为预抽真空管路,该管路上的阀门称为预抽阀(或称低真空阀)。主泵出口到前级泵入口之间的管路称为前级管道,该管路上的阀门称为前级阀。图 7-23 就是某电阻炉的高真空系统,图中所有阀门为气动阀。

7.7.1.3 真空测量装置

确定高、低真空测量所采用的真空规管和真空计的型号。

7.7.1.4 辅助装置

确定真空系统上是否还有辅助装置,如气体捕集器。

7.7.2 真空系统操作

低真空电阻炉的真空系统,只有机械泵或由机械泵与罗茨泵组成的机组,操作相对比较简单。现以高真空电阻炉的真空系统操作为

图 7-23 高真空电阻炉的真空系统

1—机械泵(前级泵);2—罗茨泵(前级泵);3—低真空阀(预抽阀)

4—高真空阀(主阀);5—炉腔接口;6—前级阀;7—扩散泵(主泵)

例,如图 7-24 所示,介绍其操作方法:主泵为油扩散泵,由机械泵和罗茨泵构成前级泵机组。低真空规管 1 测量炉腔预抽真空度,低真空规管 2 测量前级真空度,高真空规管测量炉腔工作真空度。预抽真空度、前级真空度的高低由前级泵机组决定,工作真空度取决于油扩散泵抽气能力。各真空度的具体数值可参阅炉子制造商提供的使用说

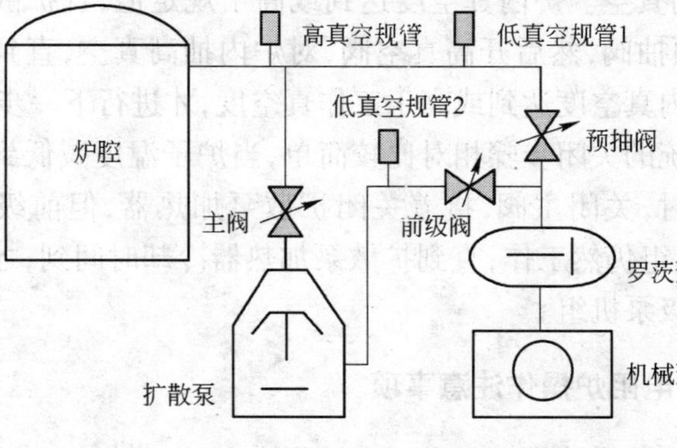

图 7-24 电阻炉高真空系统

明书。真空电阻炉从大气状态抽到工作真空度，真空系统的操作主要分4步：

(1)罗茨泵启动。打开前级阀，关闭主阀和预抽阀，用按钮启动机械泵，当低真空规管2测量的真空度高于罗茨泵入口真空度时，比如小于2kPa，启动罗茨泵。

(2)预热扩散泵。主阀和预抽阀仍处于关闭状态，前级泵机组对扩散泵抽真空，当低真空规管2测量扩散泵前级真空度高于规定值时，比如小于7Pa，启动扩散泵加热器。

(3)预抽炉内真空。先关前级阀，并停罗茨泵，稍后打开预抽阀对炉内抽真空。炉内真空度抽到高于罗茨泵入口真空度时，再启动罗茨泵。前级泵机组对炉内抽气，使之达到预抽真空度。

1)预抽真空期间要观察扩散泵真空度，如果扩散泵前级真空度低于规定值，就关闭预抽阀，稍后打开前级阀，再抽前级真空。

2)当扩散泵前级真空度高于规定值时，关闭前级阀，稍后打开预抽阀，继续对炉内预抽真空。

3)如果炉内真空度低于罗茨泵入口真空度，要停止罗茨泵，直到炉内真空度高于罗茨泵入口真空度后，再启动罗茨泵。

4)当低真空规管1测得的炉内真空度达到预抽真空度，而扩散泵的加热时间没到，则打开前级阀，同时对炉内和扩散泵抽真空，等待扩散泵预热时间到。

(4)抽高真空。炉内真空度达到或高于规定值，且扩散泵加热时间到，先关预抽阀，然后开高真空阀，对炉内抽高真空，直到高真空规管测得的炉内真空度达到或高于工作真空度，才进行下一步操作。

真空系统的关闭步骤相对比较简单，当炉子温度减低到可关真空系统的要求时，关闭主阀，接着关闭扩散泵加热器，但前级阀不能关闭，前级泵机组仍然工作，直到扩散泵加热器冷却时间到，才依次关闭前级阀和前级泵机组。

7.7.3　真空电阻炉操作注意事项

真空电阻炉的操作应注意下列问题：

(1)电阻炉禁止长时间超温、超负荷工作，以防控制部件损坏，或影响热区部件使用寿命。

(2)炉子升温后,不能再打开炉盖,以防热区部件氧化,电热元件截面变小,最终由于过热而烧断。

(3)真空电阻炉在温度高于400℃时,不得急剧冷却,否则会影响热区部件使用寿命。

(4)真空电阻炉在温度高于150℃时,不要关闭真空系统,以防热区部件被氧化。

(5)真空电阻炉在温度高于75℃时,不要关闭冷却水系统,否则会加速真空密封圈的老化,甚至会烧坏。

(6)随时注意温度、电压、电流等测控仪表的工作情况,发现炉温或测控仪表指示异常时,必须立即切断加热电源,及时检查、分析处理。

(7)炉子工作时,为防止控制系统失灵而损坏设备,应注意观察操作面板上各种指示灯的状态变化。

(8)高温真空炉内的金属电热元件(钼或钨)和陶瓷绝缘件,经过高温加热后变脆,应避免强烈震动和碰撞。

(9)真空电阻炉应尽量在一次打开炉盖后,用较短时间完成装出工件的工作,以免炉腔长时间暴露大气而影响真空度。

(10)对于三相电阻炉,每相都安装有电流表,在工作过程中密切注意三相电流的平衡程度。

(11)工作过程中观察冷却水出口水温,及时调节流量。

(12)装出工件时要轻拿轻放,避免碰撞电热元件。

7.8 电阻炉操作规程

电阻炉的操作规程是根据具体炉子制定的,就是同类型电阻炉由于其功能及结构特点不同,操作规程也不相同,因此下面仅给出一般制定操作规程的原则,具体到某台电阻炉还必须细化。

7.8.1 箱式电阻炉操作规程

(1)工作前

1)操作人员穿戴好规定的防护用品。

2)熟悉“安全操作规程”。

3)检查“交接班记录”。

4)检查炉腔内的状况,有无损坏,是否需要清洁。

5)检查炉盖开启机构的动作及润滑情况。

6)检查电热元件的连接是否紧固。

7)检查热电偶的安装及连接是否牢固可靠。

8)检查炉子绝缘电阻。

9)检查仪表的工作情况,各控制调节旋钮左旋到底。

10)熟悉工艺文件要求。

11)检查周围工作环境。

(2)工作中

1)新炉或大修炉应按要求进行烘炉。

2)在断电的情况下,按工艺要求进行装炉。

3)关闭炉盖。

4)检查或输入温度控制工艺曲线。

5)通电加热,并按加热工艺文件进行操作。

6)加热过程中,认真做好各项记录。

7)温度控制结束,切断电源。

(3)工作后

1)连续工作时,必须填写好“交接班记录”,并向接班人员当面交接清楚。

2)按设备要求进行出炉操作。

3)对炉子进行维护保养。

(4)注意事项

1)装、出炉时应按规定顺序认真操作,避免损坏炉子部件。

2)出炉温度应低于规定的温度。

3)加热温度不能超过炉子允许的最高温度。

4)工作过程中时刻注意实际温度变化,避免仪表失灵时造成破坏性事故。

7.8.2　井式电阻炉操作规程

(1)工作前

1)操作人员穿戴好规定的防护用品,并检查周围工作环境。

2)熟悉“安全操作规程”。

3)检查“交接班记录”。

4)检查炉腔内的状况,发现问题及时处理。

5)检查炉盖开启机构的动作及润滑情况。

6)检查热区部件情况,有无损坏,热电偶的安装及连接是否牢固可靠。

7)检查仪表的工作情况,各控制调节旋钮左旋到底。

8)检查炉子绝缘电阻。

9)检查辅助设施条件,如气、冷却水压力等。

10)熟悉温度控制工艺文件,并准备好工装。

(2)工作中

1)在断电的情况下打开炉盖,按规定的次序进行装炉。

2)关闭炉盖。

3)把温度控制工艺曲线输入到温度控制器中。

4)控制开关置适当位置(自动),通电加热。

5)按工艺规程进行操作。

6)加热过程中,观察炉子工作情况,认真做好各项记录。

7)炉子工作过程中发生故障,应停止加热并请相关维修人员进行处理。

8)温度控制结束,切断电源。

9)关闭辅助设施条件。

(3)工作后

1)按工艺要求冷却工件,并进行出炉操作。

2)连续工作时,必须填写好“交接班记录”,并向接班人员当面交接清楚。

3)按“设备维护规程”维护保养设备。

(4)注意事项

1)装、出炉时应按规定顺序认真操作,做到轻、准、稳,避免损坏炉子部件。

2)出炉温度应低于规定的温度,防止对人体造成伤害。

3)加热温度不能超过炉子允许的最高温度。

4)若因清洁或维修等原因需要人进入炉内,应进行充分的通风换气,防止炉内残留的工作气体危害人身安全。

5)保持室内良好通风环境,防止有害工作气体累积过量造成安全事故。

7.8.3 真空电阻炉的操作规程

(1)装出工件前的检查

1)检查控制系统接地是否良好,各电缆绝缘层是否破损漏电。

2)测量电热元件的对地绝缘电阻及相间电阻。

3)检查有没有漏水、漏气、螺栓松动等影响设备运行的情况,设备不能带故障运行。

4)检查冷却水压力,一般不小于0.2MPa,各水路手动阀门应打开,水流通畅。

5)检查压缩空气压力,一般不小于0.5MPa。

6)在打开炉子前,应检查炉内压力是否与大气压力平衡。

7)合上总电源开关,应无故障指示。

8)工作前一定要熟悉工艺文件。

(2)工件的装出炉

1)在炉盖开启或关闭时,不得对真空密封面造成刮擦,以免破坏设备的密封性能。

2)在装工件时,避免冲撞设备内部其他部件,造成设备的严重破坏。

3)工件安放位置应保证在炉子有效工作区范围内。

4)取出炉内工件之前,应准备好待装炉的工件,以免炉内过多次或过长时间暴露大气而影响真空度。

(3)抽真空

1)真空机组、规管及仪表处在正常工作状态,才能启动真空系统。

2)真空度达到罗茨泵入口真空度时才能启动罗茨泵,否则罗茨泵不能启动。

3)达到扩散泵前级真空度时才能给扩散泵加热,以防扩散泵油氧化。

4)扩散泵加热时间到,并达到预抽真空度才能打开高真空阀。

5)随时观察炉内真空度的变化情况。

(4)加热

1)输入温度控制工艺曲线。

2)炉内真空达到工作真空度时,才能通电加热。

3)加热过程中,观察炉子工作情况,认真做好各项记录。

4)炉子工作过程中发生故障,应停止加热并请维修人员进行处理。

(5)结束

1)加热工艺结束,切断加热电源。

2)关真空系统:炉温降到150℃以下,依次关闭高真空阀、扩散泵加热器。

3)扩散泵冷却时间到,关闭前级阀和前级泵机组。

4)炉子温度低于75℃后,可关闭冷却水。

5)控制系统断电。

(6)注意事项

1)操作人员避免接触炉子高温部位,比如扩散泵底部,以免烫伤。

2)启动扩散泵后,不要同时打开前级阀和预抽阀,以免气体进入扩散泵引起扩散泵油爆燃。

复习思考题

1. 在学习操作前应从哪些方面对电阻炉进行了解?
2. 热处理工艺文件包括哪些内容?
3. 操作面板上监控部件和控制部件的作用分别是什么?
4. 电阻炉工装制作要点是什么?
5. 电阻炉常用工装有几种?
6. 真空电阻炉的主要控制对象有哪些?
7. 电阻炉的一般操作分为几步?
8. 在装出炉过程中应注意哪些问题?
9. 在炉子加热运行过程中应做好哪些工作?
10. 自动控制的特点是什么?
11. 怎样做好温度手动控制?

12. 什么是手动与自动控制的“无扰动”切换？
13. 简述真空系统的操作步骤。
14. 为什么要抽扩散泵的前级真空？
15. 真空电阻炉操作注意事项主要有哪些？
16. 为什么要制定电阻炉操作规程？

8 电阻炉的维护与保养

学习目的：

掌握电阻炉日常维护保养所包含的内容，熟悉井式电阻炉和真空电阻炉的维护与保养、电阻炉常见温度控制故障及解决措施、电热元件的维护方法和常见故障处理，了解影响电热元件寿命的因素、电阻炉安装调试步骤及内容、电阻炉主要性能指标等。

电阻炉维护与保养的好坏，不仅直接影响着电阻炉的性能，而且还关系到炉子的使用寿命。因此正确地维护和保养电阻炉，制定具体的《电阻炉维护保养规程》，是一项必不可少的重要工作。电阻炉日常维护保养如果做得好，就可以保持其良好的技术状态，延长炉子的维修周期，减少故障发生率和维修工作量，并降低维护费用。

8.1 电阻炉日常检查

做好电阻炉的日常检查工作，建立"七分保养三分维修"的设备维护理念，充分认识设备日常保养工作的重要性。在工作中要编制日常检查表，并与运行记录、维护保养记录一起形成设备维护与保养档案，从中掌握设备技术状态变化趋势，早期发现故障苗头，及时进行处理，避免设备故障的发生。电阻炉的日常检查，可分为控制系统、真空系统、炉体及冷却系统等四部分。

8.1.1 控制系统的检查

电阻炉电气控制系统的日常检查应有电气专业人员负责，操作人员配合检查工作。主要检查内容如下：

(1)经常检查加热驱动单元的工作情况，如加热变压器、电抗器或磁性调压器有无异味、过热及异常噪声，电极连接有无松动和接触不良。

(2)检查各接线是否有短路、断路现象,接线端子处是否松动和脱落。

(3)检查温度传感器(热电偶)的安装位置是否移动,连线(补偿导线)接触是否良好,是否到了标定或更换时间。

(4)通电检查各仪器仪表能否正常工作,各种指示灯是否完好,操作按钮是否灵活。

(5)检查各加热元件与炉体绝缘情况,包括相间电阻和电热元件的对地电阻等,绝缘电阻是否符合说明书要求。加热电缆有无磨损、老化、断裂等现象。

(6)检查低压电器件的工作情况,如接触器、继电器、操作开关以及限位开关的动作。

(7)检查炉子各部分的接地连接,确保接地良好,以免造成伤害事故。

(8)不定期检查电动机工作情况,有无异常声音和气味,表面温升是否太高等。

8.1.2 真空系统检查

电阻炉真空系统包括真空泵、真空阀门、真空仪表、炉腔和真空管路,真空系统的检查主要由操作人员完成,在工作中做好以下日常检查工作:

(1)对机械泵的检查是暂不打开止气电磁阀,先让泵运行起来真空管抽一段时间,观察真空泵运行过程中的声音及泵体振动变化情况。

(2)长期不用的泵每周至少运行一次,在空载的情况下运行1~2h左右,检查泵体是否漏油。对于带有气镇阀的机械泵,可短时间打开气镇阀。

(3)真空泵油需要定期更换。真空泵运行时,应注意观察油位及油色的变化。正常情况下,泵油应透明,并成淡黄色,如果油的上部出现白色浑浊现象,说明有水汽或有机溶剂进入真空泵,解决的方法有两个,一是更换泵油;二是根据实际情况可将气镇阀门打开一段时间,如果还不能恢复正常油色,说明泵油已经乳化变质,只有更换了。

(4)对真空阀门、炉腔和真空管路要定期进行漏气检查,按要求定期更换密封圈。检查电磁阀开启是否正常,各个连接部分,比如法兰、螺栓是否存在松动等现象。

(5)对于与炉腔有关联部件要保持清洁,炉内一旦脏化要进行清洁处理,为使炉内保持干燥气氛,清洁后需要烘炉。

(6)罗茨泵、机械泵工作时产生振动,会造成设备的紧固件(如螺栓)松动,每隔2~3个月将设备的螺栓重新紧一遍。

(7)检查真空规管和测量仪表是否到了校验期,规管的安装及密封是否发生了变化。

(8)检查机械泵排气口有无堵塞,排气管道是否畅通,否则会引起泵内压力过高,导致密封损坏或喷油。

(9)检查机械泵的止气电磁阀的动作,正常情况下,机械泵停止时电磁阀自动关闭,避免返油的发生。

(10)检查扩散泵加热器有无断路故障。

(11)检查泵用冷却水、冷阱用冷却水是否畅通,管路的水压开关和流量继电器动作是否正常。

(12)检查气动真空阀门或电磁真空阀门的工作情况,有无动作不灵活和卡死现象。

8.1.3 炉体及辅助装置常规检查

电阻炉的常规检查包括:

(1)经常检查冷却水及管路的状况,保证炉体、炉盖、电极、变压器等冷却水畅通,而且不漏水。使用万用表检查水压开关和流量继电器的动作情况,以免保护失效导致设备的损坏。

(2)检查炉子气路是否畅通,气管路是否存在漏气,气压表指示是否正确或到了校验期。

(3)检查炉子的密封部件,特别是真空电阻炉和气氛电阻炉的炉盖橡胶密封件是否断裂和老化,有无划伤。橡胶密封件不得接触丙酮等有机溶剂,否则会降低密封圈的密封性能。

(4)炉子若有液压控制设备,应检查液压设备或部件的工作状况,压力大小,液压件和管路是否漏油。

(5)检查各零部件连接是否紧密,螺栓是否有松动,应当每半年把所有的螺栓紧一遍。

(6)检查运动部件动作是否灵活、平稳,如炉盖(门)的开启或关闭,装出炉小车的升降等。

(7)检查运动部件的润滑情况,如炉盖移动的传动机构,装炉小车的升降机构等,按照说明书的规定的时间,定期加注润滑油。

(8)检查热区部件,即电热元件、炉衬、金属隔热屏、绝缘子、炉内支架等是否有裂纹、脱落、松动现象,发现问题及时处理。

(9)在炉子使用过程中,定期检查和清理箱式电阻炉、井式电阻炉的炉底、电热元件及炉膛搁砖周围的积碳和氧化皮,坩埚、炉罐等耐热件每使用一段时间,也要清除其氧化皮。若不及时清理,就会出现短路熔融,并与耐火砖发生反应,导致电热元件熔化而断或产生其他电气故障。

(10)工作场地应保持清洁卫生,避免开炉时尘土污染炉腔,特别是真空电阻炉更要注意场地卫生。

8.1.4 水冷系统的日常维护

高温电阻炉一般都是采用水冷系统,主要对炉体、炉盖、变压器以及大电流电缆进行冷却。在有高真空的地方,还要对扩散泵及冷阱进行冷却。保持冷却水连续供给,畅通无阻,严格控制出口水温是高温电阻炉正常工作的前提条件。水冷系统维护保养的目的就是保证水路的畅通。主要从以下方面考虑:

(1)在利用循环水的地方,经常检查水池的水位、水质,有无脏污。

(2)检查循环水泵的运行情况。

(3)检查管路上的阀门调节是否灵活,管路系统是否漏水。

(4)检查冷却部件的紧固件和密封件,防止被冷却部件或设备漏水。

(5)长期不用的炉子,应把冷却水全部放出,必要时用高压气体通入管路,吹出冷却水。

(6)防止沉积物积累堵塞管路。

(7)经常检查水压保护开关,以防失灵损坏冷却部件。

(8)随时调节冷却水流量,保证出口水温符合要求,冷却水压力应保持在0.15~0.2MPa之间,出水温度不高于45℃。

(9)定期对水压表和流量计进行校验。

8.2 电阻炉维护与保养

根据每台电阻炉的用途、组成和结构特点,编制使用维护与保养操作规程,明确维护与保养的项目,是做好维护工作的前提。每次维修炉子前,要求制定维修计划,编制维修工艺。箱式电阻炉的维护与保养主要是针对电热元件和炉衬,而真空电阻炉主要是针对热区部件和真空系统,有关电阻炉其他方面的检查与维护在上节中已经进行了说明,不再赘述。

8.2.1 井式电阻炉的维护与保养

井式电阻炉与用耐火材料做炉衬的箱式电阻炉结构比较相似,因而,箱式电阻炉的维护与保养方法可参见井式电阻炉。

8.2.1.1 烘炉

(1)新安装的、长期不用或对炉体进行较大面积维修的井式电阻炉,使用前要按规定进行烘炉,以除去炉内的水分。烘炉前,要用摇表检测设备的绝缘,一般不小于2MΩ。烘炉温度在200℃以下时,要打开炉门,并延长保温时间,便于水分排出。升温速度不超过50℃/h,而且要每隔一定温度,比如200℃保温一次,以便达到较好的烘炉效果。

(2)为使井式电阻炉处于良好的状态,至少每两星期要做一次低温运行,检查炉子的工作情况。

(3)维修人员应定期检查热区部件的情况,主要是炉衬有无损坏,发现问题及时维修,防止损坏部位的进一步扩大,造成设备的瘫痪。

8.2.1.2 炉衬

(1)在对炉衬进行局部维修时,拆除损坏部位要保证未损坏部分的完整,不脱落和不松动。

(2)拔取断裂搁砖时,应首先拔取断头附近完好的搁砖,再拔取已经断头的搁砖。要左右摇晃,轻轻取出,严禁使用硬物强敲硬取,以免炉衬产生新的裂缝。

(3)在更换炉衬的砌砖或搁砖时,砖与砖之间要留有空隙,考虑材料受热膨胀的影响,而且对砖要进行挑选,尽量保证外形尺寸相同。

(4)砖表面必须平整,没有裂纹、空洞、渣蚀和玻璃化,也不能缺棱掉角或受潮。

8.2.1.3 电热元件

(1)维修时电热元件的安装要紧靠炉衬,平放在搁砖上,并适当留有其膨胀空间。

(2)固定电热元件炉钩的位置要合适,一般400~600mm一个,并能牢固钩住防止趴下。此外,为防止炉丝间相互接触,要垫陶瓷隔离片。

(3)若发现电热元件位置移动、变形等现象,首先检查固定装置(炉钩、压卡、捆丝)是否发挥作用,采取措施,确保架设电热元件的固定装置砌牢、压住、塞紧,不得松动。如果电热元件变形较大,可用气焊或喷灯进行烘烤使其变软,并恢复其原有形状和尺寸,再用专用装置固定。

(4)电热元件如果断裂,可以对断头直接焊补修复。如果局部严重变形或损坏,通过烘烤也不能恢复的,一般可采用换补一段的方法来解决,注意用于换补电热元件的材料、直径、螺距及长度等要符合原技术要求,新补的电阻丝不能有裂纹、锈蚀等缺陷,要疏密均匀。

8.2.2 真空电阻炉的维护与保养

真空电阻炉要比井式电阻炉复杂些,特别是高温真空电阻炉在结构上差异较大,尽管如此,两者仍存在有共同点,其日常检查项目和维修与保养方法可以相互借鉴。下面针对真空电阻炉的特点,介绍几种维护与保养的方法。

8.2.2.1 炉腔

(1)真空电阻炉在不使用时,要把炉盖密封好,且一定要把炉子抽为真空状态或充入一定压力(低于大气压)纯净氩气,保持炉腔内部的干燥气氛,防止炉内材料吸附潮气,导致抽真空时间延长,工作真空度降低。

(2)真空电阻炉热区部件大修后,也要进行烘炉处理,排除炉内材料吸附的潮气。烘炉要求升温速度慢,保温时间长,有利于潮气的释放。长期不用的炉子在使用前也应进行烘炉,目的是检查设备的工作情况,发现问题及时处理。

(3)炉膛内应保持清洁,经常清除杂质。一般情况下,除了装炉、出炉和维护时打开炉盖,其他时候均要将炉盖关闭,以免炉内受到污染。

(4)应尽量保持工作场地干燥。因为工作场地过于潮湿,当开炉盖时,炉内就会吸附大量水分,对抽真空不利,特别是在雨季,应尽量减少开炉盖时间。

(5)为使真空电阻炉保持良好状态,对于闲置时间较长的炉子,至少每两星期要做一次真空下的低温运行,检查炉子的工作情况。

(6)真空炉内若存在有大量水蒸气时,要打开机械泵的气镇阀,使凝结水蒸气与掺入的空气一起被排出泵外,有利于提高真空度。

8.2.2.2 真空规管

(1)若规管在使用过程中,内部进入了少量水蒸气,会导致真空度指示波动,而且测量不准,这时应将规管卸下,用吹风机将规管内部吹干后再安装使用。

(2)规管本身都有一定的使用寿命,随着使用时间的延长其性能逐步降低,先用丙酮溶剂对规管内部加以清洗,风干后再进行校验,合格后方可使用。

8.2.2.3 真空泵换油

真空泵油被污染或到了更换时间,就要更换泵油。换油前一定要确保真空泵油符合泵说明书要求,否则将使泵的性能降低,甚至可能造成真空泵损坏。通过油孔加油时,需经过滤,以免杂物进入,堵塞油孔。机械泵换油的步骤如下:

(1)首先打开加油孔盖,然后拧开排油孔盖,用容器接收排出的废油,操作时应注意勿使废油污染环境,待废油排放干净后,拧上排油孔盖。

(2)加入干净的真空泵油,使油位稍微露出观察窗,这时可点动真空泵运行数次,再放出泵油,目的是将废油排除干净。然后拧上排油孔盖,重新加入干净的真空泵油至油位指示线的1/2处。

(3)启动真空泵进行测试,待泵温升高后,判断其抽真空性能。如果真空度仍然达不到规定值,可能是因为泵内积有油泥等沉积物或存在机械方面的故障,需要打开真空泵清洗油泥或调整机械泵。

8.2.3 电阻炉的定期维修

电阻炉运行一段时间后,就要进行有计划、有组织的定期维修工作,保持炉子的技术性能,延长炉子的使用寿命、提高产品质量,减少能源浪费,改善工艺条件。电阻炉的定期维修分为小修、中修和大修,维修周期取决于炉子的结构、运行条件和使用率,很难制定统一标准。

小修是指对炉子易损部位进行的局部检修,检查接地装置和电气线路的绝缘情况,清理炉子内的杂物,检查所有电气部分和热区部件,调整并润滑传动机构,检查辅助装置的工作状况,各种管道的密封性。中修是指检修电气部分和控制装置,更换损坏的热区部件,调整或更换机械传动机构,更换炉子各部分密封圈。大修是指更换全部热区部件,检修电气部分和控制装置,更新温度控制仪表,检修或更换不合格的管道及其附件,更换炉子安全保护装置,检修全部机械传动部分,对金属构架、炉体及管道进行涂漆。

在定期维修过程中,正确处理维修、调整与改造的关系,当炉温达不到工艺要求或者是不稳定时,可以通过调整解决的,就不要进行维修,只有通过调整解决不了的问题,才进行维修处理。如果通过维修调整仍不能达到工艺要求,或者是炉子结构和控制系统较为落后,不能满足产品质量要求时,就必须对炉子进行改造,提高其自动化程度,温度控制精度,达到提高生产效率,改善产品质量目的。

在对炉子进行维修调整前,应组织技术人员、操作人员和维修人员,详细地检查分析炉子的当前技术状况,正确估计炉子存在的问题,确定维修调整内容,提出对维修调整的具体要求,是小修、中修、大修还是改造,编制维修调整工艺或制定改造方案。

8.3 电热元件的维护

电热元件是电阻炉的重要部件,是电阻炉热量的来源。了解影响电热元件寿命的因素,对于正确维护电阻炉是非常重要的。

8.3.1 影响电热元件寿命的因素

电热元件的寿命是指它能正常使用的时间。金属电热元件的寿命一般是指它的额定功率减少 15% ~20% 所需要的时间。碳化硅电热元件是指电阻值增大到原来的 4 倍所需时间。在使用过程中,逐渐出现元件老化、表面被氧化、电阻增大等现象,使它的额定功率下降,当这些现象达到一定程度后,发热量就达不到要求,此时就必须进行更换。否则会因电热元件阻值变化,发热功率减小,导致电阻炉工作温度的降低。电热元件因老化或被氧化而变细,造成电流过大出现断裂,是导致使用寿命缩短的重要原因。在实际工作过程中,影响电热元件寿命的因素主要有:

(1)最高允许温度。超过电热元件的最高允许温度,就有熔断的可能,寿命就会急剧下降,因此在工作中严禁超过其最高允许温度。

(2)工作气氛。一般电热元件都是在一定的保护气氛下工作的,比如惰性气体的保护气氛、氢气下的还原气氛、真空状态等。工作气氛满足工艺要求,有利于延长电热元件的使用寿命。

(3)加热和冷却速度。有些电热元件对加热和冷却速度有一定要求,尽量避免急剧升温或冷却,特别是低温下的急剧升温和高温下的急剧冷却,否则会降低电热元件的使用寿命。

(4)安装方式。安装方式不当,也会降低电热元件的使用寿命,比如对于线膨胀系数大的电热元件,没有留足伸缩余量;对于较长的电热元件没有合理的支撑。

8.3.2 电热元件的维护

8.3.2.1 金属或金属合金材质的电热元件

绝大部分电阻炉一般都采用钼丝、钼带或金属合金材料做电热元件,这些材料的电阻在常温下较小。钼材料的电热元件随着温度的升高电阻急剧增大,钼丝在温度 1400℃ 以上时的电阻比 20℃ 时大 10 倍。在使用过程中应注意下列事项:

(1)经常检查电热元件有无变形和断裂,垂直安装的电热元件有无下坠,有无接触不良,是否存在断裂、短路等严重损坏情况,以便及时维修,防止故障扩大。

(2)炉腔内部的绝缘子有无脱落和损坏,绝缘子表面有无碳化层,有无放电痕迹。

(3)带状电加热元件的电阻炉,当检查到有断裂损坏时,可更换局部损坏的部分。比如钼带电热元件,可取下钼带将损坏部分截掉,另取一节与原材质相同、尺寸也相同的钼片,用2~3mm厚的钼片两面夹住,再用钼螺钉拧紧,见图8-1。

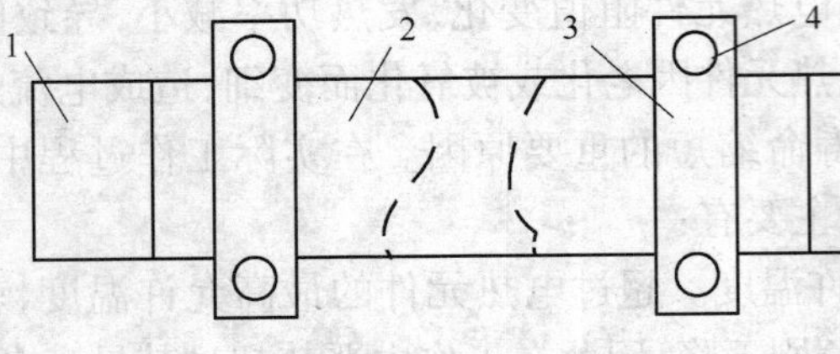

图8-1　钼带断裂后的修复连接

1—旧钼带;2—新钼带;3—钼夹板;4—钼螺丝

(4)在日常检查中发现电热元件有变形、下坠现象时,可用喷灯烘烤使其变软,用外力恢复其应有形状及相关尺寸,再进行捆绑固定。

(5)为防止冷态下电流的急剧增加而烧断电热元件,开始加热时电流不应过大,电压要缓慢增加,每次调压范围不得超过10%,并严格按照给定的升温曲线升温。

(6)加热电流不能超过允许值,炉子更不能过载运行,或长时间处于超温状态,否则会烧断电热元件,损坏热区其他部件。

(7)由于热区部件高温使用后性能变脆,应严禁碰撞电热元件。在加热过程中更要避免高温热震。

(8)钼材质电热元件与石墨在高温下会产生剧烈化学反应,应避免与石墨接触。

8.3.2.2　硅碳棒电热元件

(1)硅碳棒电热元件的使用寿命与温度、炉内气氛和工作时间密切相关。随着工作时间增加逐渐老化,电阻值增加,若不提高加热电压,就有可能达不到工作温度。这就需要采取一定措施,比如增大加热电压,改变连接方法来解决。如果发现断裂、局部白炽或呈暗红色,就要换电热元件了。

(2)在高温的情况下,不能放入潮湿工件,更不能碰触棒体,以防引起电弧或振动,损坏电热元件。

(3)硅碳棒电热元件在还原气氛下,比如氢气,电阻增加较快,寿命将缩短,而且棒体还变脆,更要严格控制加热温度,严禁超温工作。

(4)经高温使用后,电热元件的韧性变差,在加热或冷却过程中,禁止快速升温和急剧冷却,防止热震冲击而引起断裂。

(5)如果炉内气氛含有碳,为防止内部短路,要每隔一定时间打开炉门,使碳燃烧并挥发掉。

(6)氮气对硅碳棒有保护作用,在该气氛下阻值增加也较慢,如果氮气不对工件产生影响,建议炉子在该气氛下加热。

(7)更换新电热元件时,要尽量与当前本组电热元件的电阻值相同,300℃时的误差应小于0.2Ω。如果不能做到,则必须更换一组。

8.3.3 电热元件常见故障

表8-1给出了金属或金属合金电热元件常见故障及处理方法。

表8-1 电热元件常见故障

编号	现象	原因	措施
1	氧化	1. 真空度太低; 2. 炉体存在漏气; 3. 保护气氛不足; 4. 保护气体质量不纯; 5. 炉体内部有潮湿材料	1. 检查真空系统; 2. 真空检漏; 3. 检查气体压力; 4. 使用高纯气体; 5. 多次烘炉
2	短路	1. 由于安装不良而引起的相间或对地接触; 2. 工件安放不稳,接触到了电热元件; 3. 氧化皮或其他杂质落到了绝缘子上; 4. 内部绝缘降低; 5. 热区部件变形	1. 检查电热元件的安装,处理短路部位; 2. 检查安放位置,重新安放工件; 3. 清洁热区部件; 4. 更换绝缘降低部件; 5. 检查维修热区部件

续表 8-1

编号	现象	原因	措施
3	烧断	1. 电热元件材料不合格； 2. 长时间超温工作； 3. 元件截面减小,电阻急剧增大； 4. 电气元件本身存在缺陷； 5. 温度控制仪表故障； 6. 电流过大,产生热震； 7. 升温速度太快	1. 选择合格材料； 2. 严禁超温工作； 3. 采取措施,防止电热元件的侵蚀； 4. 更换电热元件； 5. 维修或更换温控表； 6. 限制电流骤变； 7. 按工艺要求升温
4	局部发白	1. 元件表面负荷过大； 2. 元件表面损伤,有裂纹； 3. 焊接质量不好； 4. 三相不平衡,其中一相过流； 5. 螺旋状电热元件螺距严重疏密不均	1. 选择合适表面负荷元件； 2. 更换电热元件； 3. 重新焊接加固； 4. 检查保险管,有无缺相,保持三相基本平衡； 5. 调节电热元件螺距,使其疏密均匀
5	电阻变化	1. 炉内气氛影响,导致氧化膜增厚,元件老化； 2. 温度高、变化大容易引起元件氧化掉皮； 3. 介质腐蚀引起截面减小,电阻增大	1. 减小气氛(气体纯度、真空度)的影响； 2. 避免超温,防止炉温急剧变化； 3. 采用合格介质,避免进一步腐蚀

8.4 常见电阻炉温度控制故障与处理

表 8-2 是电阻炉温度控制常见故障现象、产生的原因及应采取的措施,其中第 5、6 项还可参考第 2 章热电偶故障一节的内容。

表 8-2 电阻炉常见故障

编 号	现 象	原 因	措 施
1	升温太慢或达不到最高工作温度	1. 电网电压太低； 2. 三相电流不平衡值超过了20%； 3. 电热元件断路或缺相； 4. 电热元件电阻值不符合要求； 5. 电热元件功率减小； 6. 电热元件存在短路现象； 7. 炉子装料太多； 8. 隔热屏或炉衬性能变差，散热量过大； 9. 电热元件连接方法错误； 10. 炉用变压器输出电压低； 11. 调功器输出功率太小； 12. 温度控制装置故障	1. 检查电网电压； 2. 测量三组电热元件的阻值是否一致； 3. 检查电热元件故障点； 4. 测量三组电热元件的阻值是否在允许的范围内； 5. 更换电热元件； 6. 消除短路点； 7. 减小装料量； 8. 更换隔热层，或减小散热量，如冷却水流量； 9. 正确连接电热元件； 10. 检查炉用变压器； 11. 检查或调整调功器； 12. 排除控制装置故障
2	温度均匀性差	1. 功率分配不合理； 2. 电热元件断路； 3. 炉子结构不合理导致局部散热过大； 4. 炉子密封不良，局部散热量过大； 5. 带风机的炉子气体循环不均匀或风力不足； 6. 热电偶安装位置或插入深度不能反映真实温度； 7. 电热元件分布不合理； 8. 炉底温度偏低； 9. 加热电源缺相，保险丝断	1. 重新计算改进功率配置； 2. 更换断路的电热元件； 3. 改进炉子结构或改进冷却方法； 4. 检查炉子密封，消除密封不良因素； 5. 合理安放工件，增大风机的风力； 6. 合理选择热电偶安装位置或插入深度； 7. 调整电热元件分布； 8. 增大炉底加热功率； 9. 检查加热电源电路

续表8-2

编号	现象	原因	措施
3	密封性差	1. 炉盖密封圈老化； 2. 炉体存在漏气； 3. 真空管道、阀门密封不良； 4. 电极处密封性差； 5. 热电偶插入孔密封不良； 6. 真空规管插入处密封不好； 7. 备用孔密封不良	1. 更换炉盖密封圈； 2. 检查炉体并消除漏孔； 3. 检查真空系统密封情况； 4. 重新清洁、安装电极； 5. 重新安装热电偶； 6. 检查并重新安装真空规管； 7. 检查备用孔密封
4	温度控制失灵	1. 温度仪表受到了干扰； 2. 热电偶信号受到了干扰； 3. 热电偶接触不良； 4. 补偿导线短路或断路； 5. 热电偶距电热元件太近； 6. 温度控制回路发生故障； 7. 热电偶受到了腐蚀，电特性发生了变化； 8. 热电偶对地，保护管绝缘降低	1. 采取措施消除干扰源； 2. 对信号线增加屏蔽； 3. 紧固热电偶接线端子； 4. 检查补偿导线； 5. 调整两者间的距离； 6. 维修温度控制回路； 7. 更换热电偶； 8. 检查热电偶绝缘情况
5	温度显示不稳定	1. 热电偶电极接触不良； 2. 热电偶有断续短路或断路； 3. 热电偶有断续接地； 4. 热电偶位置不断变化； 5. 补偿导线有接地、断续短路或断路； 6. 温度显示仪表故障	1. 重新连接热电偶； 2. 检查热电偶消除故障点或更换； 3. 消除接地点； 4. 固定好热电偶； 5. 检查补偿导线，消除故障点； 6. 维修或更换温度显示表
6	温度显示值偏低	1. 热电偶参考端温度太高；	1. 检查参考端温度，应符合要求；

续表 8-2

编号	现象	原因	措施
6	温度显示值偏低	2. 热电偶电极漏电； 3. 热电偶电极变质； 4. 热电偶测量位置太远； 5. 补偿导线与热电偶不匹配； 6. 补偿导线与热电偶极性接反； 7. 补偿导线绝缘降低	2. 检查电极、接线连接； 3. 更换热电偶； 4. 调整测量位置； 5. 更换补偿导线； 6. 正确连接补偿导线； 7. 更换补偿导线

8.5 电阻炉的安装调试与验收

8.5.1 电阻炉的安装

电阻炉运抵安装现场，按装箱单清点设备及有关技术资料，核对炉子及配套设备的完整性，同时检查设备外观有无破损。在进行炉子安装时应注意下列问题：

(1)按照炉子生产商提供的炉子平面布置图纸和土建条件，合理选择设备的安装地点，进行土建施工。

(2)由于真空电阻炉的特殊要求，安装地点应无烟尘污染，环境清洁，空气干燥，地面平整光洁，室温最好保持在常温。

(3)炉体开箱后要对炉子所有零部件进行全面检查，有无裂纹、变形、损坏等现象。外表面应光洁平整，无严重压坑和机械碰伤。

(4)由于在生产厂预验收时进行了升温试验，热区部件性能变脆，在吊装炉体时要极为小心，以防热区部件损坏。

(5)高温真空炉大都采用水冷电极，在连接水冷电极时，保持接触面清洁，以达到良好的电接触。要可靠地拧紧螺栓，但也不要用力太大，避免螺纹断扣。

(6)在炉体定位后，按真空系统图将真空系统定位、组装，并与炉体连接。装配时注意清洁真空部件，在O形密封圈涂上一层薄薄的真空油脂，均匀地拧紧法兰。

(7)按水冷系统图，将进水管与排水管分别接到炉子的进、排水口上，提供压力应在0.15～0.2MPa，温度应在15～25℃之间。最好提供循环防锈水。

(8)按电气接线图把电源接到相应的电接点上，校核电源电压，连接控制箱，动力箱和炉体间的电线电缆。

(9)检查电气控制柜导线有无脱落和断线，重新紧固一遍接线端子。

(10)安装其余零部件，包括管道、测量仪器仪表等。

(11)炉体和控制箱均接地，接地电阻不大于4Ω，仪表和真空计的规管电缆也应接地。

(12)若有使用气体驱动的装置，则可用工业氮气、氩气或压缩空气作为气源，气体压力应不小于0.5MPa。

8.5.2 电阻炉的调试

炉子按要求安装完毕，可对炉子进行调试，其目的是使炉子达到规定的技术性能，满足生产工艺要求和确保运行安全可靠。炉子调试过程，是对炉子的现场再调整，也是发现问题解决问题的过程。通过调试可以建立炉子的初始档案，制定炉子的安全操作规程。调试前制定调试预案，编写调试步骤、操作规程、安全措施和注意事项。

8.5.2.1 冷调试

冷调试是指在切断加热主电路的情况下，对炉子系统进行的调试工作。

(1)测量炉子的绝缘电阻，其阻值应符合技术要求，比如不小于20kΩ。

(2)对外部水、电、气源进行检查，电源电压、冷却水压力、气源压力是否符合要求。

(3)打开冷却水，注意打开冷却水时应检查各路水流是否畅通。

(4)合上总电源开关，给电气控制系统送电，控制仪表各种显示应正常，无报警发生。

(5)手动操作气动部件，如气动真空阀门，检查这些部件动作的灵活性。

(6)在装有允许负荷的情况下,对装出料装置进行联动调试,连续动作应不少于三次,装出料装置应协调平稳,准确可靠。

(7)对真空系统进行调试,真空机组、真空规管、真空计工作要正常,注意罗茨泵和机械泵的旋转方向。

(8)对各个安全保护装置进行调试,使其动作及报警准确无误,保证炉子运行安全可靠。

(9)若存在液压装置,可通电检查液压装置的工作状态。

(10)保证有良好的接地。

8.5.2.2 热调试

热调试又称炉子联动调试,是指炉子在加热的情况下,检查炉子各个系统的工作情况。

(1)准备好炉子加热的外部条件,水、气、液压全部打开。

(2)有特殊要求的电阻炉,应制定首次通电加热应急预案,一旦发生异常情况,立即采取应急措施。

(3)编制好热调试程序,并按要求输入到计算机或智能温度控制器中,初始加热温度应控制在炉子允许最高温度的二分之一左右,例如1600℃的炉子,调试温度控制在800℃以下。

(4)启动真空系统,使炉子真空达到工作真空度。

(5)在各部分工作正常后,启动智能温度控制器,按规定的温度控制工艺,对炉子通电加热。

8.5.3 电阻炉的验收

8.5.3.1 配套性

炉子配套性的验收是指按合同要求,对炉子整套设备的完整性进行验收,包括炉体及其成套组件数量的检查,配套件数量的检查,易损件数量的检查等。在进行配套性验收过程中,同时对外观质量进行检查,要求外表面应光洁平整,无严重压坑和机械碰伤。

8.5.3.2 机械部分

机械部分安装正确,能正常运转,机械机构的进退、启闭、升降和旋转灵活,定位准确,如炉盖的开启灵活,无卡住现象,而且关闭严密。

8.5.3.3 温度控制

温度控制精度,最高工作温度,温度均匀性等指标符合技术要求,温度控制系统能正常工作,控制操作准确无误。

8.5.3.4 真空系统

工作真空度,极限真空度,抽真空时间以及系统漏率均符合技术要求,真空机组及真空测量工作正常。

8.5.3.5 电气部分

炉子的工作电流、电压及功率与原设计相符。报警及保护设计考虑周全。电气元件的选择应符合合同要求,电气安装和布线要整齐,符合相应的技术规范。标识清晰准确无误。

8.5.3.6 辅助系统

炉子的辅助系统一般包括液压和气体系统,要求辅助系统无论手动还是自动都能正常工作。液压系统应无漏油、泄油、堵油和噪声,液压机构及阀门动作灵活、运行平稳可靠。

8.5.3.7 技术资料

技术资料主要包括安装技术文件,炉子主要部件图和装配图,电气控制原理图,使用操作说明书,维修说明书和外购配套件资料等。

8.6 电阻炉性能指标

正确操作使用电阻炉首先必须了解它的有关性能,这些性能主要概括为炉腔参数、温度参数、电气特性、真空特性、安全性能以及对气源和冷却水的要求等,有关电阻炉性能测试方法可参考国家相关标准。

8.6.1 炉腔参数

8.6.1.1 炉腔尺寸

炉腔尺寸是指炉内空间的大小,对于圆柱形炉腔是指直径和高度;对于矩形炉腔是指长、宽、高(深)。

8.6.1.2 有效工作区

有效工作区是指电阻炉设计时规定的并在图样上标明、允许安放工件的炉腔区域。考虑温度场的均匀性和炉内工件支架的影响,有效工作区小于炉腔尺寸。在实际应用中,应该更多地考虑有效工作区的大小,因为它与所能处理的工件大小及多少有关。

8.6.1.3 装载重量

装载重量是指在额定温度下,炉子能承受的最大装料重量,包括工件及其附件重量。

8.6.2 温度控制性能

8.6.2.1 最高允许温度

最高允许温度是指炉子能最高加热到的温度,在此温度下炉子能短时间工作而不损坏炉体结构。

8.6.2.2 工作温度

工作温度又称为额定温度,是指炉子正常使用的最高温度,通常是一个温度范围,在此温度范围内应满足所规定温度均匀性要求。工作温度小于最高允许温度。

8.6.2.3 最大升温速度

最大升温速度定义为炉子在空载情况下,以额定功率从室温加热到工作温度所用的时间与工作温度的比值。由于在不同的温度区间,其最大升温速度不同,因此最大升温速度也可看作各温度区间最大升温速度的平均值。

8.6.2.4 温度均匀性

温度均匀性泛指在试验温度下,热稳定状态时炉内的温度均匀程度。一般情况下,是指电阻炉在空载情况下加热到额定温度,并已处在热稳定状态,有效工作区内任意两点的温度差。温度差越小,温度均匀性就越好。测量温度均匀性时,测量的点数和放置位置要能反映工作区内温度场的情况,至少测量 5 次,取 5 次最大温度差的平均值作为温度均匀性的指标。

8.6.2.5 温度控制精度

温度控制精度又称炉温稳定度,是指在稳定状态下(通常指恒温段),实际温度与设定温度之差,图 8-2 中的 e。

8.6.2.6 温度超调量

要求以最大功率升温到某一温度设定点时,实际温度超过设定温度的最大值,图 8-2 中的 ε。

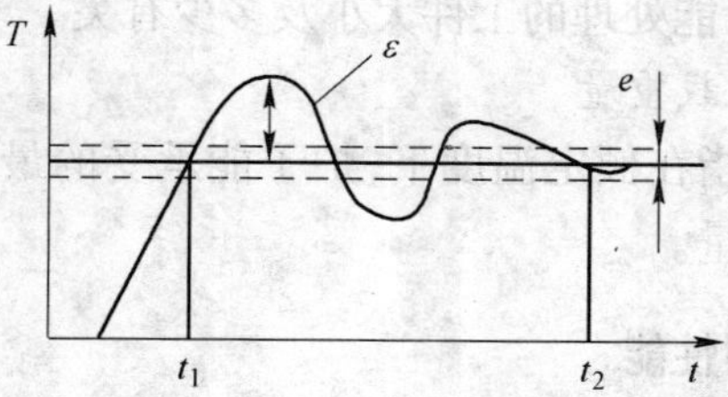

图 8-2　温度控制

8.6.2.7　恢复时间

恢复时间定义为从产生温度超调开始到进入稳态的时间,这个稳态是指满足控制精度要求,图 8-2 中的 t_1 到 t_2 的时间段。

8.6.2.8　表面温升

表面温升是指电阻炉外表面温度与外部环境温度之差。测量表面温升应在电阻炉空载、额定温度下进行,测量位置选在能反映最大温升的地方。

8.6.3　电气特性

8.6.3.1　额定功率

额定功率是指达到额定温度时加热功率,也就是在额定电压下,当温度达到额定温度的瞬间,用功率表测出的功率。

8.6.3.2　额定电压

额定电压是指炉子正常工作的电源电压,并非指电热元件两端的电压。

8.6.3.3　额定电流

额定电流是指炉子在额定电压下,达到额定温度时的电流。

8.6.3.4　加热电压

加热电压是指提供给电热元件的电源电压。一般加热电压是一个范围,在此范围内加热电压是变化的,以便能满足温度变化的要求。

8.6.3.5　加热电流

加热电流是指通过电热元件的电流。加热电流也是一个范围,在此范围内加热电流是变化的,以便能满足温度变化的要求。

8.6.3.6 电热元件的冷态电阻

冷态电阻是指在不加热的情况下,从电源的输入端测量到的电阻。单相连接时,测量总电阻;三相连接时,分别测量各相电阻。由于电热元件的电阻较小,建议用直流双臂电桥测量。

8.6.3.7 绝缘电阻

电阻炉经过烘炉冷却后,在干燥状态下用500MΩ的兆欧表测量相与地之间、每相之间的绝缘电阻不低于0.5MΩ。炉子每次加热前都要测量电热元件的对地电阻,如果对地电阻太低,就不能通电加热。对最大加热电压为220VAC或380VAC的炉子,对地电阻一定要满足要求,否则会由于短路而烧坏控制部件。

8.6.4 真空特性

8.6.4.1 极限真空度

极限真空度是指在炉子空载、干燥情况下,炉子所能达到的最高真空度。

8.6.4.2 工作真空度

工作真空度是指在额定温度下,炉子正常工作时的真空度。

8.6.4.3 抽真空时间

抽真空时间是指从大气状态抽到工作真空度所需要的时间,这个时间反映了真空系统的抽气能力,抽速越大,炉子密封好,时间就越短。

8.6.4.4 漏率

漏率反映了炉子的密封性的优劣,漏率愈小,系统的密封性愈好。

8.6.5 安全性能

电阻炉的安全性能是指当系统出现异常情况时,为保护炉子所设计的安全保护措施,具体设计哪些安全保护措施,取决于炉子的种类、结构和用途,常见的安全性能有:

8.6.5.1 超温报警

炉子加热到某一设定温度时发生报警,这一温度通常设定为炉子所能允许的最高温度。在发生超温报警时,为了保护热区部件,一般要求切断加热电源。

8.6.5.2　偏差报警

当炉子实际温度与设定温度的偏差超过炉子的允许偏差时,由温度控制器发出报警信号。在发生偏差报警时,一般不要求切断加热电源,仅发出报警信号即可。实际设置的报警偏差,应略大于炉子的温度控制精度。

8.6.5.3　气体超压报警

若炉子为充气加热炉,一定要有气体超压报警装置,或设有超压安全保护装置,否则会引起安全事故。

8.6.5.4　冷却水报警

对于水冷高温炉,设置冷却水报警装置是必要的,当冷却水没有打开,或者是压力、流量不足时,停止加热并发出报警信息。

8.6.5.5　过流报警

过流报警功能是为了保护控制设备,当由于短路或缺相引起电流过大时,立即切断电源,以保护加热控制设备。

8.6.5.6　各种限位开关

各种限位开关与炉子的连锁保护功能有关,例如真空电阻炉的炉盖没有关到位,就不能抽真空,也不能加热等。

8.6.5.7　故障报警

故障报警是指设备的综合故障报警信息。

8.6.6　气体及冷却水

8.6.6.1　气体压力

如果炉子是充气炉,这个指标是必要的,反映了炉体能承受的最大压力。如果是用于阀门开关的压缩空气,则需要给出压力的大小,如要求空气压力一般不小于 0.5MPa。气体的成分或纯度要求,应根据炉子的具体要求而定。

8.6.6.2　冷却水压力和流量

冷却水压力是指炉子水冷所需的最小水压,一般不小于 0.2MPa。冷却水流量是指满足炉子冷却所需的最小流量。冷却水的水质及进口温度,应根据炉子的具体要求而定。

复习思考题

1. 为什么要做好电阻炉日常维护保养工作?
2. 电阻炉真空系统的常规检查包括哪些内容?
3. 电阻炉炉体常规检查包括哪些内容?
4. 电阻炉水冷系统的维护包括哪些内容?
5. 维护真空规管应注意哪些问题?
6. 怎样更换机械泵油?
7. 影响电热元件寿命的因素有哪些?
8. 电阻炉长时间超温工作会产生什么后果?
9. 为防止金属电热元件氧化应采取什么措施?
10. 金属电热元件烧断的原因有哪些?
11. 电阻炉温度控制不稳定主要是由哪些因素引起的?
12. 电阻炉温度控制失灵的主要原因有哪些?
13. 电阻炉安装调试主要分为几步?
14. 电阻炉主要性能指标分几类?

9 FP21控制器操作技巧

智能温度控制器种类繁多,操作方法也各不相同,就是同一厂家产品,由于更新换代较快,同系列的操作方法也存在差异。从中选出最常用而且具有代表性的两种智能控制器,岛电FP21和山武DCP31,就其操作技巧作系统介绍。本章主要介绍岛电FP21智能温度控制器操作方法。

9.1 岛电FP21控制器

FP21智能控制器采用专用微处理器,由于操作简单、控制性能好,适应性强,在温度控制领域得到了广泛应用。支持15种热电偶,8个范围的铂热电阻,14种直流电流/直流电压输入。支持包括电压、电流、继电器和SSR等控制信号的多种输出。能进行报警、时间事件、状态事件等信号的开关量控制。可编程每条9个程序段的9条工艺控制曲线,利用提供链接功能,实现9条工艺曲线的链接,执行81个程序段。5种上电和掉电保护方式。具有PV启动,确保平台,软件滤波,显示补偿,PID参数自整定等多项实用功能。

9.1.1 操作面板显示器

FP21的操作面板如图9-1所示,分为显示区和操作区,显示区有3组LED七段数码管,1个液晶屏和19个LED指示灯,显示过程控制参数、程序运行和编辑状态。

9.1.1.1 控制参数显示

控制参数显示见表9-1,LED七段数码管分别显示测量值、设定值、执行程序号、当前程序段;液晶屏用于显示参数设置、程序编辑和程序运行情况。

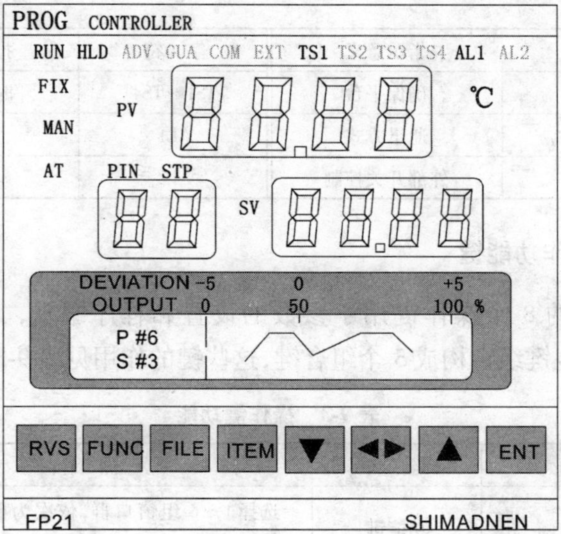

图 9-1 FP21 操作面板

表 9-1 控制参数显示

字　符	显示内容
PV	程序运行时显示测量值,编程时显示设定值
SV	程序运行时显示设定值,编程时显示时间
PIN	程序号(工艺曲线)
STP	当前程序段号
液晶显示屏	过程控制参数

9.1.1.2 工作状态显示

控制器的工作状态由 LED 指示,所表示的意义见表 9-2。

表 9-2 工作状态显示

字　符	指示意义	字　符	指示意义
RUN	程序运行	FIX	恒值控制
HLD	程序保持	MAN	手动控制
ADV	程序跳步	AT	参数自整定

续表 9-2

字 符	指示意义	字 符	指示意义
GUA	确保平台	TS1 ~ TS4	时间事件
COM	通讯方式	AL1	报警 1
EXT	外部开关控制	AL2	报警 2

9.1.2 操作功能键

FP21 的 8 个操作键用于参数的设置和程序编辑，其中反向键 RVS 与其他键组合构成 5 个组合键，这些键的作用见表 9-3。

表 9-3 操作键功能

键 符	键 名	操 作
FUNC	功能键	选择 1 ~ 6 组窗口群，依次为监控、执行、编程、参数、键锁、初始化窗口
FILE	下移键	下移选择每组窗口群中的子窗口
ITEM	右移键	若存在同级子窗口，则右移展开同级子窗口
ENT	回车键	第一个作用是确认参数修改值生效，第二个作用是访问子窗口内各参数
▼	减少键	按此键参数值减小，或是下拉选择字符
▲	增加键	按此键参数值增大，或上拉选择字符
◀ ▶	快移键	选择待修改参数的数字位
RVS	反向键	用于按键组合，按此键会在液晶屏下方显示“□”提示，再按此键或等 5s 不做任何操作，将自动解除该功能，“□”消失
RVS + FUNC		任何时候按此键，都回到上电初始窗口
RVS + FILE		其作用与 FILE 相反
RVS + ITEM		其作用与 ITEM 相反
RVS + ◀ ▶		子窗口内各参数键访问，在冒号“:”显示期间，与 ENT 键作用相同

续表 9-3

键 符	键 名	操 作
RVS + ▲		选择参数最大值
RVS + ▼		选择参数最小值
RVS + ENT		复制前次操作所确认的参数

9.2 参数设置

9.2.1 参数设置步骤

参数设置是 FP21 进行现场控制的先决条件,直接关系到控制器能否正常工作。FP21 提供了多种控制参数,按其功能归类到监控、执行、编程、控制、键锁定和初始化等 6 组窗口群中,参数在这些窗口群中的子窗口里设置,利用液晶显示屏和按键完成操作。参数设置操作顺序:

(1)选择窗口群:按 FUNC 键选择窗口群,见图 9-2。

(2)选择子窗口:按 FILE 键下拉选择参数设置(或显示)子窗口,返回上级子窗口按 RVS + FILE 键。

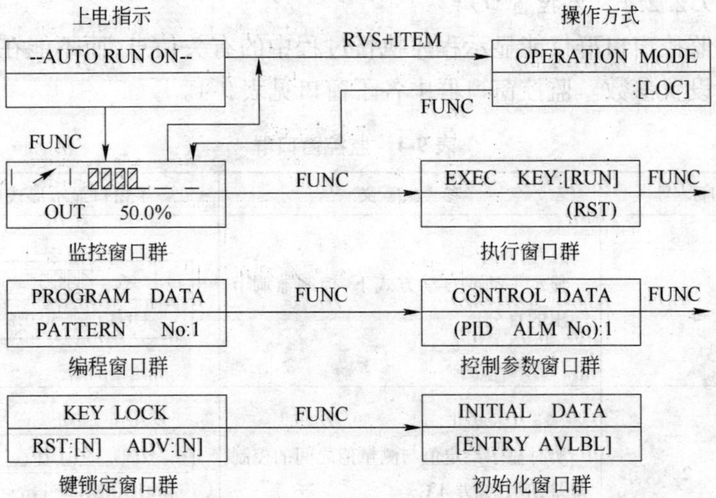

图 9-2 窗口群选择

按 ITEM 键横向扩展同级参数子窗口，按 RVS + ITEM 键则与 ITEM 键相反，回退前面同级子窗口。

(3) 选择要修改的参数：在冒号“：”显示期间，按 ENT 键或 RVS + ◀ ▶键选择要修改的参数。

(4) 修改参数：按▲、▼键增大或减小参数。显示等号“＝”时，表示参数已被修改，但未确认，离开子窗口后，原设定值不变。

(5) 改变参数位：按◀ ▶键改变参数修改位，即在某个参数的数字位之间移动。

(6) 确认参数修改：按 ENT 键确认参数修改生效，此时参数前的等号“＝”变为冒号“：”。若不按 ENT 键而更换子窗口，参数修改无效，原参数值不变。

9.2.2　参数说明

下面介绍每个窗口群中的子窗口参数，序号栏表示参数的设置和显示顺序，按 FILE 键依次显示。操作顺序栏中标有“扩展”的表示存在同级子窗口，按 ITEM 键依次显示。参数中涉及到 Y 或 N 时，选择 Y 表示该项功能或参数生效，选择 N 表示无效。

9.2.2.1　监控窗口群

监控窗口群仅能显示程序执行过程中的有关信息，而不能在此窗口中设置参数。监控窗口群中各子窗口见表 9-4。

表 9-4　监控窗口群

序　号	参 数 意 义	子窗口显示形式
1	显示手动或自动方式下，控制器调节输出的百分比	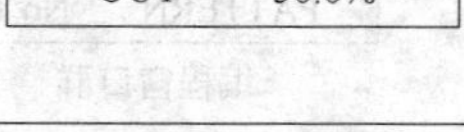
2	实时显示给定值与测量值之间的控制偏差，例如偏差 4℃	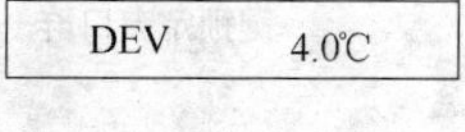

续表 9-4

序 号	参数意义	子窗口显示形式
3	当前程序段已运行时间,例如图中表示已运行 10h 35min	| ↘ | ▨▨▨▨_ _ _ TIME 10h35m
4	显示当前工艺曲线图形,即当前程序段是升温、保温还是降温	P1 | ↗ | S1 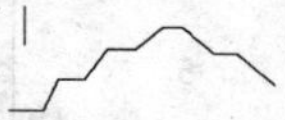
5	上面显示曲线的连接顺序(2、4、5),下面显示重复执行的曲线(2)及重复次数(4)	LINK [245] LINK 2/4
6	上面显示重复执行的程序(2)及重复次数(3),下面显示当前调用 PID 号和报警号	RPT 2/3 PID_ _℃ ALARM_ _
7	显示当前程序段的目标值和运行时间	SET SV 200.0℃ SET TIME 1h25m

9.2.2.2 执行窗口群

控制器的工作方式和程序启动条件在执行参数窗口群中设置。可选择的工作方式有:程序启动 RUN、恒值控制启动 FIX、手动控制 MAN、程序测试 CFM、程序停止 RST、程序跳步 ADV、程序保持 HLD、参数自整定 AT。执行窗口群中各子窗口见表 9-5。

表 9-5 执行窗口群

序 号	参数意义	子窗口显示形式
1	8 种执行方式选择:RUN、FIX、MAN、CFM、RST、ADV、HLD、AT	2) EXEC KEY:[RUN] (RST)
2	设置执行的曲线和起始程序段,图中是指从第 9 条曲线的第 2 程序段开始执行	START PTN No:9 STP No:2
3	设置 1~9 曲线的链接顺序,如 2、4、5 号链接,只有在键锁定窗口群 CFM MODE 设置为 LINK 才有效	LINK FORMAT :[245]

续表 9-5

序　号	参数意义	子窗口显示形式
4	上面设置整个曲线链接重复执行次数,下面设置 PV 启动开关	LINK　EXEC:3 PV　START :[N]
5	跳步方式设置:上面设置跳步方式,按程序段或按时间跳步,下面设置按时间跳步的时间	ADV MODE :[STEP] (TIME):02h35m
6	设置恒值方式的给定值(SV)、PID 号和报警号	FIX SV:　300.0℃ PID_:7 ALARM_:6

9.2.2.3　控制窗口群

控制窗口群用于设置 PID 参数和报警参数,每个子窗口中按 ITEM 键可扩展 9 组同类子窗口。控制窗口群中各子窗口说明见表 9-6。

表 9-6　控制窗口群

序　号	参数意义	子窗口显示形式
1	设置 PID 参数组号和报警组号,图中为第 1 组	4) CONTROL DATA (PID　ALM No):1
2	图中是第 1 组 PID 参数设置,按 ITEM 键可设置 9 组 PID	PID_1　P:30.0% I:3000s　D:2000s
3	图中是第 1 组 PID 输出上下限,按 ITEM 键可设置 9 组 PID 输出上下限	PID_1　OH:110% OL:−10%
4	图中是设置第 1 组中报警 1 的上限,按 ITEM 键可设置 9 组报警 1 的上限	ALARM_1　(HL1) AL1　:450℃
5	图中是设置第 1 组中报警 2 的下限,按 ITEM 键可设置 9 组报警 2 的下限	ALARM_1　(LL1) AL2　:200℃

9.2.2.4 键锁定窗口群

键锁定窗口群中的参数设置，决定控制器的哪些工作方式生效，Y表示已被锁定，该工作方式无效；N 表示没有锁定，可选择该工作方式。另外设定值的最大值和最小值限制也在此窗口群中设置。键锁定窗口群中各子窗口说明见表 9-7。

表 9-7 键锁定窗口群

序 号	参数意义	子窗口显示形式
1	复位、跳步的锁定与否	5) KEY LOCK RST:[N] ADV:[N]
2	保持、运行、定值、手动的锁定与否	HLD:[N] RUN:[N] FIX:[N] MAN:[Y]
3	自整定、确认、修改、初始化的锁定与否	AT:[N] CFM:[N] ENT:[N] INI:[Y]
4	设置给定值的上限和下限	SVHL :500.0℃ SVLL :20.0℃
5	设置限制曲线（N 表示 9 条曲线和 9 程序段，Y 表示 1 条曲线和 81 程序段）和曲线的重复次数	LIMIT PTN :[N] MODE RPT :[N]
6	设置 CFM 方式及快速扫描（CFM）速度，即测试速度	CFM MODE :[PTN] 1/ :60

9.2.2.5 初始化窗口群

初始化窗口群设置控制器的初始参数，定义了控制器的用途、PID 控制方式、传感器类型等数据等。这些参数涉及到了过程控制功能，操作者一般不需要修改，但了解这些参数是必要的。由于初始化参数较多，就把它们分成了 A、B、C 三组，进入初始化窗口群后，按 FILE 键可选择每一组，如图 9-3 所示。初始化窗口群中各组子窗口见表 9-8。

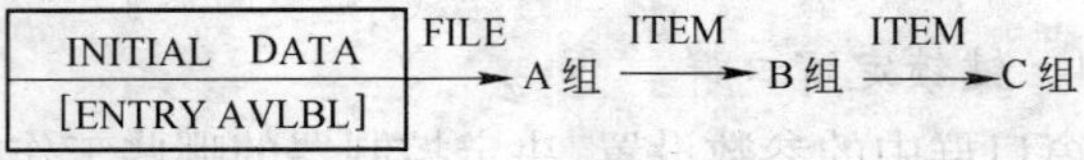

图 9-3 初始化窗口群中的各组选择方法

表 9-8 初始化窗口群中各组子窗口

序 号	参 数 意 义	子窗口显示形式
	初始化窗口群	6) INITIAL DATA [ENTRY AVLBL]
	A 组	
1	上面设置测量值滤波常数,下面设置传感器测量误差补偿值	PV FILTER : 200 PV BIAS : 4.5℃
2	上面设置输出的反/正向作用,下面设置继电器、SSR 控制的时间周期,如 12s	R/D ACTION:[R] CYC TIME: 12sec
3	模拟发送 T1、T2 的 PV/SV 选择,用于 FP21 的扩展连接,如 FP21 与 SR25 连接	TMT1 MODE : [PV] TMT2 MODE : [SV]
4	设置 T1 测量值 PV 发送的上限和下限值	TMT2 HL : 500.0℃ (PV)LL : 0.0℃
5	设置 T2 给定值 SV 发送的上限和下限值	TMT2 HL : 500.0℃ (SV)LL : 0.0℃
6	通讯接口地址 ADDR 和波特率 RATE 选择(RS-422 或 RS-232)	RS-232C ADDR:1 RATE : (2400bps)
7	设置通讯数据格式、校验方式(RS-422 或 RS-232)	RS-232C DATA:0 (BITS=7,PRTY=E)
	B 组	
1	10 种报警方式选择,如 AL1 上限报警,AL2 下限报警	ALARM AL1:(HL1) MODE AL2:(LL1)

续表 9-8

序号	参数意义	子窗口显示形式
2	设置报警1灵敏度和报警时STBY状态(输出0%,程序停止,脱机状态)	AL1 SENS:5.0% STBY:[N]
3	设置报警2灵敏度和报警时STBY状态	AL2 SENS:5.0% STBY:[N]
4	设置外部8421开关量输入对应的控制器工作方式	DI−1 MODE:[PTN] DI−15:[AT]
5	设置3个OC门输出对应的控制信号,如控制器状态、时间事件等	DO−2 SET1:[END] 2:[TS3] 3:[TS4]
6	设置3个继电器输出对应的控制信号,如控制器状态、时间事件等	DO−3 SET1:[TS1] 2:[TS2] 3:[SO]
	C组	
1	设置控制器输出类型,电压、电流、SSR、继电器输出等。设置通信接口类型	OUT=SSR, T1=V COM=NON, T2=V
2	设置温度测量单位及温度传感器类型,热电偶TC或热电阻Pt	UNIT :[℃] RTD TYPE : [Pt]
3	设置测热电偶TC或热电阻Pt量值输入范围	Pt RANGE : [7] 0.0℃ 200.0℃
4	设置可编程直流输入范围	SCALE H:200.0% L:0.0%
5	设置直流输入小数点位置	D.POINT :[***.*]
6	上面设置超量程处理方法,下面设置超量程时的输出限制	SO−MODE : [RST] SO−OUT : 0.0%

续表 9-8

序　号	参 数 意 义	子窗口显示形式
7	5 种上电工作方式选择：NORMAL，ALL RST，AUTO RUN，GUA RUN，AUTO&GUA	POWER ON MODE :[NORMAL]
8	设置程序时间单位和选择 PID 算法：串行 SERIES，并行 PARA，微分超前 D-PARA	TIME UNIT : [min] PID : [SERIES]
9	初始化方式选择：0—禁止、1—部分、2—全部	MEMORY INTIAL (Ver 1.0):0

9.3 程序编辑

工艺程序的编辑工作在编程窗口群中进行，表 9-9 给出了程序编辑的顺序，操作者应熟练掌握程序编辑方法。FP21 最多可编辑 9 条工艺曲线，每条曲线最多包含 9 个程序段。9 条工艺曲线可以连接，也可以重复执行。程序中设定温度值受传感器类型和参数的限制，时间设置最大不能超过 99h59min。虽然 FP21 程序编辑涉及的内容较多，但实际编辑中要根据工艺要求进行取舍。在编程窗口群中，除程序号设置子窗口外，其余子窗口都存在 9 个同级窗口，可按 ITEM 键扩展。表 9-9 中的操作顺序就是程序的编辑过程，归纳说明如下：

(1) 选择程序编号：由于受可编辑工艺曲线数量的限制，只能在 1 ~9之间选择。

(2) 选择程序第 1 段的起始温度值：应根据当前炉子所处的温度选择，设置太低则浪费运行时间，设置太高则可能引起温度波动。

(3) 设置确保平台的误差和时间：误差的设置应能满足工艺要求，而时间的设置应根据炉子的滞后特性和操作者的经验。设置为 0 时，该功能无效。

(4) 设置程序段数：是指程序在第几段结束，一般情况下在 1 ~9 之间设置，只有在键锁定窗口群中 LIMIT　PTN 子项设置为 Y 时，仅能编辑一条工艺程序曲线，程序段数可在 1 ~81 之间设置。

(5)设置循环次数:在1~999之间设置。

(6)输入程序:设置每个程序段的目标温度值和运行时间。

(7)设置PID号:为每个程序段设置PID号,可以相同也可以不同。共9组PID参数,具体参数值在控制窗口群中设置,包括各组PID参数值、输出限制等。

(8)设置报警号:为每个程序段设置报警号,可以相同也可以不同。共9组报警参数,具体参数值在控制窗口群中设置,包括报警方式、灵敏度、报警点等。当选择报警号为0时,禁止报警输出。

(9)设置时间事件:时间事件TS1~TS4,先激活事件,再输入事件的开关时间,否则输入时间的事件无效。

程序执行前还需要检查有关执行参数,即在执行窗口群中检查执行入口条件,主要包括执行程序编号,从哪个程序段或从什么时间开始执行,是否PV启动等。检查程序的链接或链接重复次数。检查键锁定窗口群中的锁定条件是否与选择的功能矛盾。

表9-9 编程窗口群

序号	参数意义	子窗口显示形式
1	设置工艺曲线号,例如图中选择曲线P1 (可选择P1~P9),下面以P1为例	PROGRAM DATA PATTERN No: 1
2	设置曲线P1的起始温度,例如20℃	P1 START SV :20.0℃
3	设置曲线P1确保平台允许误差和等待时间,例如误差3℃,等待时间10min	P1 GUA SOAK 3.0℃ 00h10m
4	设置曲线P1的结束段号和重复次数,例如在第8段结束,重复执行2次	P1 PTN END:8 PTN RPT:2
5	编辑工艺曲线P1 (可选择P1~P9)	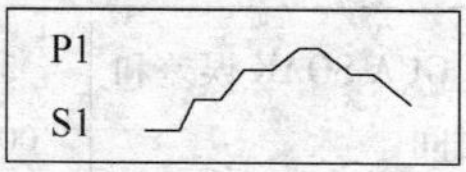

续表 9-9

序 号	参数意义	子窗口显示形式
6	设置第 1 程序段的温度和时间，按 ITEM 键横向扩展编辑其余程序段 P1～P9	P1 SV :200.0℃ S1 TIME:99h59m
7	设置第 1 程序段 PID 号和报警号，按 ITEM 键横向扩展编辑其余程序段	P1-S1 PID No:7 ALARM No:2
8	设置第 1 程序段时间事件 TS1 的生效条件和 ON/OFF 时间，按 ITEM 键编辑其余程序段	P1-S1 TS1 [N] :99h59m/:99h59m
9	设置第 1 程序段时间事件 TS2 的生效条件和 ON/OFF 时间，按 ITEM 键编辑其余程序段	P1-S1 TS2 [N] :99h59m/:99h59m
10	设置第 1 程序段时间事件 TS3 的生效条件和 ON/OFF 时间，按 ITEM 键编辑其余程序段	P1-S1 TS3 [N] :99h59m/:99h59m
11	设置第 1 程序段时间事件 TS4 的生效条件和 ON/OFF 时间，按 ITEM 键编辑其余程序段	P1-S1 TS4 [N] :99h59m/:99h59m

在编辑一个控制程序时，通常根据工艺要求首先填写编程表格，再依据编程表格逐步输入，表 9-10 就是某电阻炉 FP21 加热控制程序。

表 9-10 温度控制程序

工艺曲线号	P1	结束段号	5	循环	
GUA SOAK 误差和时间	3℃ 00:05	起始温度	20℃	PV 启动	Y

续表 9-10

工艺曲线输入					
段 号	1	2	3	5	6~9
设定值 SV	80.0	80.0	180.0	240.0	
段时间	00:45	00:30	01:00	00:50	
PID 号	1	1	2	4	
ALARM 号	0	0	0	5	
AL1 方式				HL1	
AL1 设置点				242	
TS1 时间信号	N	Y	N	Y	
ON 开时间		0:00		0:02	
OFF 关时间		0:8		0:07	

9.4 程序运行

9.4.1 程序运行方式

FP21 提供了三种运行触发方式,本机运行或称机内运行(LOC)、外部运行(EXT)和通讯运行(COM),一般采取本机运行和外部运行方式。本机运行是指利用控制器操作面板上的按键执行程序,外部运行是利用外部开关输入信号执行程序。在程序运行前一定要保证程序已经编辑完成,选择的程序号就是当前要执行的程序。

(1)本机运行。首先在操作方式窗口选择 LOC,如图 9-4a 所示,再在执行参数窗口选择执行功能 RUN,如图 9-4b 所示。控制器共有 8 种执行功能可供选择,见表 9-11。

OPERATION　MODE
: [LOC]

a

EXEC　KEY　[RUN]
(RST)

b

图 9-4　本机运行设置

表 9-11　控制器的执行功能

序　号	代　码	指示意义	序　号	代　码	指示意义
1	RUN	程序启动	5	RST	程序复位
2	FIX	恒值控制启动	6	ADV	程序跳步
3	MAN	手动控制	7	HOLD	程序保持
4	CFM	工艺输出打开	8	AT	参数自整定

(2)外部运行。外部运行是指利用外部开关控制 FP21 的运行方式,在操作方式窗口选择 EXT,即把 9-4a 中的 LOC 更改为 EXT。FP21 提供了 RUN、HOLD、ADV、AT 等 4 种功能可以外部执行,对于 RUN 开关闭合时有效,断开时执行 RST;对于 HOLD 开关闭合时有效,断开时无效;ADV 和 AT 使用的是点动开关。

在初始化窗口群中可设置普通、全复位、自动运行、断电保护、自动与断电保护等 5 种上电、断电方式。

(1)普通方式(NORMAL):上电液晶屏无方式显示。若选择 RUN 执行功能,无论程序执行有没有结束,断电后再上电,控制器处于复位状态,从第一段开始执行程序。若选择了 FIX、MAN 执行功能,断电后再上电,则保持原来执行功能不变。

(2)全复位(ALL RST):上电液晶屏显示“-ALL　RST　ON-”。无论选择哪种执行功能,程序执行有没有结束,断电后再上电,控制器都处于复位状态。选择 RUN 执行功能,从第一段开始执行程序。

(3)自动运行(AUTO RUN):上电液晶屏显示“-AUTO RUN ON-”,程序自动执行。在 RUN 执行功能下,断电后再上电,液晶屏若显示“-ALL RUN ON-”,不能自动地运行程序,但可以从第一段运行程序。若选择了 FIX、MAN 执行功能,断电后再启动,则保持原来执行功能不变。

(4)断电保护(GUA RUN):上电液晶屏显示“-GUA RUN ON -”。若选择 RUN 执行功能,程序没有执行结束就断电,控制器会保持断点,重新上电后,控制器会从断点处自动地接着执行程序;程序执行结束后断电,重新上电后,控制器不自动地执行程序,而必须选择 RUN 执行功能,从第一段开始执行程序。若选择了 FIX、MAN 执行功能,断电后再启动,则保持原来执行功能不变。

(5)自动与断电保护(AUTO & GUA):上电液晶屏显示“- AUTO & GUA ON -”,自动地从第一段运行程序;程序没有执行结束就断电,控制器会保持断点,重新上电后,控制器会从断点处自动地接着执行程序。若选择了 FIX、MAN 执行功能,断电后再启动,则保持原来执行功能不变。

9.4.2 程序运行干预

程序在运行过程中经常遇到一些特殊情况,比如设备发生了故障、电网突然断电,都需要停止加热,异常情况排除后,又需要恢复运行。在停止加热期间,炉子温度会发生变化,这时可根据当前炉子温度,采取下列方法重新执行。

(1)按当前炉温启动:在执行窗口群中,把 PV 启动设置为 Y,控制器按当前炉子温度启动程序,见图 9-5。

(2)按程序段启动:把开始执行的程序段设置到执行窗口群 STP No. 项目中,选择 RUN 就从该程序段执行,图 9-6 所示的情况就是从第 2 条工艺曲线的第 3 个程序段执行。

LINK EXEC : 3
PV START : [Y]

图 9-5 PV 启动设置

START PIN No.:2
STP No.:3

图 9-6 按程序段启动设置

(3)跳到下一程序段:在执行窗口群中,把图 9-7 所示的程序跳步子项窗口设置为 STEP,选择 ADV 运行方式,每执行一次 ADV,程序都跳到下一个程序段继续执行。

(4)跳过时间间隔:在执行窗口群中,把图 9-8 所示的程序跳步子项窗口设置为 TIME,同时在下方设置跳过的时间间隔,每执行一次

ADV，则程序跳过一次设置的时间间隔，同时程序设定值也随之改变。

ADV　MODE :[STEP]
(TIME) :00h00m

图 9-7　按程序段跳步

ADV　MODE :[TIME]
(TIME):01h25m

图 9-8　按时间跳步

(5)修改第一程序段：把炉子当前温度作为第一段的起始温度，修改第一段的工作时间。

(6)在初始化窗口群中，把上电/断电设置为如图 9-9 所示的断电保护方式，或如图 9-10 所示的自动与断电保护方式，控制器断电再上电后，程序自动从断点处继续执行。注意这种设置在重新上电后可能引起较大的温度波动。

POWER ON MODE
:[GUA RUN]

图 9-9　断电保护

POWER ON MODE
:[AUTO&GUA]

图 9-10　自动断电保护

10　DCP31 控制器操作技巧

本章介绍山武 DCP31 智能温度控制器的基本操作技巧。

10.1　山武 DCP31 控制器

山武 DCP31 是一种单回路、多用途数字程序控制器，不仅用于温度控制，而且也可用于压力控制。可编程 19 条程序曲线，每条曲线 30 段。DCP31 可接收热电偶、热电阻、直流电压、直流电流输入、支持数字量 I/O 等信号，具有 3 点事件输出，5 点时间输出，12 点开关输入，可选择通讯功能和辅助输出。广泛用于温度、压力等过程控制。具有神经元模糊自整定算法、无超调、抗饱和、手/自动切换，10 组 PID 设置、可变增益参数等优点。

10.1.1　操作面板显示

DCP31 的操作面板由操作按键和 LED 显示器组成，如图 10-1 所

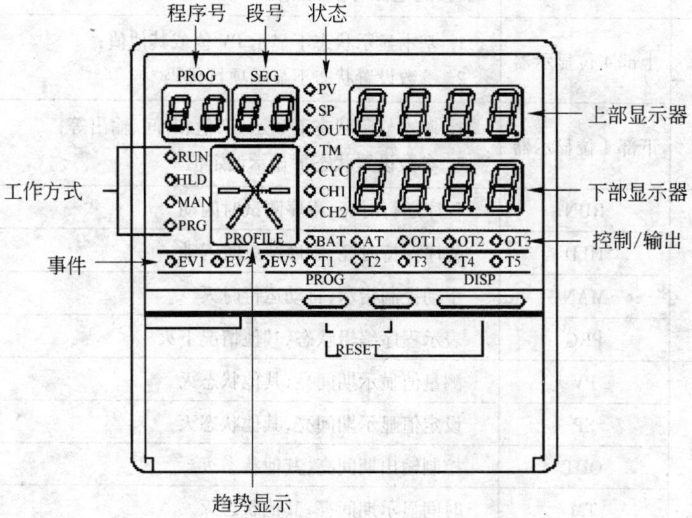

图 10-1　DCP31 面板显示器

示，由于缺少液晶显示器，因而面板上的 LED 数码显示器和状态指示灯较多。可分为程序状态、过程变量、工作方式、运行状态、事件、控制输出及电池报警等 7 组显示内容，操作者应熟悉各种显示的意义，在不同状态下的作用，对于熟练操作控制器非常重要。表 10-1 给出了面板上各组的 LED 数码显示器和状态指示灯，在不同状态下所表示的意义。

表 10-1 DCP31 面板显示器

组别	标 识	作 用
程序	PROG	1. 基本显示状态下显示程序号； 2. 程序设置状态下显示正在编辑的程序号； 3. 定值控制状态下不显示； 4. 基本状态下报警时，显示“AL”
	SEG	1. 基本显示状态下显示程序段号； 2. 程序设置状态下显示正在编辑的程序段号； 3. 定值控制状态下不显示； 4. 基本状态下报警时，显示报警号
	PROFILE	显示工艺曲线上升、恒定及下降的趋势，G. SOAK 待机时闪，接通电源时依次点亮
过程变量	上部 4 位显示器	1. 基本显示状态下显示 PV 值或其他值； 2. 参数设置状态下显示项目代码
	下部 4 位显示器	1. 基本显示状态下显示 SP 值、时间、输出等； 2. 参数设置状态下显示设定值
工作方式	RUN	程序运行时亮，程序测试时闪动
	HLD	程序保持时亮，程序结束时闪动
	MAN	手动控制指示，自动运行时灭
	PRG	表示程序编辑状态，其他情况下灭
基本状态	PV	测量值显示期间亮，其他状态灭
	SP	设定值显示期间亮，其他状态灭
	OUT	控制输出期间亮，其他状态灭
	TM	时间显示期间亮，其他状态灭
	CYC	循环显示期间亮，其他状态灭

续表 10-1

组别	标识	作用
基本状态	CH1	处于灭状态(回路1)
	CH2	处于灭状态(回路2)
事件	EV1、EV2、EV3	1. 在基本显示状态或参数设置状态,1~3 中某个事件为 ON 时,对应的指示灯亮,为 OFF 时灭; 2. 在程序编辑状态下,显示 1~3 中某个事件时对应的指示灯亮,其他情况灭
	T1~T5	1. 在基本显示状态或参数设置状态,1~5 中某个时间事件为 ON 时,对应的指示灯亮,为 OFF 时灭; 2. 在程序编辑状态,显示 1~5 中某个时间事件时对应的指示灯亮,其他情况灭
控制输出	AT	自整定期间闪动,智能自整定时亮,其他状态灭
	OT1	设定为继电器或电压信号输出 1,当输出为 ON 时亮,为 OFF 时灭
	OT2	设定为继电器或电压信号输出 2,当输出为 ON 时亮,为 OFF 时灭
	OT3	处于灭状态
电池	BAT	电池电压低时亮,其他时间灭

10.1.2 操作键

DCP31 操作面板上操作键如图 10-2 所示,由程序键(PROG)、运行/保持键(RUN/HOLD)、显示键(DISP)、功能键(FUNC)、自动/手动键(A/M)、参数键(PARA)、清除键(CLR)、自整定键(AT)、回车键(ENT)以及左右键和上下键等组成。除此之外还定义了 10 种组合键,使控制器的操作更加便捷。使用组合键时,应先按住前面的键,再立即按后面的键。表 10-2 给出了各单键和组合键的作用。

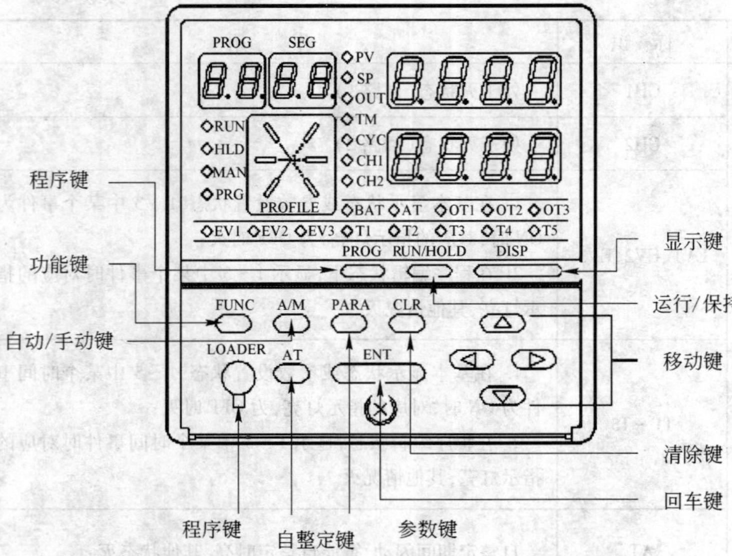

图 10-2　DCP31 面板显示器操作键

表 10-2　DCP31 组合键及其作用

序号	标　识	键名及作用
1	PROG	程序键：显示已编辑的程序，即在准备方式下以升序改变程序号
2	RUN/HOLD	运行/保持键：程序运行与保持方式切换，即在准备、保持、测试状态下运行程序或在运行状态下使程序保持
3	DISP	显示键：改变显示。多用于结束一个项目的设置
4	FUNC	功能键：通常与其他键组合使用
5	A/M	自动/手动键：自动与手动工作方式相互转换
6	PARA	参数键：在参数设置状态下改变参数设置项目组，或在基本显示状态下，开始改变选择项目的设定值
7	CLR	清除键：与其他键配合使用
8	AT	自整定键：自整定参数，再按一次取消自整定
9	ENT	回车键：确认输入的新参数值有效
10	◀　▶	左、右移位键：改变参数设定位，对应位闪动

续表 10-2

序号	标 识	键名及作用
11	▲ ▼	上键和下键:改变参数设定值,增加或减小数值
12	PROG + RUN/HOLD	复位键:基本显示状态时,进行 RESET(复位)操作,使程序复位,可从 RUN、HOLD、FAST、END 方式转变为 READY 模式,但在 READY 方式该 RESET 操作无效
13	PROG + DISP	跳段键:在基本显示状态下程序运行时,进行 ADV(跳段)操作,即在 RUN、HOLD、FAST 方式跳到下一程序段。READY 方式时进行 ADV 操作无效
14	FUNC + ▶	快进键:在基本显示状态下的程序运行时,进行 FAST(快进)操作,由 RUN、HOLD 方式转变为 FAST 方式。(程序时间单位是 0.1s 时,不能转变为 FAST 方式)
15	FUNC + PARA	参数设置键:在基本显示状态下,进行参数设定组(大项目)的选择
16	FUNC + PROG	程序设置(编程)键:在基本显示状态下,使程序操作变成程序设置(编程)状态;在程序设置状态时,按升序依次改变设置的程序号
17	FUNC + ▼	程序号改变键:在程序设定状态时,按降序依次改变设置的程序号
18	FUNC + CLR	程序项目清除键:在程序设定状态下,参数输入期间,清除该项目新的设定值
19	FUNC + ENT	段插入/删除键:在程序设置状态下,输入 SP 或时间项目时,转换到程序段插入/删除画面
20	▲ + PROG	程序复制键:在基本显示状态下,处于程序运行 READY 方式时,转换到程序复制的画面
21	FUNC + CLR + DISP	全面复位键:在基本显示状态下,处于 READY、AUTO 方式时,切换到全面复位确认画面

10.1.3 键盘操作

控制器通电进入基本显示状态,在此状态下可进行参数设置、程序编辑、程序拷贝及复位等操作。在程序编辑状态下,DCP31 有准备(READY)、运行(RUN)、保持(HOLD)、测试(FAST)和结束(END)等 5 种工作方式,每种工作方式中都可进行自动(AUTO)和手动(MANU-

AL)操作。

10.1.3.1 基本显示状态下的操作

(1)参数设置:按 FUNC +PARA 组合键,进入参数设置状态。

(2)程序编辑:按 FUNC +PROG 组合键,进入程序编辑状态。

(3)程序拷贝:按▲ +PROG 组合键,进入到程序复制的画面。

(4)控制器复位:按 FUNC +CLR +DISP 组合键,进入到系统复位画面,若按 ENT 键则执行系统复位,删除全部程序,参数设置为出厂值。若按 DISP 键,取消系统复位。

(5)改变显示:按 DISP 键改变显示内容。

(6)改变程序号:在 READY 方式下,按 PROG 键以升序改变程序号;按▼键以降序改变程序号。

(7)程序运行和保持:在 READY、HOLD、FAST 方式下,按 RUN/HOLD 键运行当前程序,进入 RUN 方式,若再按 RUN/HOLD 键,则进入 HOLD 方式。

(8)程序复位:在 READY、HOLD、FAST、END 方式下,按 PROG + RUN/HOLD 组合键程序复位。

(9)程序段跳步:在 RUN、HOLD、FAST 方式下,按 PROG + DISP 组合键,执行下一程序段。

(10)程序测试:在 RUN、HOLD 方式下,按 FUNC +▶组合键,快速执行程序。

(11)自动/手动操作转换:在 MANUAL 工作情况下,按 A/M 键执行自动操作;在 AUTO 工作情况下,按 A/M 键,执行手动操作。

(12)参数整定:在没有执行参数自整定的条件下,按 AT 键参数自动整定;若再按 AT 键,取消参数整定操作。

(13)改变参数值:在设定值数据闪动情况下,按▲、▼、◀或▶键,改变其数值。

10.1.3.2 参数保护说明

定义的部分操作键是否有效,与变量参数键盘锁 LOC 及程序保护 PRTC 的设置有关。说明如下:

(1)LOC 参数说明:

LOC =0:键锁无效。

LOC =1:设置数据显示无效,FUNC +CLR +DISP 无效。

LOC =2:程序编制和参数设置显示无效,而且 FUNC +CLR +DISP(系统复位)、FUNC +PROG(程序编辑状态)、▲ +PROG(程序拷贝)操作无效。

LOC =3:在基本显示状态下,FUNC +CLR +DISP(系统复位)、PROG + RUN/HOL(程序复位)、PROG + DISP(程序跳步)、RUN/HOLD(程序运行/保持)、FUNC +►(程序测试)、PROG(程序选择)、▼(程序段选择)、A/M(自动/手动转换)、AT(参数自整定)等操作无效。

LOC =4:程序编制、参数设置和操作键均无效。

(2)PRTC 参数说明:

PRTC =0:可编程。

PRTC =1:不可编程,在基本显示状态下,▲ +PROG(程序拷贝)、FUNC +CLR +DISP(系统复位)操作无效。在程序编辑状态下FUNC +ENT(插入/删除段)、ENT(输入确认)操作无效。

10.2 参数设置

10.2.1 参数设置方法

DCP31 的设置数据分为两层,上层为按类划分的项目组,下层为每个项目组中的具体参数项目。进入参数设置状态后,应首先找到参数所在的项目组,再在该项目组中找到该参数。参数设置的具体操作步骤为:

(1)在基本显示状态下,按 FUNC +PARA 组合键,进入参数设置状态。

(2)按 PARA、▲或▼键,选择参数所在的项目组。对于个别项目(小项目),上部显示器显示项目代码,下部显示器显示设定值,并且程序号显示器灭,段号显示器显示项目编号。

(3)找到项目组后按 ENT 键确认。

(4)按▲、▼、◄或►键,在参数项目组中选择待设置的参数。

(5)找到参数后按 ENT 键确认,待改变的参数闪动,表示进入参数改变状态。

(6)可用▲或▼键增减闪烁中的数值,并且可用◀或▶键移动闪烁的数值位。

(7)在参数闪动期间,按 ENT 键停止闪动,将新的设定值存入仪表内部的存储器,表明参数修改有效。

(8)按 PARA 键,不会将新的设定值存入仪表内部的存储器,即放弃新的设定值。

(9)按 DISP 键,结束参数设置状态。

10.2.2　参数设置说明

DCP31 的参数包括变量参数、事件参数、PID 参数、设置数据、表数据和恒值操作数据等 6 个参数项目组,见表 10-3。每个项目组中的具体参数,操作者若不熟悉其意义和作用,一般情况下不需要修改,否则可能导致控制器不能正常工作。下面简要介绍各组参数的含义,供操作者了解之用。若某参数不能设置,则显示“----”。

表 10-3　DCP31 参数项目组

组名称	组代码	作　用	备　注
变量参数	PArA	变量参数	控制器设置
事件数据	Eu	3 个独立事件 5 个时间事件	LoC =2、4 时不显示
PID 参数	PId	8 组 PID 数据	LoC =2、4 时不显示 恒值控制数据 n.odE =1 时不显示
设置数据	SEt	控制器设置参数	LoC =1、2、4 时不显示
表数据	tbL	设定输入 1 折线近似的 A 轴输入和 B 轴输出	LoC =2、4 时不显示
恒值控制数据	CnSt	有关恒值控制数据	LoC =2、4 时不显示

10.2.2.1　变量参数表“PArA”

变量参数是控制器的通用参数,详见表 10-4。

表 10-4 变量参数表"PRrR"

代码	参数名称	缺省设置	设置说明
LoC	键盘锁		(详见本节)
PrtC	程序保护	0	0:可编程 1:不可编程
FL	输入1 滤波器	0.0	0.0~120.0s(0.0 为无滤波)
Pb1	输入1 补偿	0U	-1000~+1000U
Sb1	SP1 补偿	0U	-1999~+9999U
otL	输出变化限制	0.0	0.0~10.0%(0.0 为无限制)
IoUt	PID 初始输出值	0.0	0.0~100%(冷/热模块设置 50.0)
rPId	PID 运算初始化	0	0:自动判断预先进行的初始化 1:预先进行初始化 2:不预先进行初始化
At	自整定选择	0	0:不进行自整定 1:进行一般的自整定 2:抑制超调的自整定 3:使用神经元网络的自整定
St	智能整定方式	0	0:不进行智能整定 1:固定制动值抑制超调 2:自动修正制动值,抑制超调
2PId	两自由度 PID	0	0:两自由度 PID 无效 1:两自由度 PID 有效
95.t	G.SOAK 时间	2.0	0.1~60.0s
CP.11 ~ CP.17	1~7 个 PID 自动切换点		-1999~+9999U
FASt	FAST 倍率	0	0:2 倍 1:10 倍 2:60 倍 3:120 倍
dIFF	控制偏差	5U	ON-OFF 控制偏差:0~100U
	位置/比例死区	5.0	0.5%~25%
	冷/热控制死区	0.0	-100.0%~50.0%

续表 10-4

代码	参数名称	缺省设置	设置说明
CY.1 ~ CY.2	时间比例输出周期	10	5 ~ 120s(继电器输出时) 1 ~ 60s(电压输出时)
du-L	偏差下限	5U	0 ~ 1000U,3 - 位置控制偏差下限
du-H	偏差上限	5U	0 ~ 1000U,3 - 位置控制偏差上限
HY-L	下限回差	5U	0 ~ 1000U,3 - 位置控制下限侧回差
HY-H	上限回差	5U	0 ~ 1000U,3 - 位置控制上限侧回差
M. -C	电机控制方法选择	0	0:MFB 控制(旧型) + 预测位置控制 1:仅有 MFB 控制(旧型号) 2:仅有预测位置控制　　MFB:电机反馈控制
M.-At	电动阀门开度自动调整	0	0:自动调整无效 1:自动调整有效
M.-CL	电动阀门开度全闭位置	1000	0 ~ (全开调整 -500)
M.-oP	电动阀门开度全开位置	9000	(全开调整 +500) ~ 9999
M. -t	电动阀门开度全开/闭时间	30.0	5.0 ~ 240.0s

10.2.2.2　事件设置“Eu”

DCP31 的事件分为 PV 事件、时间事件和控制器状态事件。PV 类型事件包括 PV 正反向作用、偏差正反向作用、绝对值偏差正反向作用、SP 正反向作用、MV(输出变量)正反向作用以及 MFB(电机反馈)正反向作用等共计 12 种。控制器状态事件包括各种工作方式、控制方式、报警等共计 18 种。表 10-5 给出了事件参数设置说明。

表 10-5　事件设置“Eu”

代码	参数名称	缺省设置	设置说明
Et1	事件 1 类型	0	PV 事件(0 ~ 11)、时间事件(50) 和状态事件(100 ~ 117)等
Ed1	事件 1 待机	0	0:无待机　　　1:有待机

续表 10-5

代码	参数名称	缺省设置	设置说明
HYS1	事件 1 回差	5	0 ~ 200U(事件不是 MV、MFB) 0.0 ~ 20.0%(事件为 MV、MFB)
dL1	事件 1 ON 延迟时间	0	0 ~ 3600s
Et2 ~ Et3	事件 2、3 类型		事件 2、3 的各项设置内容与事件 1 相同
tt	时间事件类型	0	0:T1 ~ T5 均为时间事件 1:T1 为段号事件;T2 ~ T5 为时间事件 2:T1 ~ T2 为段号事件;T3 ~ T5 为时间事件 3:T1 ~ T3 为段号事件;T4 ~ T5 为时间事件 4:T1 ~ T4 为段号事件;T5 为时间事件 5:T1 ~ T5 均为段号事件
Et.t1	T1 事件类型		PV 事件、时间事件和控制器状态事件
Ed.t1	T1 事件待机		0:无待机 1:有待机
HY.t1	T1 事件回差		0 ~ 200U(事件不是 MV、MFB 时) 0.0 ~ 20.0%(事件为 MV、MFB 时)
dL.t1	T1 事件 ON 延迟时间		0 ~ 3600s
Et.t1 ~ Et.t5	T2 ~ T5 事件类型		T2 ~ T5 事件的各项设置内容与事件 T1 相同

10.2.2.3 PID 参数“PId”

DCP31 控制器提供了 8 组可设置 PID 参数,以适应在不同的温度控制状态下,得到较好的控制品质。这 8 组 PID 参数可以编辑在温度控制工艺程序中,也可以通过在变量参数组中设置转换点,实现自动切换,哪种方式生效需要在设置参数组 C11 中指定。PID 参数说明见表 10-6。

表 10-6　PID 参数“PId”

代码	参数名称	缺省设置	设置说明
P-1	PID1 组比例带	100.0	0.1%～999.9% 设定 0.0 时为 ON－OFF 控制
I-1	PID1 组积分时间	0	0～3600s
d-1	PID1 组微分时间	0	0～1200s
oL-1	PID1 组输出量下限	0.0	－10.0%～＋输出量上限%
oH-1	PID1 组输出量上限	100.0	输出量下限%～＋110.0%
rE-1	PID1 组手动复位	50.0	0.0～100.0%
br-1	PID1 组 BRAKE	0	0～30 设定为 0 时无制动功能
dP-1	PID1 组干扰抑制比例带	100.0	0.1%～999.9%
dI-1	PID1 组干扰抑制积分时间	120	1～3600s
dd-1	PID1 组干扰抑制微分时间	0	0～1200s　（设定 0 时无微分动作）
PId2 ～ PId8	PID2～PID8 组		其余 PID 2～PID8 组共 7 组 PID 各项设置内容与 PID1 组相同

10.2.2.4　设置参数“SEt”

DCP31 的设置参数主要包括设置有关输入变量的控制作用、单位、范围及类型，主回路输出或辅助输出的范围及类型，过程变量的给定值范围，有关参数的显示，有关通讯参数等内容，具体说明见表 10-7。

表 10-7　设置参数“SEt”

代码	参数名称	缺省设置	设置说明
C01	控制作用(CH1)	0	0:反向作用(加热) 1:正向作用(冷却)
C02	输入量 1 温度单位	0	0:摄氏度(℃) 1:特殊单位(℉)

续表 10-7

代码	参数名称	缺省设置	设置说明
C03	输入量 1 类型	0	0 ~ 20:热电偶 32 ~ 40、48 ~ 56:热电阻 64 ~ 73:线性(直流电流、直流电压)
C04	输入量 1 小数点位置	不定	0 ~ 3
C05	输入量 1 下限	不定	−1999 ~ +9999U
C06	输入量 1 上限	不定	−1999 ~ +9999U
C07	输入量 1 开方切除值	0.0	0.0 ~ 10.0%(对输入量程的比例)
C08	输入量 1 线性近似	0	0:不使用 1:使用 (使用表数据)
C09	SP1 下限	0% FS	−1999 ~ 上限 U
C10	SP1 上限	100% FS	下限 ~ +9999U
C11	PID 组自动切换	0	0:关 (PID 组段指定有效) 1:开 (PID 组段指定无效)
C12	输入量 1 的输出超范围	0	0:不允许 1:允许
C13	输入量 1 的输出超范围值	0	−10% ~ +110%(设定 C12 =0 时不能设定)
C14	手动 MANUAL 切换方式	0	0:无扰动切换 1:预置切换值
C15	预置手动切换值	0	−10% ~ +110% (C14 设定 =0 时,不能设定)
C16	READY 方式下输出量	0	−10% ~ +110% (MV1、MV1 加热输出)
C17	READY 方式下冷却输出量	0	−10% ~ +110% (MV1 冷却输出)
C18	主输出类型(CH1)	0	0:MV1 输出(控制器功能) 1:SP1 输出(可编程功能)
C19	SP1 主输出下限(4mA)	0U	−1999 ~ +9999U 将下限和上限的设定值大小反过来设定,
C20	SP1 主输出上限(20mA)	1000U	可以使模拟输出和 SP1 的大小关系相反
C45	3 −位置控制	0	0:无 1:有
C46	辅助输出 1 类型	0	0:PV1 1:SP1 2:偏差 1 3:MV1 4 ~ 7:NOP 8:MFB

续表 10-7

代码	参数名称	缺省设置	设 置 说 明
C47	辅助输出 1 下限(4mA)	0	(-1999 ~ +9999)U 或 -199.9% ~ +999.9%(MV、MFB 的场合,单位为%,除此之外的场合,单位为 U)
C48	辅助输出 1 上限(20mA)	1000	
C49	辅助输出 2 类型	0	同 C46
C50	辅助输出 2 下限(4mA)	0	(-1999 ~ +9999)U 或 -199.9% ~ +999.9%(MV、MFB 的场合,单位为%,除此之外的场合,单位为 U)
C51	辅助输出 2 上限(20mA)	1000	
C52	外部开关输入 RSW5	0	1:FAST 2:PV 启动 4:AT 开始/终止 6:MANUAL/AUTO 7:用 OR 条件解除 G. SOAK 8:用 AND 条件解除 G. SOAK 9:正/反向作用
C53	外部开关输入 RSW6	0	
C54	外部开关输入 RSW7	0	
C55 ~C62	PARA 键分配项目 1	1000	1000 ~5000
C63	结束状态	0	0:READY 1:END
C64	编程时间单位	0	0:h/min 1:min/s 2: 0.1s
C65	时间显示	0	0:段剩余时间 1:运行时间
C66	PV 显示	0	0、2:有显示 1、3:无显示
C67	报警显示	0	0:有显示 1:无显示
C68	程序事件 1 ~3	00	0:有显示 1:无显示 即使各项目设定为 1,只要程序中设定了数据,功能就发生作用。 无时间事件类型的场合,不管设定是多少,程序设定时也不显示时间事件项目
C69	时间事件 1 ~5	0	
C70	程序 PID 组 G. SOAK	0	
C71	PV 启动、循环、曲线连接	0	
C72	冷端补偿	0	0:仪表内部补偿 1:使用仪表外部补偿
C73	输入量 1 断时输入动作		0:量程上限 1:量程下限
C74	电压时间比例输出方式		时间比例周期内再次输入 ON: 0:有效 1:无效

续表 10-7

代码	参数名称	缺省设置	设置说明
C75	输出 1 选择	不定	0:电流输出 1:电压输出 继电器、位置比例、辅助输出、不能设定
C76	输出 2 选择	不定	
C78	电压输出 1 调节	15	2 ~ 22mA （非电压输出,不能设定。一般使用出厂时的设定值）
C79	电压输出 2 调节	15	
C81	扩展用设定 1	0	0:有断线电流 1:无断线电流 （一般设定为 0）
C82	扩展用设定 2	0	
C84	仪器地址	0	0 ~ 127
C85	传送速度、数据格式		0:9600bps,偶校验,1 停止位。 1:9600bps,无奇偶校验,2 停止位。 2:4800bps,偶校验,1 停止位。 3:4800bps,无奇偶校验,2 停止位

10.2.2.5 表数据“tbL”

表数据中有 A、B 两组数据,组 A 为 X 坐标(输入),组 B 为 Y 坐标(输出),在 X－Y 坐标系中形成坐标点(A,B),其中在任意两点之间进行线性运算。表数据用于曲线的线性拟合,相关参数说明见表 10-8。

表 10-8 表数据“tbL”

代码	参数名称	缺省设置	设置说明
t-A.1 ~ t-A.b	输入折线近似 A1 ~ A11	0U 1000U	－1999 ~ ＋9999U;当设置数据 =0 时,不能设定。项目的 A 表示输入(X 轴),B 表示输出(Y 轴),共 11 个点。原则上设定值应按 A1≤A2≤…≤A10≤A11 进行设定
t-b.1 ~ t-b.b	输入折线近似 B1 ~ B11	0U 1000U	

10.2.2.6 恒值控制参数 CnSt

恒值控制是控制器除程序控制外的另一种控制方式，它只有一个给定值点，对温度控制而言只有一个保温点，相比之下比程序控制简单得多，表 10-9 给出了恒值控制的各个参数设置。

表 10-9 恒值控制参数 CnSt

代码	参数名称	缺省设置	设置说明
Π.odE	控制方式	0	0:程序控制 1:恒值控制 仅在 READY 方式下切换
SP1	SP1	0	可以在设置数据 C09、C10 的 SP1 限幅范围内设定
Eu1	事件 1 设定值	9999	−1999 ~ +9999U(偏差,SP)
Eu2	事件 2 设定值	9999	0 ~9999U(绝对值偏差)
Eu3	事件 3 设定值	9999	−10.0% ~ +110.0%(MV、MFB)
P.	比例带	100.0	0.0 ~999.9%(0D、6D 输出) 设定 0.0 为 ON −OFF 控制。 0.1% ~999.9%(其他)
I.	积分时间	0	0 ~3600s
d.	微分时间	0	0 ~1200s
oL.	输出下限	0.0	−10.0 ~操作量上限%
oH.	输出上限	100.0	操作量下限 ~ +110.0%
rE.	手动复位	50.0	0.0 ~100.0%
br.	制 动	0	0 ~30
dP.	干扰抑制比例带	100.0	0.1% ~999.9%
dI.	干扰抑制积分时间	120	1 ~3600s
dd.	干扰抑制微分时间	0	0 ~1200s
P.-C	比例带	100.0	
I.-C	积分时间	0	
d.-C	微分时间	0	
oL.-C	输出下限	0.0	冷却控制使用，设置范围同上
oH.-C	输出上限	100.0	
rE.-C	手动复位	50.0	

10.3 程序编辑

10.3.1 程序编辑内容

DCP31 程序编辑内容见表 10-10，具体说明如下：

(1)确定控制器的控制方式，是程序控制还是恒值控制，程序控制需要把恒值控制参数设置为ΠodE =0。

(2)打开键盘锁参数，使键盘处于有效状态，把变量参数设置为LoC =0。

(3)检查程序保护条件，编辑程序一定使变量参数PrtC =0。

(4)选择或建立一个程序，并选择待编辑的程序段。

(5)设置某段过程控制变量的终点值。

(6)设置某段控制时间。

(7)根据需要设置一个、两个或三个控制事件。

(8)根据工艺要求，设置时间事件。

(9)从 8 组 PID 参数组中，选择某段调用的 PID 参数组，既可采用多组也可采用一组 PID 参数。在编程之前 PID 参数已经整定完成。

(10)设置 G. SOAK 时间。

(11)选择某段 PV 启动，设置为 1 则 PV 启动有效，设置为 0 则 PV 启动无效。

(12)设置工艺循环次数。

(13)设置工艺曲线的连接。

(14)为保护程序，建议变量参数PrtC设置为 1，并把变量参数LoC设置成适当值。

程序编辑时，并不是每一项都需要输入，但一定要检查这些项目的数据是否对执行的工艺产生影响，不需要的项目设置为零或“…”。

表 10-10 DCP31 程序编辑内容

项目 \ 段号		1	…	30	备 注
控制曲线	设定值 SP		…		上部显示
	时 间		…		下部显示

续表 10-10

项目＼段号		1	…	30	备　注
事件 1	设置点		…		上部显示
事件 2	设置点		…		上部显示
事件 3	设置点		…		上部显示
时间事件 T1～T5	ON 时间		…		上部显示
	OFF 时间		…		下部显示
PID 组号			…		上部显示 P Id
G. SOAK			…		上部显示 9.S.
PV 启动			…		上部显示 P.StA
循　环			…		上部显示 CYCL
曲线连接			…		上部显示 P.LIn

10.3.2　编辑步骤

编辑一个新程序时，需要进入程序编辑状态，程序编辑才可以进行。

(1)进入程序编辑状态。在基本显示状态下(若不是基本状态可按 DISP 键进入基本显示状态)，按 FUNC＋PROG 组合键，进入程序编辑状态，此时 PROG 灯亮，程序号与段号的小数点亮。

(2)建立新程序。

1)选择程序号：如果是在基本显示状态 READY 方式下(PV、SP 灯亮)，按 PROG 键以升序选择程序号(1→19)，按▼键以降序选择程序号(19→1)。

在编辑状态下(SP、TM 亮)，按 FUNC＋ PROG 组合键以升序选择程序号(1→19)；按 FUNC＋▼组合键以降序选择程序号(19→1)。

2)选择段号：按键◀或▶选择设置段，并按 ENT 键确认。

3)选择设置项目(如压力、温度、时间)：按▲或▼键选择编程曲线的设置项目。

4)按 ENT 确定设置项目，上部显示闪动表示进入温度或压力设置。

5)按▲或▼键增加或减小项目设定值。按◀或▶移动数字位,该位数字闪动。

6)按ENT键完成该项目设置,并存储新的设定值。

若有第二个项目则进入第二个项目设置,上部显示停止闪动而下部显示闪动,表示进入了时间设置。

7)按▲或▼键增加或减小第二个项目设定值,按◀或▶键移动闪动的数字位。

8)按ENT键完成该项目设置,新的设定值有效。

9)重复2)~8)步完成下一段设置,直到一个工艺编程结束。

10)按DISP完成一个程序编辑。

10.3.3 程序的修改、拷贝及清除

10.3.3.1 修改程序

修改一个已经编辑的程序,首先进入程序编辑状态,依次选择要修改的程序号、程序段、程序项目,待修改的程序项目的数字闪动时,可输入新的设定值,最后按ENT键完成该项目的修改,使新的设定值生效。

10.3.3.2 插入或删除程序段

(1)在程序编辑状态下,选择要插入或删除的段。

(2)按FUNC+ENT确认要插入的段,上部显示INS并闪动。

(3)按▲键确认要插入的段,上部显示INS并闪动。按▼键确认要删除的段,上部显示DEL并闪动。

(4)在上部显示INS并闪动期间,按ENT键两次,上部显示闪动可插入新段。在上部显示DEL并闪动期间,按ENT键删除当前段。

(5)返回到程序编辑状态。

10.3.3.3 清除项目或程序

(1)清除项目:在程序编辑状态下,从程序中选择程序段的项目,然后按FUNC+CLR组合键清除。例如清除时间事件或G. SOAK项目,可在程序中选择时间事件或G. SOAK项目,然后按FUNC+CLR即清除。

(2)清除程序:在程序编辑状态下,移至程序的第 1 段,按 ENT 键上部显示闪动,再按 FUNC +CLR 组合键,上部 CLR 闪动表示可清除程序,按 ENT 键执行程序清除。上下均显示“…”。

(3)清除某段后面的程序:在程序编辑状态下,移至该段,按 ENT 键上部显示闪动,再按 FUNC +CLR 组合键,上部 CLR 闪动表示可清除程序,按 ENT 键执行清除该段及后面的程序段。上下均显示“…”。

(4)DCP31 返回到设置状态。

10.3.3.4　程序拷贝

(1)控制器工作在 READY 方式,变量参数 LOC 设置为 1 或 3,变量参数 PRTC 设置为 0。

(2)在基本显示状态下,按 PROG 键或▼键选择原程序号。

(3)按▲ +PROG 组合键,上部显示“COPY”,则下部显示目标程序号。

(4)如果按▲或▼键,当前的无设置内容的程序号依次闪动,作为拷贝目标程序号。当无设置内容程序号不存在时,下部显示“…”。

(5)按 ENT 键,拷贝程序。重复 4、5 步可多次拷贝该程序。

(6)按 DISP 退出程序拷贝。

10.3.3.5　控制器复位

在基本显示状态下,按 FUNC +CLR +DISP 组合键可使控制器复位。该项操作将清除所有用户程序,并使设置参数恢复到出厂设置,工作方式转换到 READY AUTO。控制器复位操作如下:

(1)控制器设置为基本显示状态下的 READY AUTO 方式,若不在基本显示状态,可按 DISP 键进入。

(2)设置变量参数LoC和PrtC设置为 0。

(3)按 FUNC +CLR +DISP 组合键执行复位操作,并在上部显示9.rES。

(4)如果接着按 ENT 键,控制器复位操作有效;如果接着按 DISP 键,放弃控制器复位操作。

10.4 程序运行操作

10.4.1 运行程序

10.4.1.1 程序运行

(1)选择程序。运行一个已经编辑完成的程序,首先选择该程序的程序号。程序号的选择应在基本显示状态进行,若不是基本状态可按 DISP 键进入基本显示状态。按 PROG 键以升序选择程序号(1→19),按▼键以降序选择程序号(19→1)。

(2)运行程序(RUN)。程序选择完成后,按 RUN/HOLD 键运行程序,此时 RUN 灯点亮。

也可以在 HOLD、FAST 方式下,按 RUN/HOLD 键运行程序。

10.4.1.2 程序测试(FAST)

按 FUNC +▶组合键,进入程序测试状态,再按 RUN/HOLD 键执行程序测试。在程序测试期间 RUN 灯闪动。

10.4.2 运行干预

10.4.2.1 程序跳步(ADV)

在 RUN、HOLD、FAST 方式下,按 FUNC +DISP 组合键,进入下一段开始运行。

10.4.2.2 程序保持(HOLD)

程序保持又称为程序暂停。在 RUN 方式下,按 RUN/HOLD 键,程序保持,即程序运行停止,HLD 灯亮,但 PID 输出、事件动作不变。再按 RUN/HOLD 键程序恢复运行,RUN 灯点亮,而 HLD 灯灭。

10.4.2.3 程序复位

任何时候按 FUNC +RUN/HOLD 组合键,程序复位,控制输出复位,控制器返回到 READY 方式,RUN、HLD 灯均灭。

10.4.2.4 自动/手动操作转换

在自动方式下按 A/M 键,控制器转换为手动控制方式,MAN 指示灯亮,控制输出量通过手动调节。进入基本状态下的手动工作方式后,其显示的输出值仅在第 1 位闪烁,按◀或▶键移动闪烁位,用▲或

▼键增加或减小闪烁位的数值,实际的输出值立即改变,不需要每次改变后再按 ENT 键。

再按 A/M 键切换到自动方式,MAN 指示灯灭,控制输出由控制器决定。

10.5　故障报警信息

DCP31 报警信息见表 10-11。

表 10-11　DCP31 报警信息

报警代码	报警名称	原　因	处　理
AL01	输入 1　超上限	超过了 110% FS	检查输入 1
AL02	输入 1　低于下限	低于 −10% FS	
AL07	输入 1　RTD　A 断线	A 断线	检查 RTD 的 A、B、C 连线
AL08	输入 1　RTD　B 断线	B 断线或 A、B、C 两根以上断线	
AL09	输入 1　RTD　C 断线	C 断线	
AL10	MFB 断线	MFB 的连线 Y、T、G 存在断线	检查连线
AL11	MFB 短路	Y—G 或 Y—T—G 短路	
AL12	MFB 不能调节	线路故障或电机不兼容等	检查线路、MFB 开关、电机
AL70	A/D 故障	A/D 转换器故障	检查更换
AL81	模块设置错误	模块设置故障	检查、维修
AL96	程序错误	程序设置数据存在问题	检查程序设置,重新设置更改错误数据
AL97	参数错误	参数设置存在问题	检查参数设置,重新设置更改错误数据
AL98	调节数值错误	错误的模拟输入/输出调节数据	检查、维修
AL99	PROM 错误	系统程序故障	维修

参考文献

[1]戚翠芬. 加热炉[M]. 北京:冶金工业出版社,2004.
[2]王玲生. 热工检测仪表[M]. 北京:冶金工业出版社,1994.
[3]吴元微. 热处理工(初级)[M]. 北京:机械工业出版社,2009.
[4]张伟. 热处理炉的安装、调试与维修[M]. 北京:化学工业出版社,2007.
[5]王欲知,陈旭. 真空技术[M]. 第2版. 北京:北京航空航天大学出版社,2007.
[6]咸阳机器制造学校. 测温仪表与高频装置[M]. 北京:机械工业出版社,1978.

冶金工业出版社部分图书推荐

书　　名	作　者	定价(元)
加热炉(第3版)(本科教材)	蔡乔方	32.00
热工仪表及其维护(技能培训教材)	张惠荣	26.00
热工基础与工业窑炉(本科教材)	徐利华	26.00
热能转换与利用(第2版)(本科教材)	汤学忠	32.00
热工测量仪表(第3版)(本科教材)	张　华	38.00
热工实验原理和技术	邢桂菊	25.00
燃料及燃烧(第2版)(本科教材)	韩昭沧	29.50
冶金热工基础(本科教材)	朱光俊	36.00
冶金传输原理(本科教材)	沈巧珍	46.00
冶金工程实验技术(本科教材)	陈伟庆	39.00
钢铁冶金原理习题解答(本科教材)	黄希祜	30.00
燃气工程(本科教材)	吕佐周	75.00
化工过程及设备(本科教材)	郭年祥	38.00
材料研究与测试方法(本科教材)	张国栋	20.00
现代物理测试技术(本科教材)	梁志德	29.00
真空工艺与实验技术(本科教材)	张以忱	45.00
硅酸盐工业热工过程及设备(第2版)(本科教材)	姜金宁	40.00
冶金热力学数据测定与计算方法	王海川	28.00
燃烧合成	殷　声	49.00
熔融盐循环热载体无烟燃烧技术基础	王　华	20.00
化工冶金模型实验研究及其测试技术	蔡志鹏	30.00